全国技工院校计算机类专业教材（中／高级技能层级）

Excel 2021
基础与应用

主　编　赵慧慧
副主编　周　丹
主　审　丁国明

中国劳动社会保障出版社

简介

本书为全国技工院校计算机类专业教材（中/高级技能层级），主要内容包括 Excel 2021 基础操作、工作表和工作簿基本操作与技巧、数据输入与编辑管理、表格样式编排和数据管理、图形和图表插入、打印及其他操作、数值计算与分析、Excel 2021 在实际工作中的应用等。

本书由赵慧慧任主编，周丹任副主编，丁国明任主审。

图书在版编目（CIP）数据

Excel 2021 基础与应用 / 赵慧慧主编. -- 北京：中国劳动社会保障出版社，2024
全国技工院校计算机类专业教材. 中 / 高级技能层级
ISBN 978-7-5167-6146-5

Ⅰ. ①E⋯　Ⅱ. ①赵⋯　Ⅲ. ①表处理软件－技工学校－教材　Ⅳ. ①TP391.13

中国国家版本馆 CIP 数据核字（2024）第 023647 号

中国劳动社会保障出版社出版发行
（北京市惠新东街 1 号　邮政编码：100029）

*

北京宏伟双华印刷有限公司印刷装订　　新华书店经销

787 毫米 × 1092 毫米　16 开本　16.75 印张　328 千字
2024 年 3 月第 1 版　　2024 年 3 月第 1 次印刷

定价：42.00 元

营销中心电话：400-606-6496
出版社网址：http://www.class.com.cn
http://jg.class.com.cn

前　言

为了更好地满足全国技工院校计算机类专业的教学要求，适应计算机行业的发展现状，全面提升教学质量，我们组织全国有关学校的一线教师和行业、企业专家，在充分调研企业用人需求和学校教学情况、吸收借鉴各地技工院校教学改革的成功经验的基础上，根据人力资源社会保障部颁布的《全国技工院校专业目录》及相关教学文件，对全国技工院校计算机类专业教材进行了修订和新编。

本次修订（新编）的教材涉及计算机类专业通用基础模块及办公软件、多媒体应用软件、辅助设计软件、计算机应用维修、网络应用、程序设计、操作指导等多个专业模块。

本次修订（新编）工作的重点主要有以下几个方面。

突出技工教育特色

坚持以能力为本位，突出技工教育特色。根据计算机类专业毕业生就业岗位的实际需要和行业发展趋势，合理确定学生应具备的能力和知识结构，对教材内容及其深度、难度进行了调整。同时，进一步突出实际应用能力的培养，以满足社会对技能型人才的需求。

针对计算机软、硬件更新迅速的特点，在教学内容选取上，既注重体现新软件、新知识，又兼顾技工院校教学实际条件。在教学内容组织上，不局限于某一计算机软件版本或硬件产品的具体功能，更注重学生应用能力的拓展，使学生能够触类旁通，提升综合能力，为后续专业课程的学习和未来工作中解决实际问题打下良好的基础。

创新教材内容形式

在编写模式上，根据技工院校学生认知规律，以完成具体工作任务为主线组织教材内容，将理论知识的讲解与工作任务载体有机结合，激发学生的学习兴趣，提高学生的实践能力。

在表现形式上，通过丰富的操作步骤图片和软件截图详尽地指导学生了解软件功能并完成工作任务，使教材内容更加直观、形象。结合计算机类专业教材的特点，多数教材采用四色印刷，图文并茂，增强了教材内容的表现效果，提高了教材的可读性。

本次修订（新编）工作还针对大部分教材创新开发了配套的实训题集，在教材所学内容基础上提供了丰富的实训练习题目和素材，供学生巩固练习使用，既节省了教材篇幅，又能帮助学生进一步提高所学知识与技能的实际应用能力。

提供丰富教学资源

在教学服务方面，为方便教师教学和学生学习，本教材配套提供了制作素材、电子课件、教案示例等教学资源，读者可通过技工教育网（http://jg.class.com.cn）下载使用。除此之外，在部分教材中还借助二维码技术，针对教材中的重点、难点内容，开发制作了操作演示微视频，读者可使用移动设备扫描书中二维码在线观看。

致谢

本次教材修订（新编）工作得到了河北、山西、黑龙江、江苏、山东、河南、湖北、湖南、广东、重庆等省（直辖市）人力资源社会保障厅（局）及有关学校的大力支持，在此一并表示诚挚的谢意。

编者

2023 年 4 月

目　录

CONTENTS

项目一
Excel 2021 基础操作

Microsoft Office Excel 2021（后续简称 Excel 2021）是微软公司推出的功能强大的电子表格制作软件，具有强大的数据组织、计算、分析和统计功能。本项目主要介绍 Excel 2021 的特点，并通过练习，介绍 Excel 2021 的操作界面，以及文件的打开和保存、数据的输入、工作簿和工作表的创建及修改等基础操作。

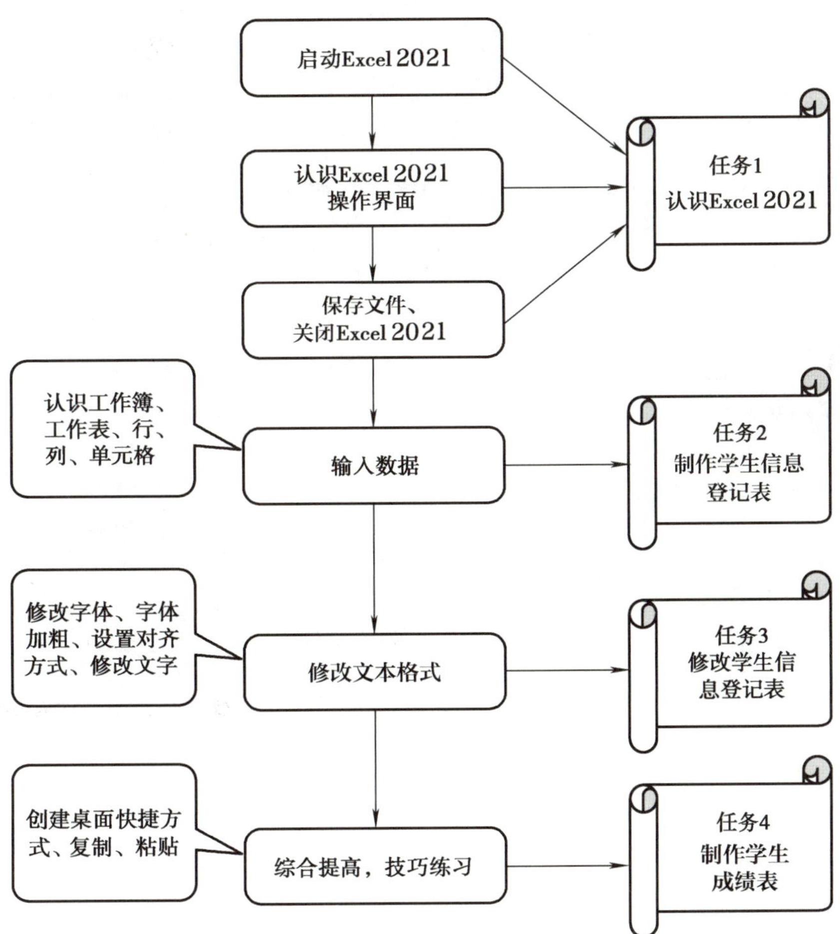

任务 1　认识 Excel 2021

1. 能描述 Excel 2021 的操作界面组成和主要功能。
2. 能完成 Excel 2021 的启动和关闭、文件的保存等基础操作。

用 Excel 2021 制作的用来存储和处理数据的文件被称为工作簿。一个工作簿可以包含多张不同的“页”，这些“页”被称为工作表，每一个工作表就是一个电子表格，用户可根据不同的内容为工作表命名，方便编辑和查找。

Excel 2021 较 Excel 2010 有很大变化，它有着全新升级的软件界面，在函数、图表、数据透视表等方面都有更新，更易于共享，功能更加强大，适用于各种数据信息处理、数据分析和辅助管理决策等应用场景。

本任务的主要内容是认识常用电子表格软件 Excel 2021 的操作界面，并练习 Excel 2021 的启动、文件保存和关闭。

（1）在计算机桌面单击“开始”|“Excel”，启动 Excel 2021，如图 1-1 所示，启动后的界面如图 1-2 所示，单击界面中的“空白工作簿”，主程序会自动创建一个名为“工作簿 1.xlsx”的工作簿，其操作界面如图 1-3 所示。

图 1-1　启动 Excel 2021

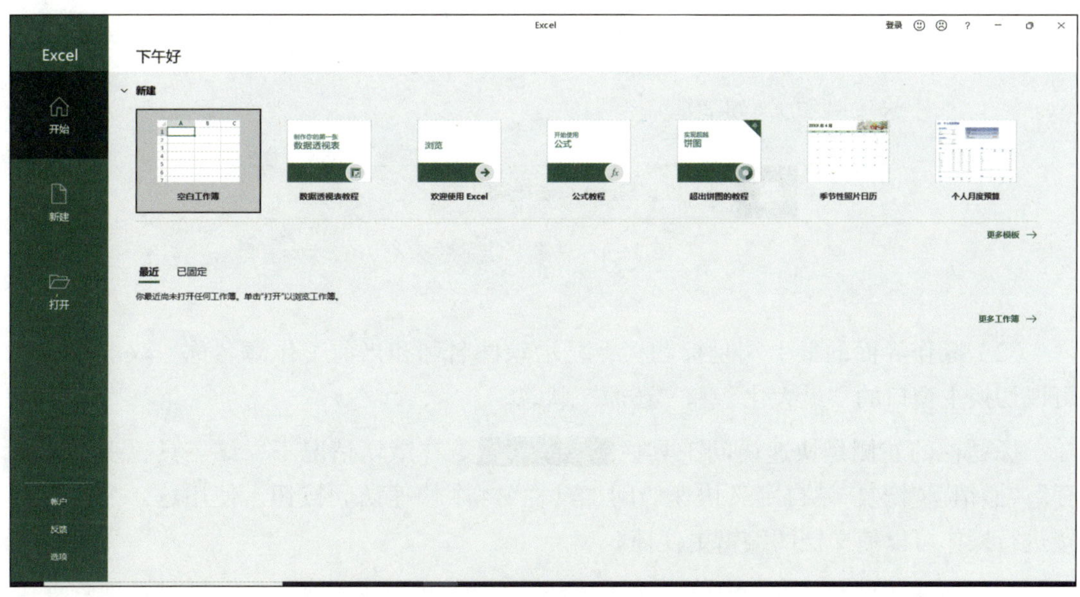

图 1-2 Excel 2021 启动后的界面

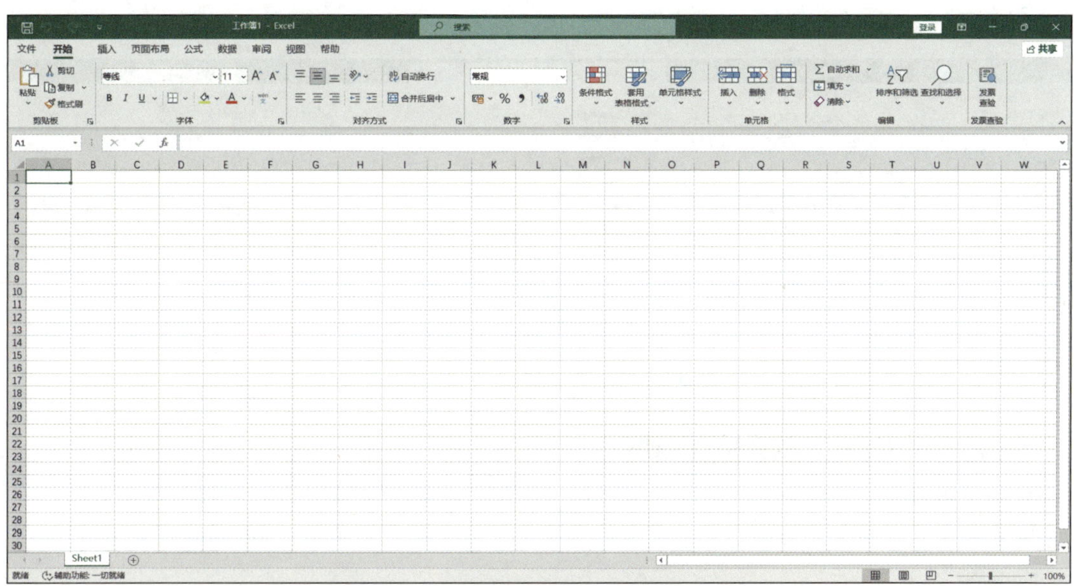

图 1-3 "工作簿 1.xlsx"的操作界面

提示

在 Windows 10 操作系统中，还可以通过任务栏上的搜索框（见图 1-4）或单击“搜索”按钮，输入软件名称“Excel”进行搜索，快速启动 Excel 2021。

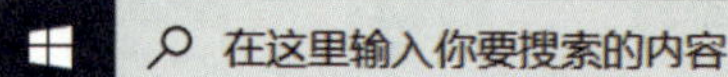

图 1-4　任务栏上的搜索框

（2）操作界面的最上端是标题栏，显示软件名称和当前工作簿名称。双击标题栏可以切换主窗口的“最大化”和“还原”状态。

标题栏的左侧是快速访问工具栏。在默认情况下，该工具栏上有“保存”“撤销”“恢复”“自定义快速访问工具栏”4 个快速访问按钮，使用这 4 个按钮直接进行操作可以使文档的编辑更便捷。

标题栏的中间除了显示当前工作簿的名称，还显示一个搜索框，通过在搜索框中输入操作关键词，如“工作表”，可以快速搜索到相关的操作，如图 1-5 所示，方便用户使用。

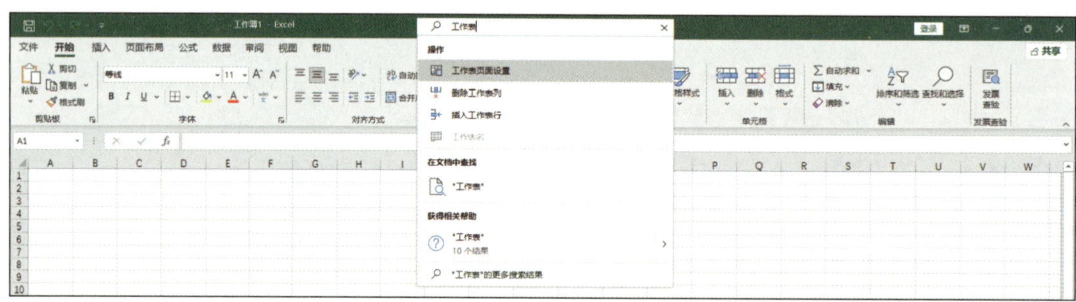

图 1-5　标题栏上的搜索框

标题栏的右侧依次是“登录”按钮、“功能区显示选项”按钮、主窗口“最小化”“还原”“关闭”按钮。单击“登录”按钮，弹出用户登录对话框，如图 1-6 所示。单击“功能区显示选项”按钮，如图 1-7 所示，可设置是否显示选项卡和命令。

（3）按照上述方法建立的工作簿中包含一张工作表，名为“Sheet1”，工作表的数量也可以根据需要进行修改，只需要单击鼠标右键，选择相应的选项即可。当工作表标签为白底时，该工作表处于可编辑状态。

图 1-6　用户登录对话框

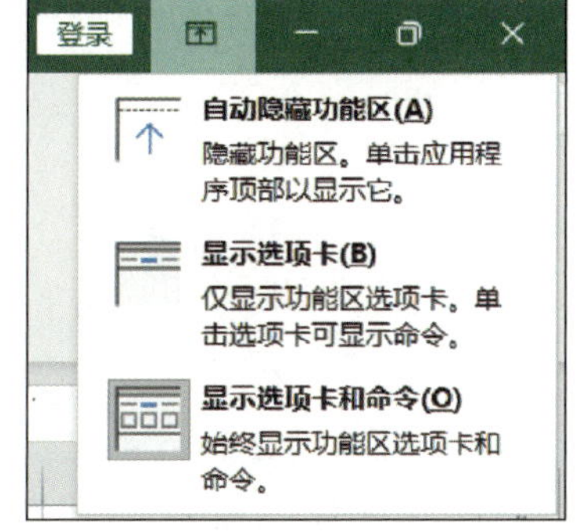

图 1-7　“功能区显示选项”按钮

（4）Excel 2021 操作界面上方的功能区中包含若干选项卡，不同的选项卡中又有若干组，分别用于实现不同的功能。单击各选项卡的标题，即可显示相应选项卡的内容。

图 1-8 所示为“开始”选项卡，通过该选项卡，可以设置单元格的字体、对齐方式、样式以及对单元格进行简单的编辑等。

图 1-8　“开始”选项卡

图 1-9 所示为“插入”选项卡，通过该选项卡，可以插入表格、插图、图表、链接、文本以及符号等。

图 1-9　“插入”选项卡

图 1-10 所示为“页面布局”选项卡，通过该选项卡，可以设置工作表的版式和打印的页面等。

图 1-10　“页面布局”选项卡

图 1-11 所示为“公式”选项卡，该选项卡中有 Excel 2021 自带的函数库和公式审核等内容。

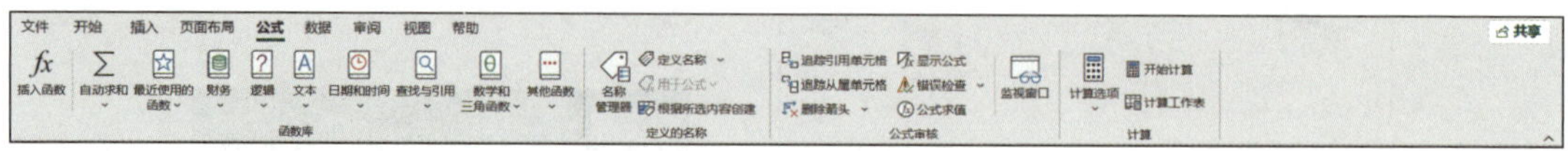

图 1-11 “公式”选项卡

图 1-12 所示为“数据”选项卡，通过该选项卡，可以获取和转换数据、查询和连接数据、对数据进行排序和筛选、分级显示数据等，以便对工作表中的数据进行管理。

图 1-12 “数据”选项卡

图 1-13 所示为“审阅”选项卡，通过该选项卡，可以对工作表进行校对、批注和保护等，还可以进行中文简繁字体的转换。

图 1-13 “审阅”选项卡

图 1-14 所示为“视图”选项卡，通过该选项卡，可以调整工作簿的视图、显示以及缩放等。

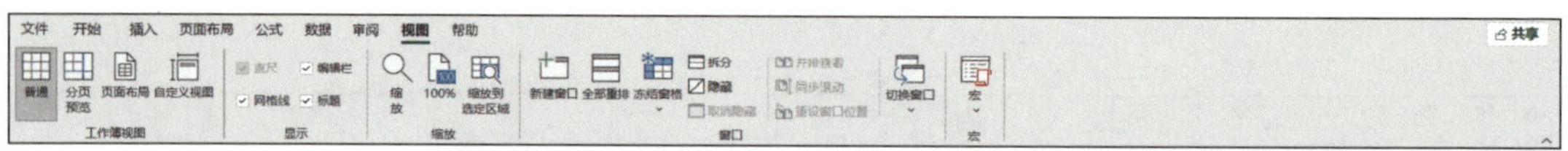

图 1-14 “视图”选项卡

图 1-15 所示为“帮助”选项卡，通过该选项卡，可以获取帮助、联系支持人员、反馈、显示培训内容。

图 1-15 “帮助”选项卡

（5）编辑完成后，想要对编辑的工作簿或者工作表进行保存时，可以单击快速访问工具栏中的“保存”按钮进行保存，还可以在“文件”菜单（见图 1-16）中选择“保存”或“另存为”，选择保存位置并输入文件名称，单击“确定”按钮进行保存。

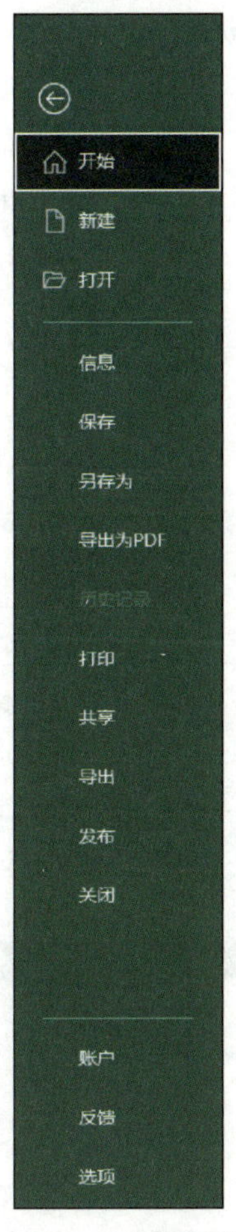

图 1-16　“文件”菜单

提示

在文件名中，不可使用以下半角字符：问号（?）、引号（""）、斜杠（/）、反斜杠（\）、小于号（<）、大于号（>）、星号（*）、竖线（|）、冒号（:）。

在快速访问工具栏中，除了“保存”按钮，还可以依据用户的使用需要，在如图 1-17 所示的下拉菜单中添加或删除一些按钮，以提高编辑效率。

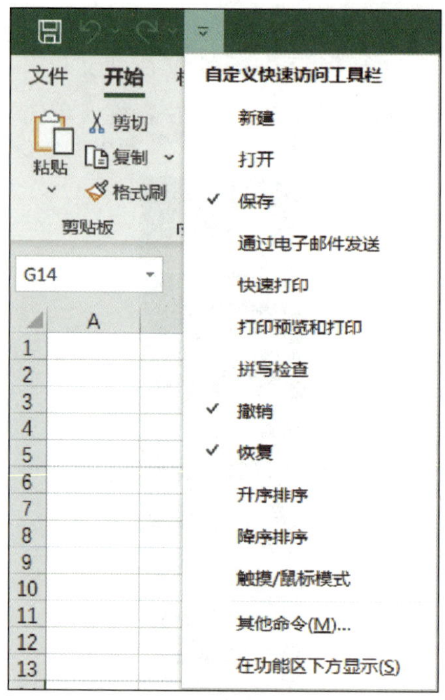

图 1-17 “自定义快速访问工具栏”下拉菜单

（6）要关闭 Excel 2021，可以单击操作界面右上角的“关闭”按钮，还可以单击快速访问工具栏最左侧的空白区域，在窗口控制菜单中选择“关闭”，如图 1-18 所示。

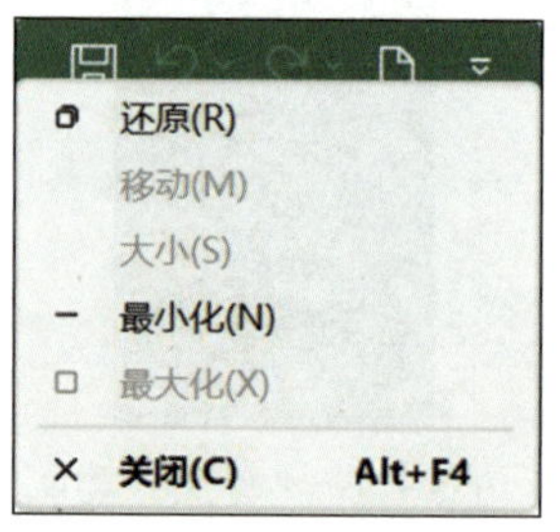

图 1-18 窗口控制菜单

提示

要关闭 Excel 2021，还有一些更简单的方法，如双击快速访问工具栏最左侧的空白区域，即可快速地关闭 Excel 2021；按 Alt+F4 键也可进行关闭操作。

1. 尝试用多种方法启动 Excel 2021。
2. 打开一个电子表格，熟悉 Excel 2021 的操作界面。
3. 保存文件并关闭 Excel 2021。

任务 2　制作学生信息登记表

学习目标

1. 进一步熟悉 Excel 2021 的操作界面、打开和关闭、文件保存等基础操作。

2. 能描述工作簿、工作表、行、列、单元格的功能，能完成 Excel 2021 数据输入、行列操作等基础操作。

学生信息登记表包括学生的基本信息和联络方式，人们主要关心文字内容，因此表格的文字要清楚。

在本任务中，通过制作学生信息登记表，可以熟悉 Excel 2021 的基本功能，学习工作簿的建立、打开和保存方法，以及调整表格中行高、列宽的方法。在此任务中，只需练习工作表数据输入的基本操作，如“学号”列、“姓名”列、“性别”列、“籍贯”列、“出生年月”列、“联系电话”列等数据输入的操作，见表 1–1。对于特殊形式的数据输入，项目三中另有详细介绍。

表 1-1　学生信息登记表

学号	姓名	性别	籍贯	出生年月	联系电话
1	张三	男	河南	2006 年 12 月	13311116666
2	李秀丽	女	河北	2005 年 10 月	13211002222
3	王芳	女	山东	2006 年 2 月	13211982211
4	李鑫	男	北京	2007 年 1 月	13277654891
5	张乐新	男	河北	2006 年 8 月	13344828202
6	付梅	女	陕西	2007 年 2 月	13688904213
7	潇潇	女	北京	2007 年 3 月	13322890087
8	周凯旋	男	山东	2005 年 4 月	13299064333

1. 工作簿

工作簿是 Excel 2021 中计算和存储数据的文件，扩展名为“xlsx”，常说的 Excel 文件就是指工作簿。在 Excel 2021 中，用户处理的各种数据以工作表的形式储存在工作簿中，每个工作簿可由多个工作表组成。工作表名称显示在操作界面底部的工作表标签处。使用中可根据不同的内容添加各工作表的编码或名称，以方便编辑和查找，当前可编辑的工作表只有一个，称为活动工作表。

2. 工作表

工作表由排列成行或列的单元格组成，Excel 2021 的工作表最多可包含 1048576 行、16384 列，行号从“1”到“1048576”，列标采用字母编号，从“A”到“XFD”。

工作表是用户需要经常面对和管理的对象，是日常管理数据的基本单位。对于较复杂的数据，通常需要涉及多个表，这时可以在一个工作簿中建立多张工作表，并根据需要，在多个工作表之间建立连接，从而达到相互引用数据的目的。

3. 单元格

工作表中行与列相交形成的长方形区域被称为“单元格”，用来存储数据和公式。单元格是工作表的基本单位，也是电子表格软件处理数据的最小单位。每个单元格用其所在的列标和行号表示。例如，工作表的左上角，即 A 列第 1 行的单元格用 A1 表示（见图 1-19），F5 表示 F 列第 5 行的单元格，从 B 列第 2 行至 C 列第 8 行之间的单元格区域用 B2:C8 表示。

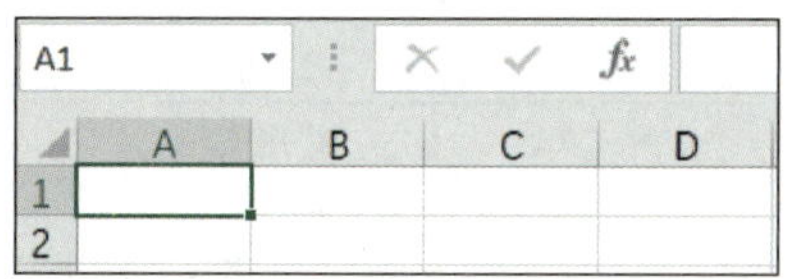

图 1-19 单元格 A1

（1）单击“开始”|“Excel”，启动 Excel 2021。单击如图 1-2 所示的界面中的“空白工作簿”，主程序会自动创建一个名为“工作簿 1.xlsx”的工作簿，选中框定位在 Sheet1 的单元格 A1，如图 1-3 所示。

（2）在工作表中输入数据，要单击（选中）单元格。在单元格 A1 中输入“学号”，输入过程中，单元格中有光标闪烁，表明此单元格处于被编辑状态（称为活动单元格），按 Enter 键确认，即完成了单元格 A1 中的数据输入。此时，选中框自动向下移动，单元格 A2 被选中，如图 1-20 所示。

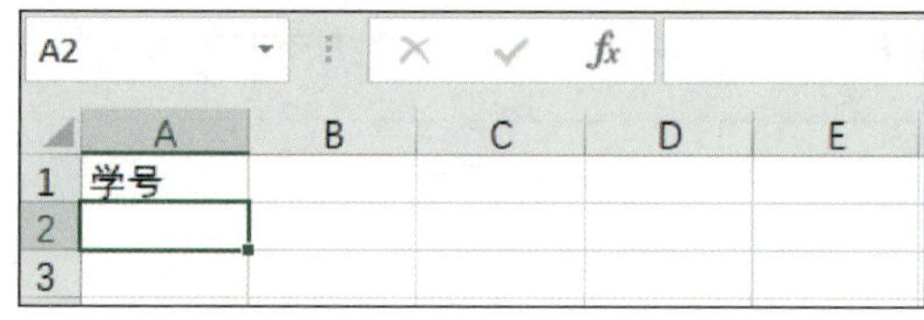

图 1-20 单元格 A2 被选中

提示

默认情况下，按 Enter 键后，选中框会向下移动，以便纵向输入。若需要横向输入（选中框向右移动），则可以使用 Tab 键（默认选中框向右移动）。

（3）通过键盘上的方向键（↑、↓、←、→键），可以选中要编辑的单元格。使用此方法，选中单元格 B1，输入“姓名”并按 Tab 键确认。同样，在单元格 C1 至 F1 中分别输入“性别”“籍贯”“出生年月”“联系电话”。

工作表的编辑栏中显示的是正在编辑的内容，如图 1-21 所示。在单元格进行的

数据输入和编辑操作，也可以在编辑栏中进行。若要隐藏编辑栏的显示，可以在“视图”|“显示”中取消勾选“编辑栏”复选框。

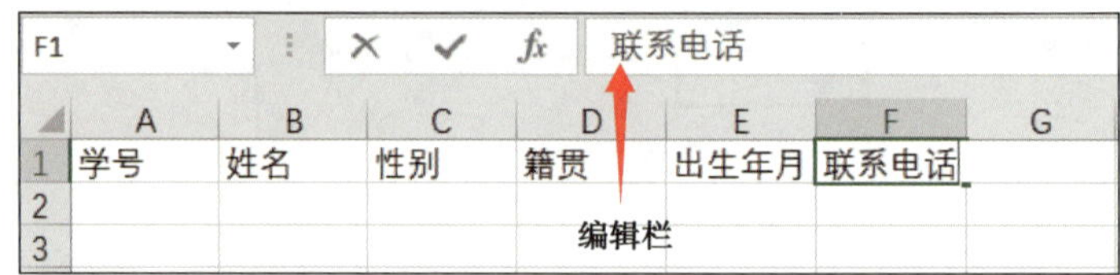

图 1-21 编辑栏

（4）使用方向键或者鼠标选中单元格 A2，输入班级第一名学生的学号“1”并确认，再依次在单元格 B2 至 F2 中输入姓名等个人信息，如“张三”。

若在输入过程中，单元格中并未显示输入的内容，而是一串“#”或者类似“1.33E+10”的科学记数法的数，则表明单元格的列宽不够，如图 1-22 所示。将鼠标指针置于两列列标的中间，此时鼠标指针呈左右带箭头的十字状，按住鼠标左键的同时向右拖动，此时鼠标指针的右上方会出现一个显示当前列宽的标签，拖动至合适的列宽，即可显示输入的内容，如图 1-23 所示。

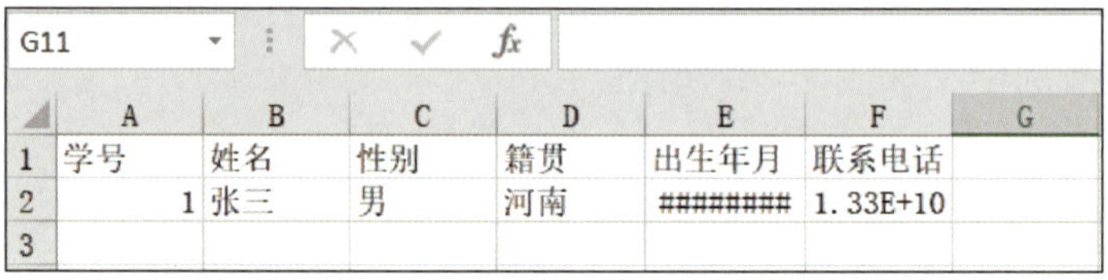

G11

	A	B	C	D	E	F	G
1	学号	姓名	性别	籍贯	出生年月	联系电话	
2	1	张三	男	河南	########	1.33E+10	
3							

图 1-22 列宽不够时的数据显示

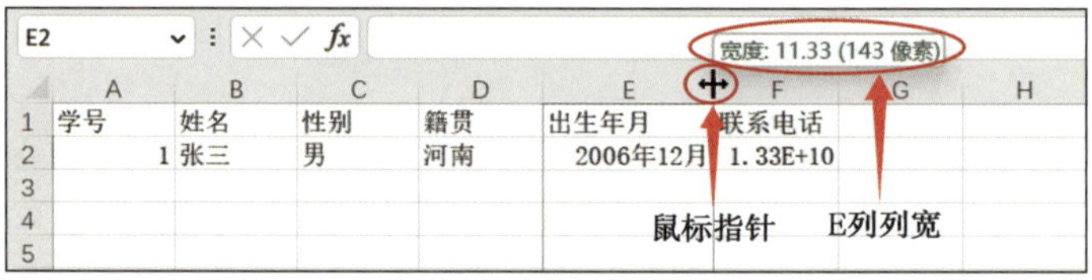

E2 宽度: 11.33 (143 像素)

	A	B	C	D	E	F	G	H
1	学号	姓名	性别	籍贯	出生年月	联系电话		
2	1	张三	男	河南	2006年12月	1.33E+10		
3								
4								
5								

鼠标指针 E列列宽

图 1-23 调整列宽

对于“联系电话”列，无论怎样调整列宽，单元格 F2 中的数据都保持科学记数法显示。这是因为电话号码在默认条件下为数值型数据，需将其设置为文本型数据，这时可以在单元格 F2 中先输入半角单引号“'”，再输入数字，并确认增加列宽，这样长度为 11 位的电话号码就可以正确显示了，如图 1-24 所示。“'”表示该数据以文本的形式存储并显示。

（5）选中单元格 A3，按住鼠标左键，向右下方拖动选中框至单元格 F9，松开鼠标左键，选中的这个单元格区域表示为 A3:F9，该区域的左上角单元格 A3 的颜色不变且呈亮色，表明此单元格处于可编辑状态，如图 1-25 所示。

F3

	A	B	C	D	E	F	G
1	学号	姓名	性别	籍贯	出生年月	联系电话	
2	1	张三	男	河南	2006年12月	13311116666	
3							
4							
5							

图 1-24 文本型数据显示

A3

	A	B	C	D	E	F	G
1	学号	姓名	性别	籍贯	出生年月	联系电话	
2	1	张三	男	河南	2006年12月	13311116666	
3							
4							
5							
6							
7							
8							
9							
10							

图 1-25 选中单元格区域

在单元格 A3 中输入班级第二名学生的学号“2”后，按 Tab 键，活动单元格右移，依次输入第二名学生的个人信息。输入单元格 F3 的内容后，按 Tab 键，活动单元格在选中区域内自动换行，移动到单元格 A4，如图 1-26 所示。

A4

	A	B	C	D	E	F	G
1	学号	姓名	性别	籍贯	出生年月	联系电话	
2	1	张三	男	河南	2006年12月	13311116666	
3	2	李秀丽	女	河北	2005年10月	13211002222	
4							
5							
6							
7							
8							
9							
10							
11							

图 1-26 选中单元格区域的数据输入

（6）输入其他 7 人的全部信息，如图 1-27 所示，将该工作簿保存并命名为“学生信息登记表”。

F10						
A	B	C	D	E	F	G
学号	姓名	性别	籍贯	出生年月	联系电话	
1	张三	男	河南	2006年12月	13311116666	
2	李秀丽	女	河北	2005年10月	13211002222	
3	王芳	女	山东	2006年2月	13211982211	
4	李鑫	男	北京	2007年1月	13277654891	
5	张乐新	男	河北	2006年8月	13344828202	
6	付梅	女	陕西	2007年2月	13688904213	
7	潇潇	女	北京	2007年3月	13322890087	
8	周凯旋	男	山东	2005年4月	13299064333	

图 1-27 “学生信息登记表”工作簿

提示

按 Enter 键可以使活动单元格在选定区域内向下移动，按 Shift+Enter 键可以使活动单元格在选定区域内向上移动，按 Shift+Tab 键可以使活动单元格在选定区域内向左移动。

注意：不能使用鼠标左键或者方向键在选定区域内移动活动单元格，那样将取消区域选定。

1. 用方向键选择的方法，将本任务中表 1-1 重新制作成电子表格。
2. 将表 1-2 制作成电子表格。

表 1-2 某系第一学期必修课学分一览表

高等数学	10	大学物理	8
英语	8	思想道德修养	4
大学物理实验	6	计算机基础	6

任务 3 修改学生信息登记表

1. 能描述 Excel 2021 在工作中的作用。
2. 能完成 Excel 2021 中表格修改的基础操作。

在任务 2 中已经制作了“学生信息登记表”工作簿，本任务是对该工作簿中的工作表进行一些文本格式的修改，包括将“学号”“姓名”“性别”“籍贯”列的文字居中显示，将第 1 行表头字体加粗并更改字体显示等。格式修改前后的工作表分别如图 1–28、图 1–29 所示。

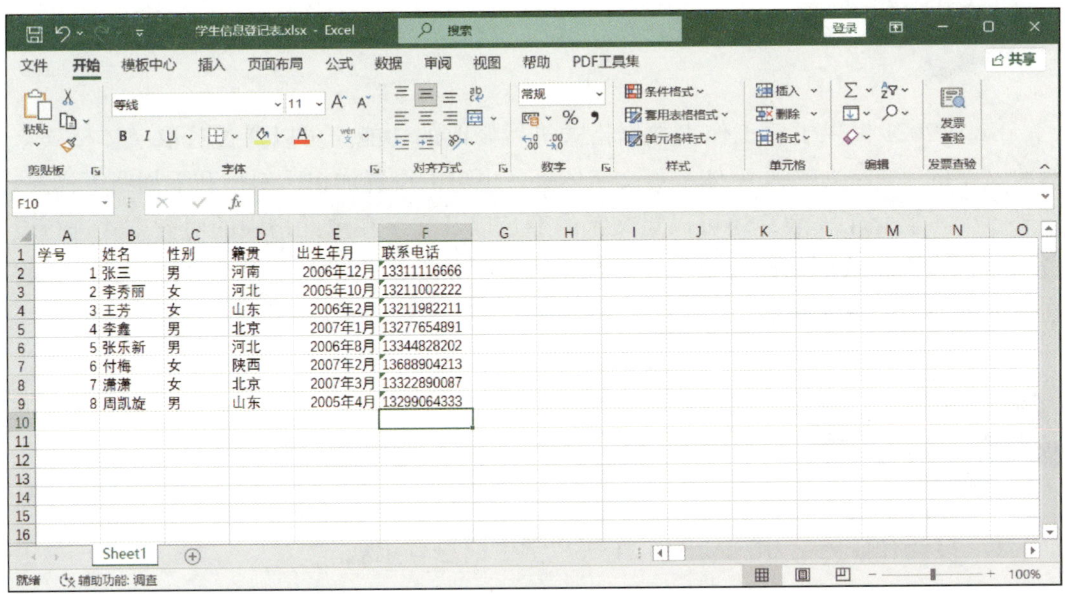

学号	姓名	性别	籍贯	出生年月	联系电话
1	张三	男	河南	2006年12月	13311116666
2	李秀丽	女	河北	2005年10月	13211002222
3	王芳	女	山东	2006年2月	13211982211
4	李鑫	男	北京	2007年1月	13277654891
5	张乐新	男	河北	2006年8月	13344828202
6	付梅	女	陕西	2007年2月	13688904213
7	潇潇	女	北京	2007年3月	13322890087
8	周凯旋	男	山东	2005年4月	13299064333

图 1–28 格式修改前的工作表

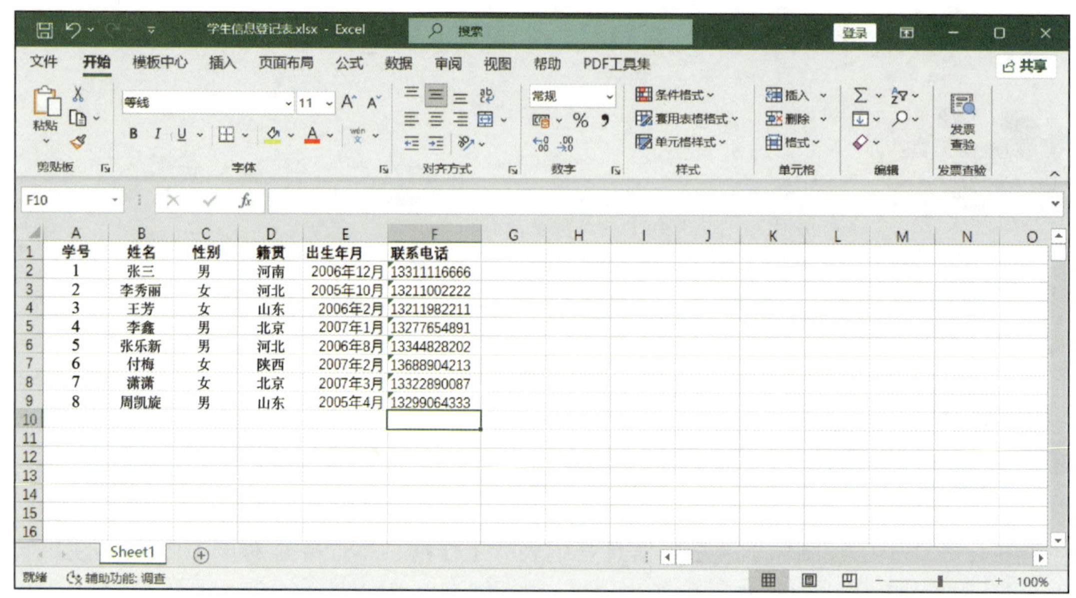

学号	姓名	性别	籍贯	出生年月	联系电话
1	张三	男	河南	2006年12月	13311116666
2	李秀丽	女	河北	2005年10月	13211002222
3	王芳	女	山东	2006年2月	13211982211
4	李鑫	男	北京	2007年1月	13277654891
5	张乐新	男	河北	2006年8月	13344828202
6	付梅	女	陕西	2007年2月	13688904213
7	潇潇	女	北京	2007年3月	13322890087
8	周凯旋	男	山东	2005年4月	13299064333

图 1-29 格式修改后的工作表

Excel 2021 提供了对工作表数据格式进行修改的功能。可以通过选取字体格式来修改文字的字体，如中文字体、英文字体等，也可以设置加粗、斜体和下划线等样式。此外，为了美化工作表，还可以对文字的颜色以及文字在单元格中的对齐方式进行设置。其他方面格式的修改包括填充颜色、边框、条件格式化以及自动套用格式等，将在后面的项目中具体介绍。

1. 打开在任务 2 中编辑的工作簿“学生信息登记表”

启动 Excel 2021，单击窗口左侧“打开”，如图 1-30 所示，双击“这台电脑”，在弹出的对话框中选择文件保存的位置，选中“学生信息登记表”，再单击“打开”按钮，如图 1-31 所示。还可以在“最近”中选择“学生信息登记表”将其打开，如图 1-32 所示。

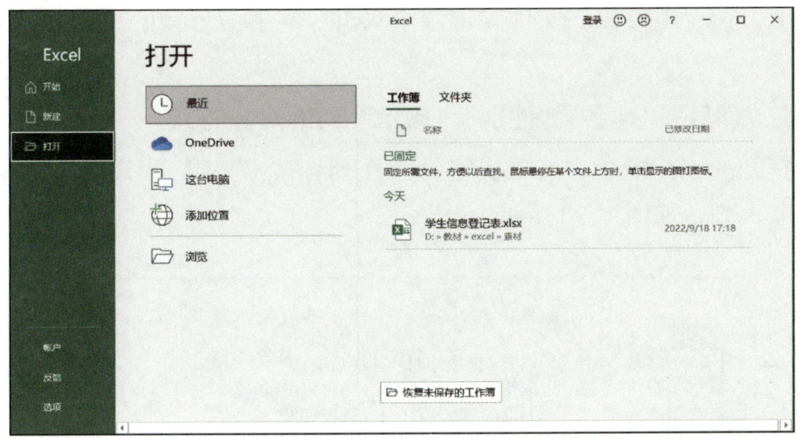

图 1-30　单击“打开”

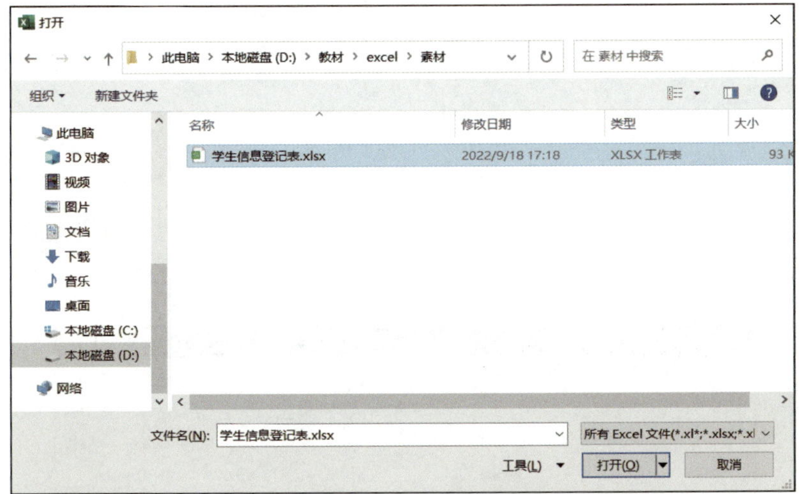

图 1-31　“打开”对话框

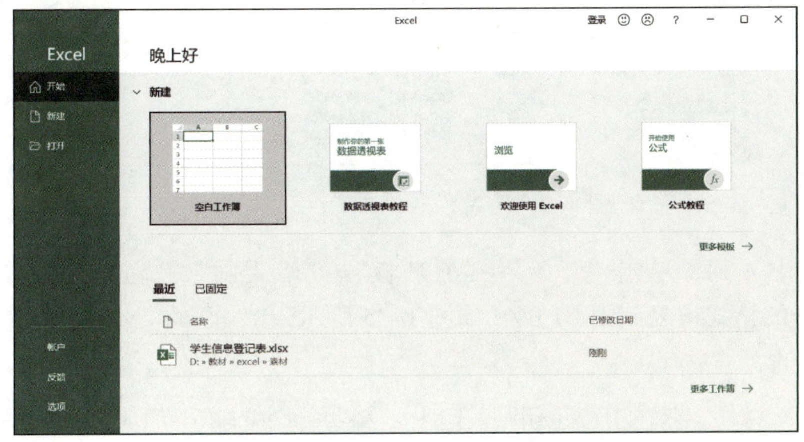

图 1-32　在“最近”中打开“学生信息登记表”工作簿

除了以上方法，还可以在文件管理器中双击“学生信息登记表”文件图标打开该工作簿。

2. 更改“学号”“姓名”“性别”“籍贯”列的对齐方式

（1）在打开的工作簿中，将鼠标指针放在列标“A”上，出现一个向下的黑色箭头，单击选中 A 列，如图 1-33 所示。

A1　学号

	A	B	C	D	E	F	G	H
1	学号	姓名	性别	籍贯	出生年月	联系电话		
2	1	张三	男	河南	2006年12月	13311116666		
3	2	李秀丽	女	河北	2005年10月	13211002222		
4	3	王芳	女	山东	2006年2月	13211982211		
5	4	李鑫	男	北京	2007年1月	13277654891		
6	5	张乐新	男	河北	2006年8月	13344828202		
7	6	付梅	女	陕西	2007年2月	13688904213		
8	7	潇潇	女	北京	2007年3月	13322890087		
9	8	周凯旋	男	山东	2005年4月	13299064333		
10								
11								

图 1-33　选中整列

（2）若要让学号居中显示，则单击“开始”|“对齐方式”|“居中”按钮即可，如图 1-34 所示，这样单元格 A10 以下的文本也都会被居中。

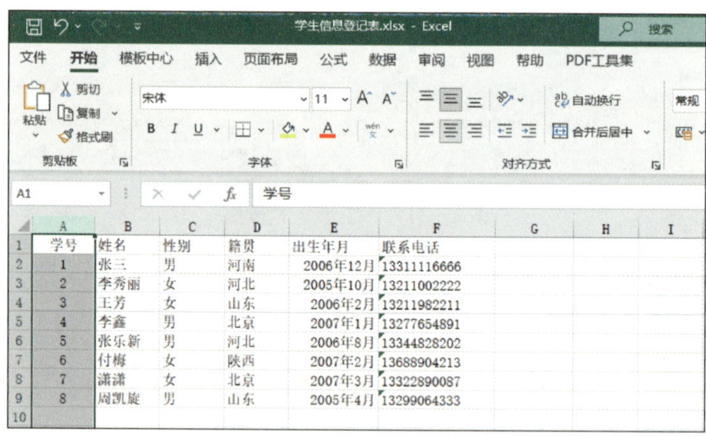

	A	B	C	D	E	F	G	H	I
1	学号	姓名	性别	籍贯	出生年月	联系电话			
2	1	张三	男	河南	2006年12月	13311116666			
3	2	李秀丽	女	河北	2005年10月	13211002222			
4	3	王芳	女	山东	2006年2月	13211982211			
5	4	李鑫	男	北京	2007年1月	13277654891			
6	5	张乐新	男	河北	2006年8月	13344828202			
7	6	付梅	女	陕西	2007年2月	13688904213			
8	7	潇潇	女	北京	2007年3月	13322890087			
9	8	周凯旋	男	山东	2005年4月	13299064333			
10									

图 1-34　学号居中显示

（3）选中 A 列，单击“开始”|“剪贴板”|“格式刷”按钮，选中单元格区域 B1:B9，A 列的格式被复制到 B1:B9，如图 1-35 所示，B1:B9 的文本居中显示，但单元格 B10 以下的文本没有居中。

（4）重复操作，使工作表内的“性别”“籍贯”列的文本居中显示，最终结果如图 1-36 所示。

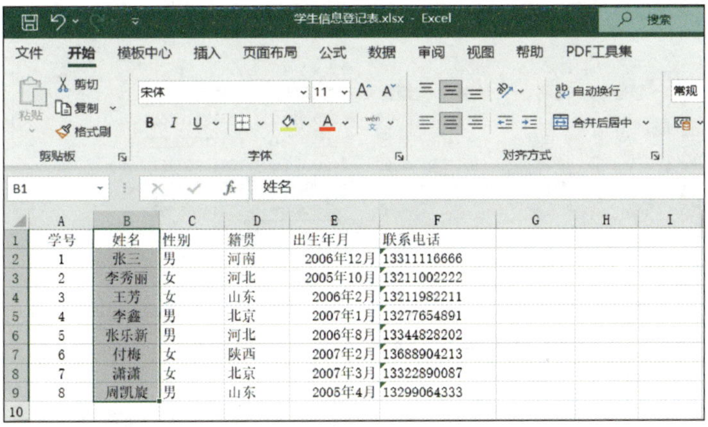

图 1-35　格式的复制

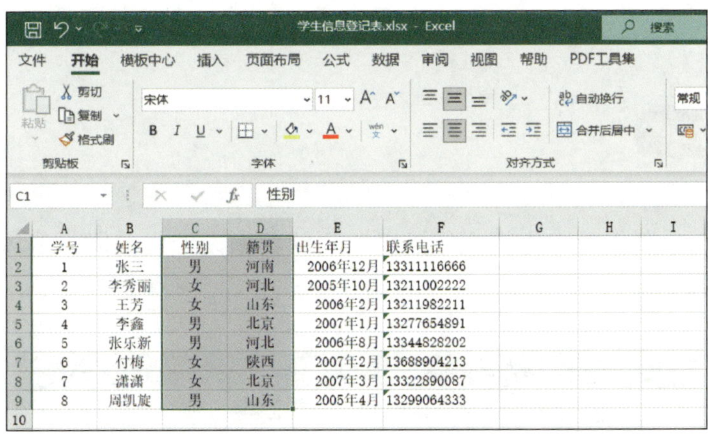

图 1-36　“性别”“籍贯”列居中显示

3. 更改表头行字体

单击行号“1”，会出现一个向右的黑色箭头，这时选中了第 1 行，单击“开始”|“字体”|“加粗”按钮，将字体更改为“微软雅黑”，如图 1-37 所示。

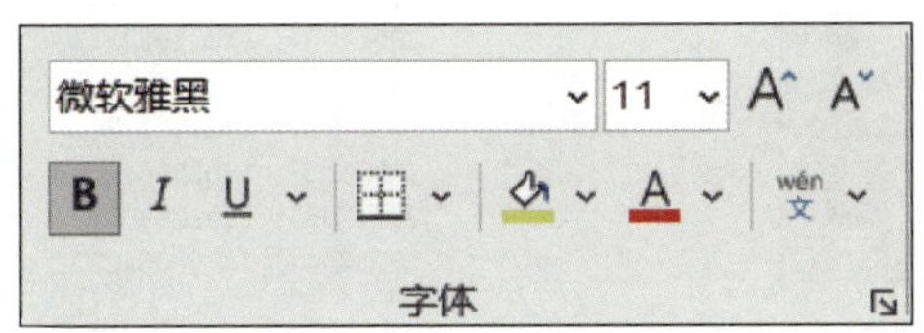

图 1-37　“字体”组

4. 检查并保存工作簿

（1）当发现输入的文本有错误，需要修改时，可以选中单元格后在编辑栏中修改，如图 1-38 所示，也可以双击单元格，待出现光标后修改。

E7 | 2007/2/1

	A	B	C	D	E	F	G
1	学号	姓名	性别	籍贯	出生年月	联系电话	
2	1	张三	男	河南	2006年12月	13311116666	
3	2	李秀丽	女	河北	2005年10月	13211002222	
4	3	王芳	女	山东	2006年2月	13211982211	
5	4	李鑫	男	北京	2007年1月	13277654891	
6	5	张乐新	男	河北	2006年8月	13344828202	
7	6	付梅	女	陕西	2007/2/1	13688904213	
8	7	潇潇	女	北京	2007年3月	13322890087	
9	8	周凯旋	男	山东	2005年4月	13299064333	
10							

图 1-38　在编辑栏中修改文本

（2）修改完毕，将工作簿另存为“学生信息登记表－修改”，注意应单击“文件”|“另存为”，若单击“保存”按钮，则会覆盖之前任务 2 中制作的工作簿“学生信息登记表”。

1. 将任务 3 中制作的工作簿中“姓名”列的数据设置成楷体、斜体，修改完成的效果如图 1-39 所示。

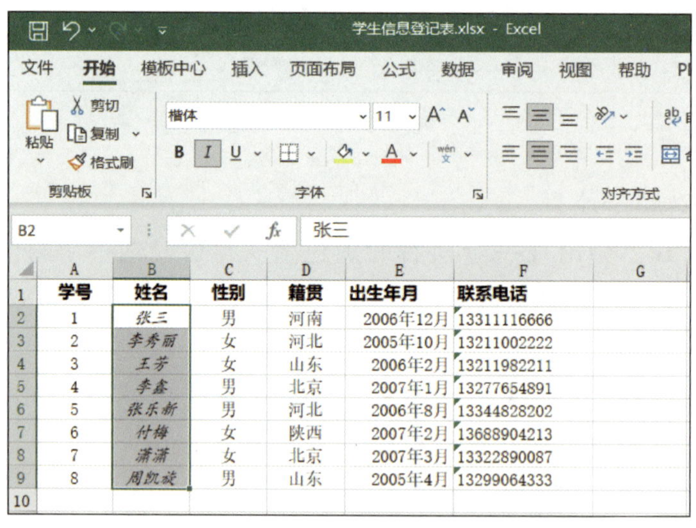

	A	B	C	D	E	F	G
1	学号	姓名	性别	籍贯	出生年月	联系电话	
2	1	*张三*	男	河南	2006年12月	13311116666	
3	2	*李秀丽*	女	河北	2005年10月	13211002222	
4	3	*王芳*	女	山东	2006年2月	13211982211	
5	4	*李鑫*	男	北京	2007年1月	13277654891	
6	5	*张乐新*	男	河北	2006年8月	13344828202	
7	6	*付梅*	女	陕西	2007年2月	13688904213	
8	7	*潇潇*	女	北京	2007年3月	13322890087	
9	8	*周凯旋*	男	山东	2005年4月	13299064333	
10							

图 1-39　“姓名”列修改完成的效果

2. 为任务 3 中制作的工作簿修改文字颜色，将“性别”列中的“男”设置成蓝色、“女”设置成红色。

3. 将任务 3 中制作的工作簿中“联系电话”列的对齐方式修改为右对齐，修改完成的效果如图 1-40 所示。

	A	B	C	D	E	F
1	学号	姓名	性别	籍贯	出生年月	联系电话
2	1	张三	男	河南	2006年[illegible]月	13311116666
3	2	李秀丽	女	河北	2005年10月	13211002222
4	3	王芳	女	山东	2006年2月	13211982211
5	4	李鑫	男	北京	2007年1月	13277654891
6	5	张乐新	男	河北	2006年8月	13344828202
7	6	付梅	女	陕西	2007年2月	13688904213
8	7	潇潇	女	北京	2007年3月	13322890087
9	8	周凯旋	男	山东	2005年4月	13299064333

图 1-40 “联系电话”列修改完成的效果

任务 4　制作学生成绩表

1. 能创建桌面快捷方式。
2. 能完成 Excel 2021 中复制和粘贴等基本操作。

本任务以学生成绩表为例，介绍如何找到 Excel 2021 的安装目录并创建其桌面快捷方式，并通过这一方式开启 Excel 2021，利用单元格数据的复制和粘贴等基本操作完成高三（2）班期中考试成绩表（见表 1-3）电子表格的制作。

表 1-3　高三（2）班期中考试成绩表

	语文	数学	英语	物理	化学
王亚军	77	80	78	85	70
周平	82	85	76	86	80
张远	90	84	87	82	88
冯征	60	71	62	59	65
赵敬峰	84	72	76	75	80
任征	95	90	93	90	89
郝迪	70	72	76	69	80
王丽坤	65	70	68	71	63
李丽	70	62	69	65	69
吴向伟	82	88	86	80	90
陈风	88	93	82	86	75
谢艳	77	79	81	73	81
王烁	98	100	95	95	91
孙萍	55	62	60	59	65
刘忠	75	66	60	68	77
何向	80	79	82	85	80

在桌面创建快捷方式的目的是使用户可以更加方便地打开 Excel 2021。创建 Excel 2021 的快捷方式与在 Windows 操作系统下创建其他程序快捷方式的方法类似。

复制与粘贴操作是在 Excel 2021 中比较常用的基本操作，也是两个相关的操作：只有完成了复制，才能进行粘贴。通过这两项操作，可以节省数据输入的时间，同时也可以保持数据的一致性。

（1）单击“开始”按钮，用鼠标右键单击“Excel”，在弹出的快捷菜单中选择“更多”|“打开文件位置”，如图 1-41 所示。在打开的文件位置处找到 Excel 2021 的图标，

并在该图标上单击鼠标右键，在弹出的快捷菜单中选择“发送到”|“桌面快捷方式”，如图 1-42 所示，此时可以看到桌面上出现了 Excel 2021 图标，如图 1-43 所示。

图 1-41　打开 Excel 2021 程序文件位置

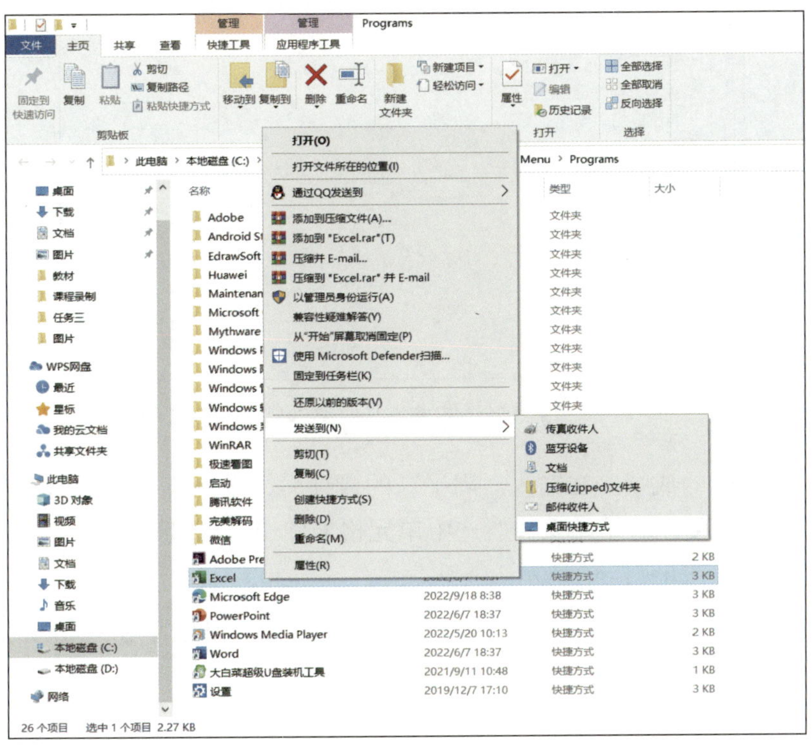

图 1-42　创建 Excel 2021 桌面快捷方式

图 1-43 Excel 2021 的桌面快捷方式

双击如图 1-43 所示的 Excel 2021 桌面快捷方式，即可打开 Excel 2021 的操作界面。

（2）想要输入学生成绩，应先将学生姓名和考试科目分别输入。可以直接利用在任务 2 和任务 3 中介绍的方法输入学生姓名和考试科目，如图 1-44 所示。

F3

	A	B	C	D	E	F	G
1			高三（2）班期中考试成绩表				
2		语文	数学	英语	物理	化学	
3	王亚军						
4	周平						
5	张远						
6	冯征						
7	赵敬峰						
8	任征						
9	郝迪						
10	王丽坤						
11	李丽						
12	吴向伟						
13	陈风						
14	谢艳						
15	王烁						
16	孙萍						
17	刘忠						
18	何向						
19							

图 1-44 学生姓名和考试科目输入完成后的效果

（3）输入学生的成绩。在输入“周平”的成绩时，发现有的数据与已输入的数据一致，这时可采用复制、粘贴操作。选中单元格 E3，单击鼠标右键，在弹出的快捷菜单中选择“复制”，如图 1-45 所示。

选中单元格 C4，单击鼠标右键，在弹出的快捷菜单中单击“粘贴”按钮，如图 1-46 所示。

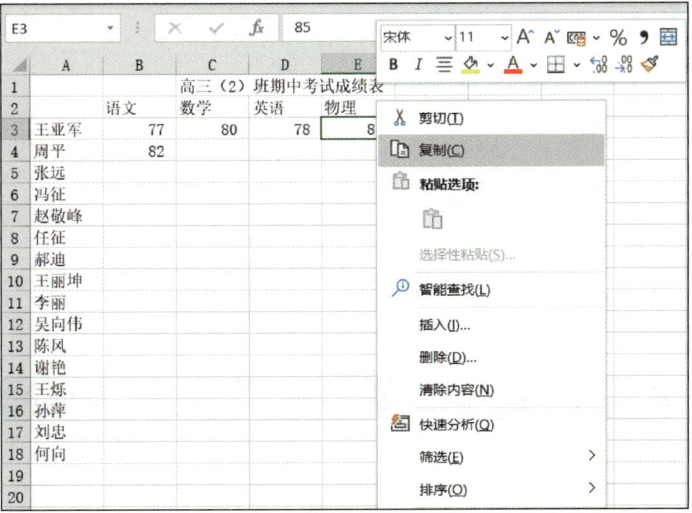

图 1-45　复制操作

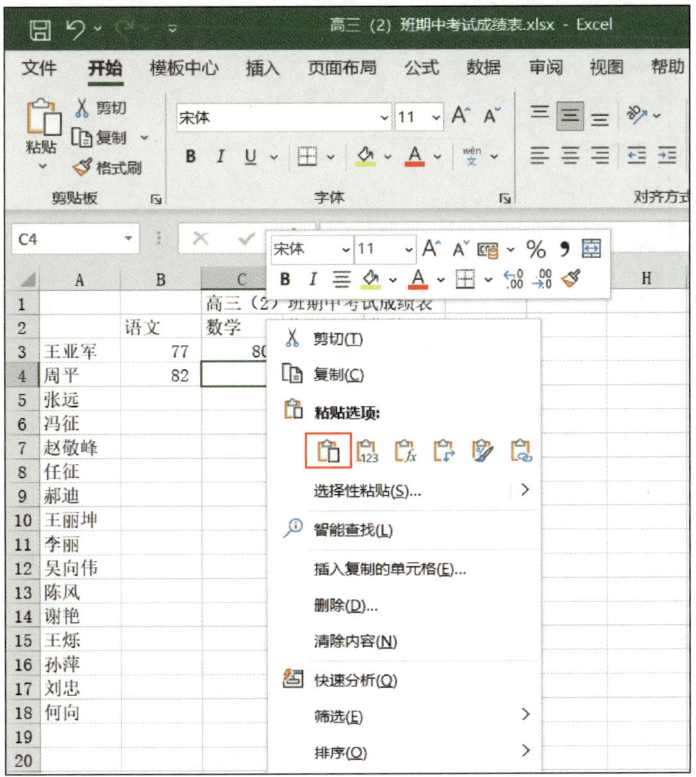

图 1-46　粘贴操作

提示

在选中单元格 E3 后，可以单击“开始”|“剪贴板”|“复制”按钮，或者按 Ctrl+C 键进行复制操作。

在选中单元格 C4 后，可以单击“开始”|“剪贴板”|“粘贴”按钮，也可以按 Ctrl+V 键进行粘贴操作，如果需要按特定的格式粘贴，可以选择下拉菜单中的不同按钮或“选择性粘贴”，如图 1-47 所示。

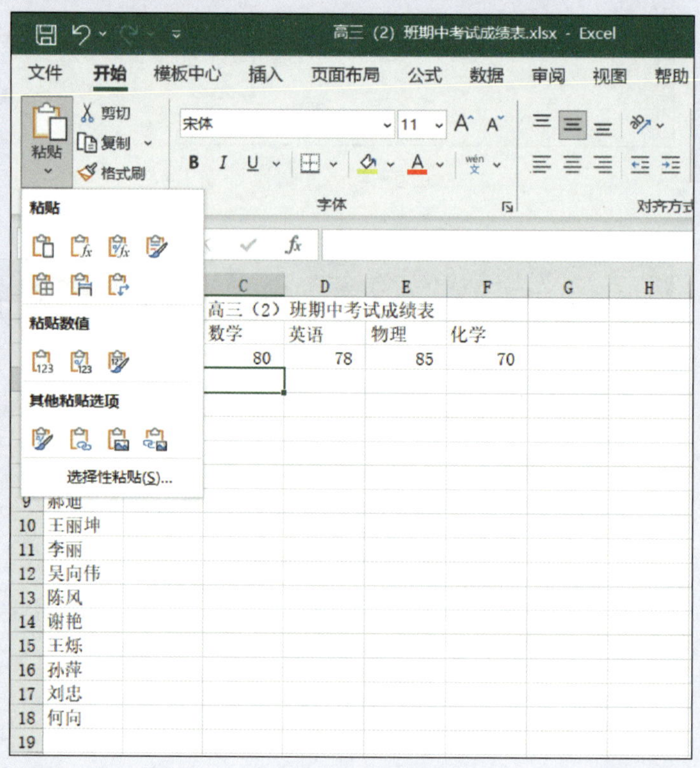

图 1-47 “粘贴”下拉菜单

（4）输入余下内容，输入完毕，按 Enter 键或 Tab 键，状态栏会显示“就绪”，如图 1-48 所示。

在状态栏中，还可显示若干常用的计算结果，便于用户查看。选中单元格区域 B9:F9，此时的状态栏显示：“平均值：73”是数值型数据的算术平均值，即郝迪的各科成绩平均值，“计数：5”是指科目数，“求和：367”是指总成绩，如图 1-49 所示。

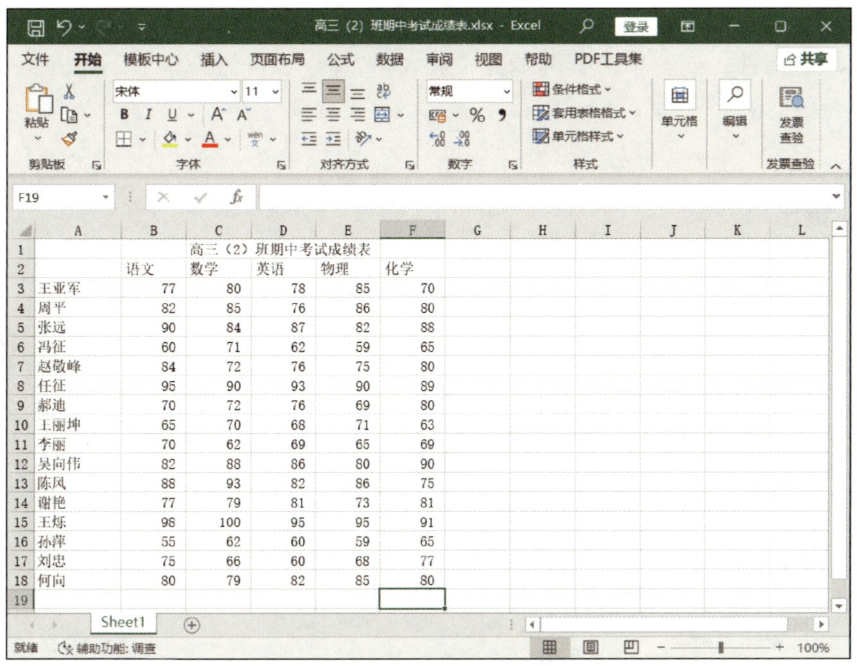

图 1-48　输入完成后的效果

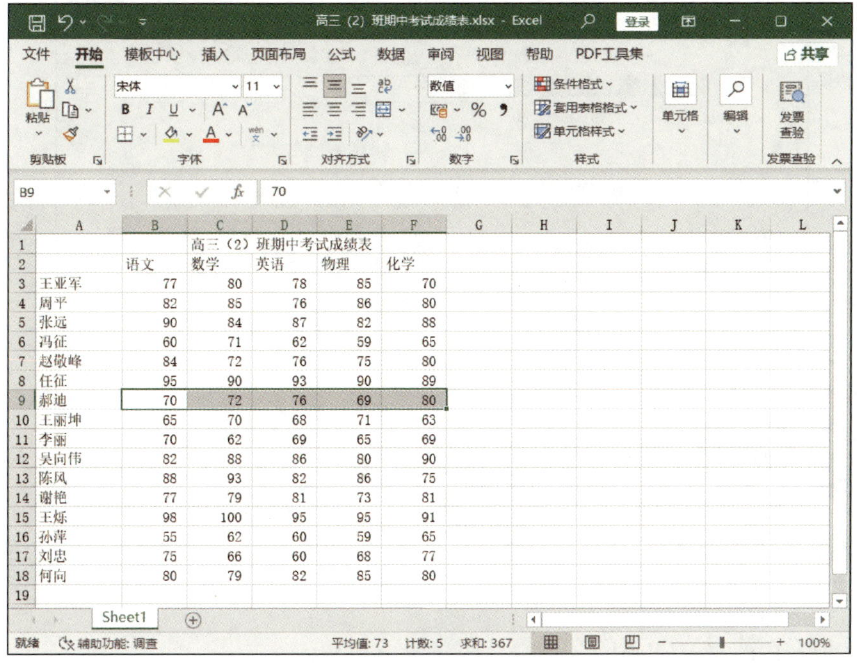

图 1-49　选中单元格区域

Excel 2021 的状态栏中还有“视图快捷方式”和“显示比例”工具，位于状态栏的右边。 中三个按钮分别代表“普通”“页面布局”“分页预览”视图状态，使用该工具，可以将当前工作表快速切换到需要的视图状态下。可以通过拖动“显示比例”工具的指针，或者单击其两端的“放大”“缩小”按钮来调节工作表编辑区的显示比例。

提示

按住 Ctrl 键的同时滚动鼠标滚轮，可以进行显示比例的快速调节。

（5）选择保存路径，在“文件名”栏中输入“高三（2）班期中考试成绩表”，保存工作簿，如图 1-50 所示。

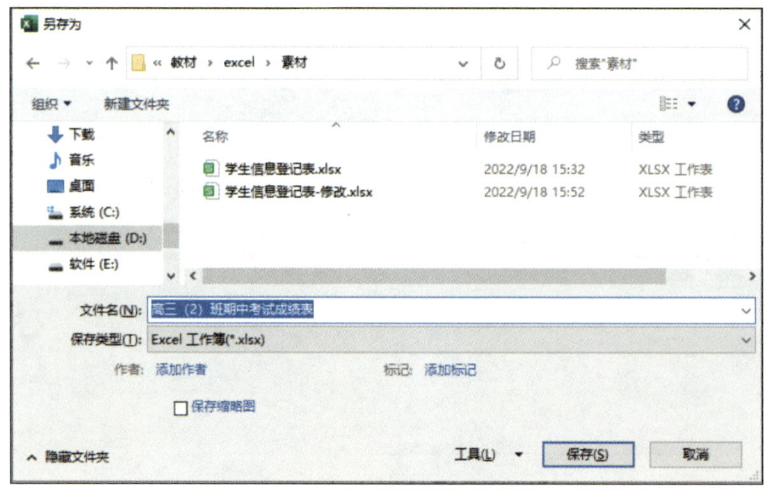

图 1-50　保存工作簿

1. 将任务 4 中制作的“高三（2）班期中考试成绩表”全部复制到新的工作表 Sheet2 中。

2. 将此工作簿另存为新的文件。

3. 为新工作簿创建桌面快捷方式。

项目二
工作表和工作簿基本操作与技巧

在利用 Excel 2021 进行数据处理的过程中，经常需要对工作表和工作簿进行适当的处理。本项目将介绍制作、管理工作表和工作簿的方法。

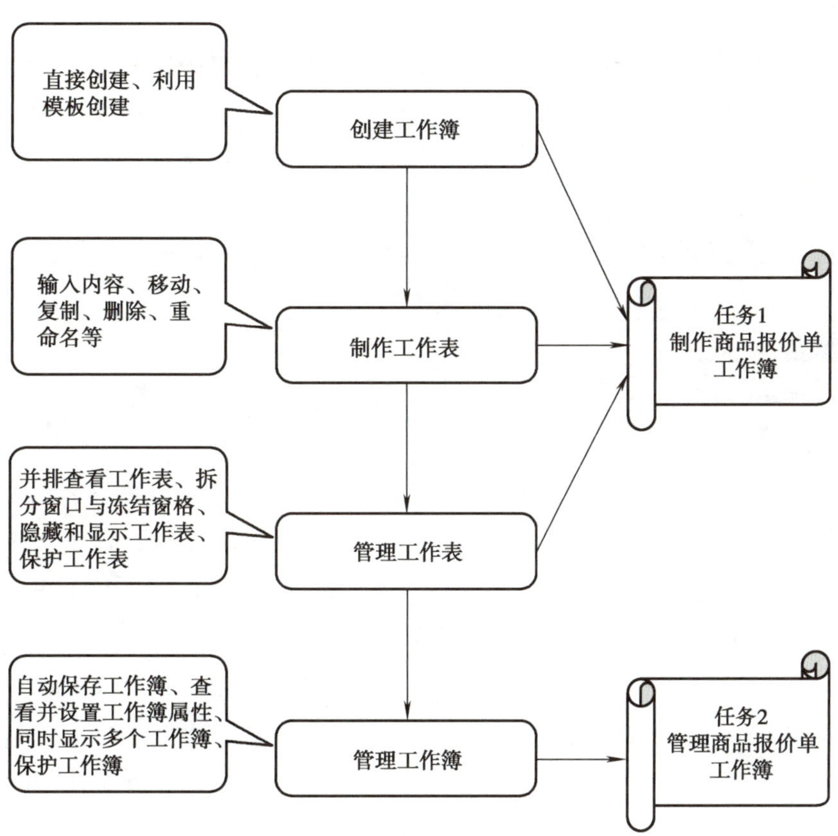

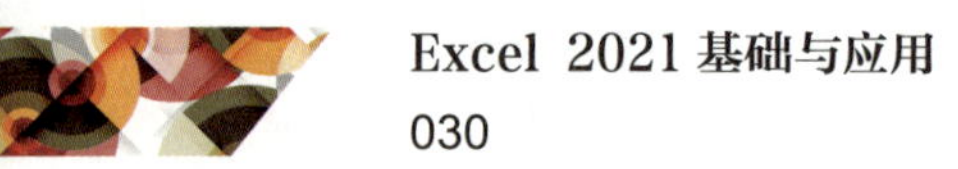

任务 1　制作商品报价单工作簿

1. 进一步熟悉工作表、工作簿、表格的基本概念。
2. 能完成工作表的创建，能利用模板进行创建、插入、删除操作。
3. 能完成工作表的重命名、标签颜色设置、移动、复制、并排查看等操作。
4. 能完成工作表的显示和隐藏、拆分和冻结、密码保护等操作。
5. 能完成多工作表的操作。

在本任务中，要创建商品报价单工作簿，并在此工作簿中建立多个工作表。根据商品的种类，可以把工作表分成食品、化妆品、办公用品和体育用品 4 类，因此需在工作簿中建立 4 个工作表并对此 4 个工作表进行重命名、标签颜色设置、移动、复制等操作。

在此基础上，还需对工作表进行拆分、冻结、密码保护等操作。

1. 拆分窗口与冻结窗格

窗格是窗口的一部分，以垂直或水平条为界限并由此与其他部分分隔开。通过“拆分”命令，可以将窗口拆分为不同窗格，独立滚动，便于同时查看工作表的不同区域。通过“冻结窗格”命令，可以在工作表滚动时使特定行或列保持可见状态。

2. 密码保护

此项操作可以对工作簿和工作表进行密码保护，设置查看工作簿和工作表的权限。在 Excel 2021 中可以采用各种数字、字母、特殊字符等分别或者混合使用的方式来设置密码，密码的位数越长、混合性越强，安全性也越强。

1. 创建新的工作簿

启动 Excel 2021，在如图 2–1 所示的界面中单击“空白工作簿”，可以创建新的空白工作簿文件。

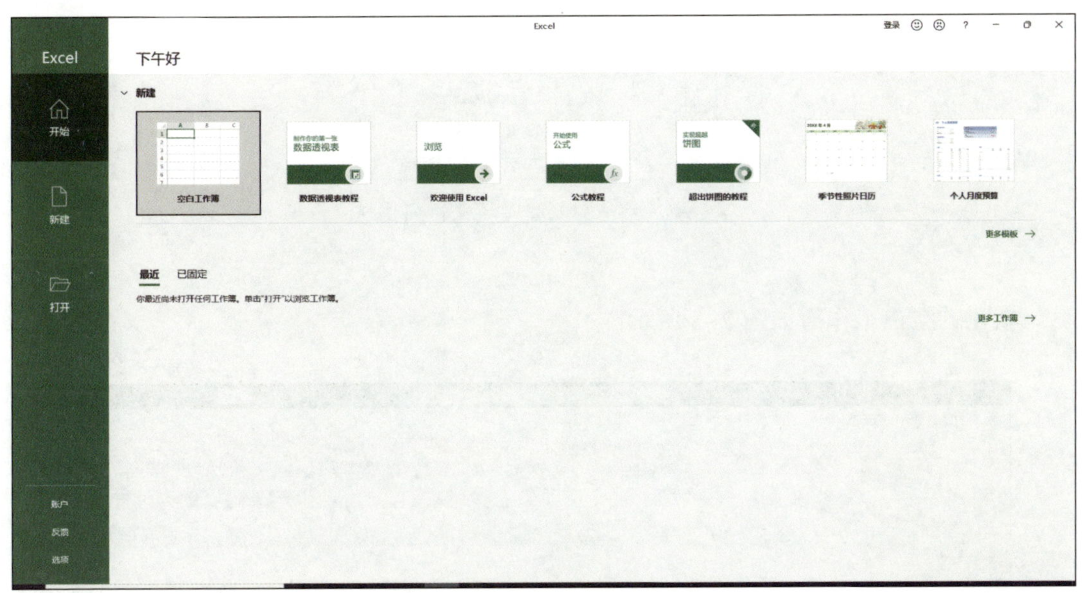

图 2–1　Excel 2021 启动后的界面

提示

若需要常常新建工作簿，则可以在“自定义快速访问工具栏”列表中选择“新建”，如图 2–2 所示，这样快速访问工具栏中就新添了“新建”快速访问按钮，单击它可以新建空白工作簿；还可以利用 Ctrl+N 键创建基于默认模板的工作簿。

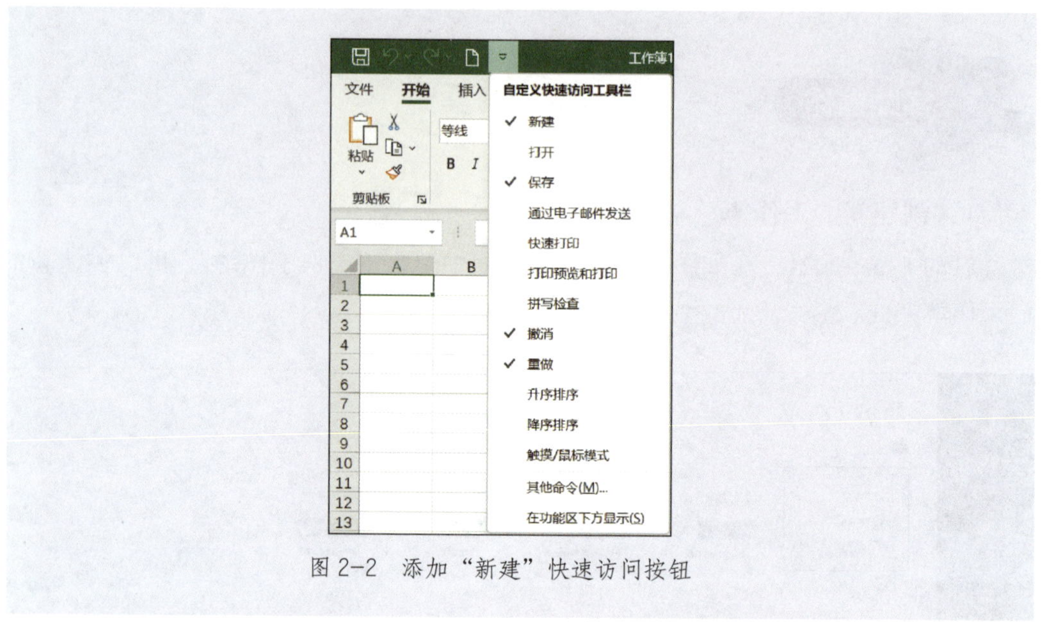

图 2-2 添加“新建”快速访问按钮

新建的空白工作簿如图 2-3 所示。

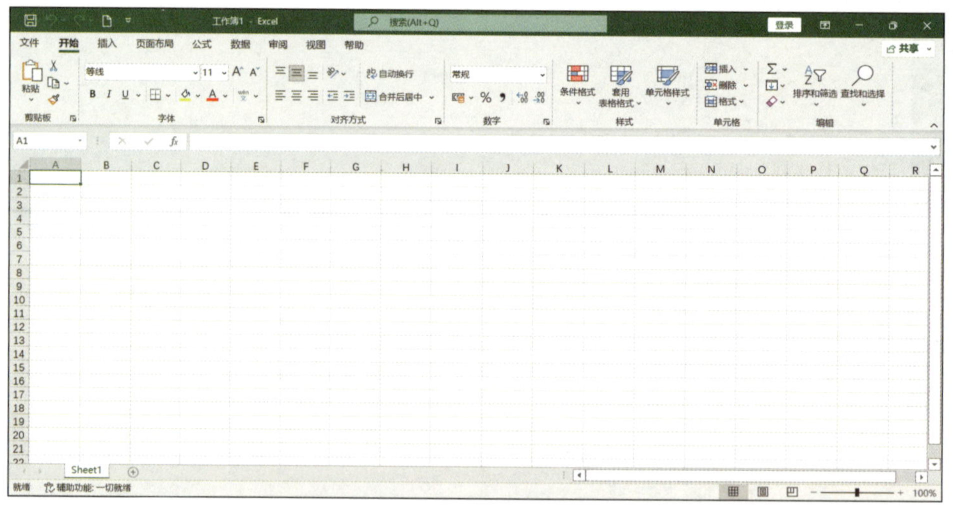

图 2-3 新建的空白工作簿

如果要创建一些内容相近的工作簿，每次都按照上面的方法新建空白工作簿会做很多重复性工作，这时便可以利用模板进行工作簿的创建。首先将各个工作簿相近的内容保存在同一个工作簿中，然后根据此工作簿创建一个模板，当创建其他相似的工作簿时，就可以使用这个模板来获取其中的格式或数据，大大提高了效率。

（1）创建模板。首先需要按照上述方法创建一个新的工作簿，然后将一些通用的格式和内容输入至工作簿中（参照项目三和项目四），单击“文件”|“另存为”|“浏

览”，在弹出的“另存为”对话框中，选择“保存类型”下拉列表中的“Excel 模板”后，保存位置自动显示为默认的用于保存模板的文件夹“自定义 Office 模板”，如图 2-4 所示，单击“保存”按钮生成模板。

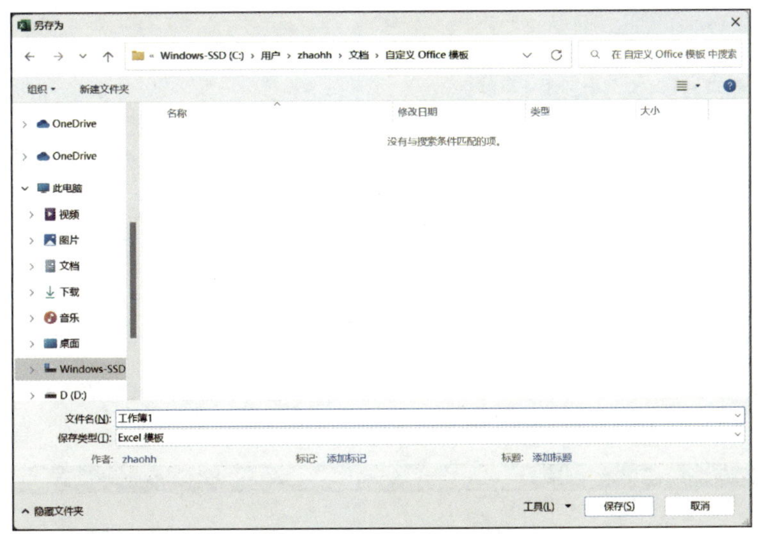

图 2-4　将工作簿另存为模板

（2）使用模板。在 Excel 2021 安装时已经存入许多通用的模板，可以根据需要使用自己创建的模板或者软件自带的模板。单击“文件”|“新建”，在“新建”窗口中选择所需要的模板，如“个人月度预算”，如图 2-5 所示，主程序会创建一个与该模板相同的工作簿，如图 2-6 所示。之后，可以根据个人需要在模板中修改数据。

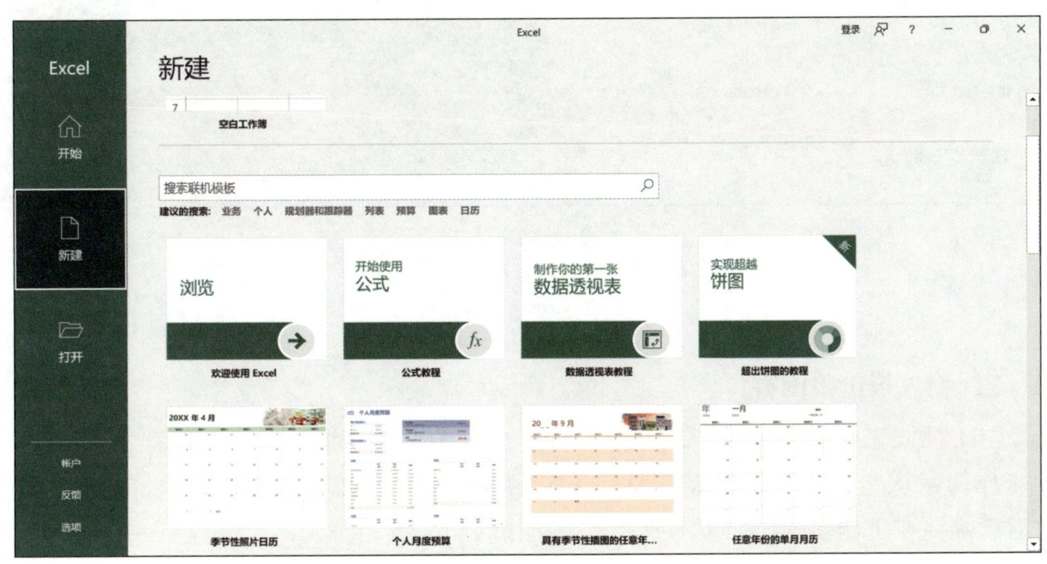

图 2-5　使用模板

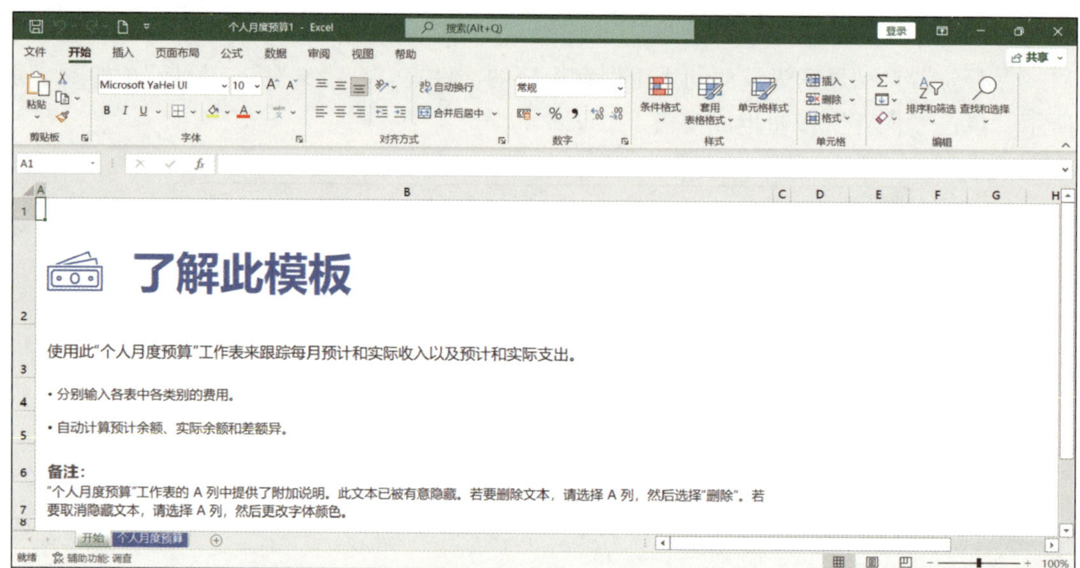

a）

b）

图 2-6 “个人月度预算”模板
a）介绍 b）内容

2. 输入报价单内容

（1）插入工作表。创建新工作簿，将其命名为“商品报价单”并保存，首次创建的工作簿默认包含一个工作表，但是在实际应用中，所需要的工作表也许不止一个，这时就需要在工作簿中添加一个或者多个工作表。

若要在现有的工作表末尾快速插入新的工作表，则可单击操作界面底部的“新工作表”按钮⊕，如图 2-7 所示。插入的新工作表如图 2-8 所示，位于 Sheet1 之后，自动命名为“Sheet2”，并且此工作表为处于可编辑状态的活动工作表。如果需要继续在末尾插入新的工作表，可以重复上述操作。

图 2-7　快速插入工作表　　图 2-8　插入的新工作表

如果要在现有的工作表之前插入新的工作表，可以采用“菜单法”和“右键法”等。采用“菜单法”需要先选择该工作表（如 Sheet2），再单击“开始”|“单元格”|“插入”下拉按钮，在其下拉菜单中选择“插入工作表”，如图 2-9 所示。插入后的效果如图 2-10 所示，Sheet3 在 Sheet2 之前。

采用“右键法”需要在选中工作表后，单击鼠标右键，在弹出的快捷菜单中选择“插入”，如图 2-11 所示，在“常用”选项卡中选择“工作表”，单击“确定”按钮，如图 2-12 所示，插入后的效果如图 2-10 所示。

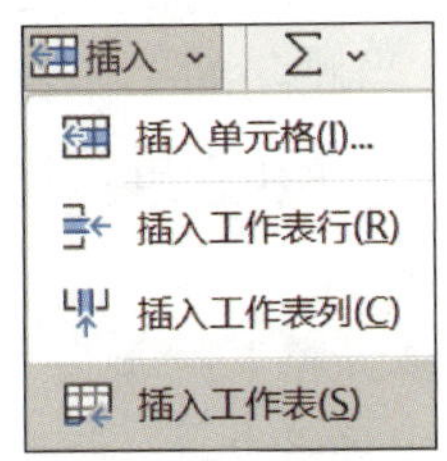

图 2-9　“菜单法”插入新工作表

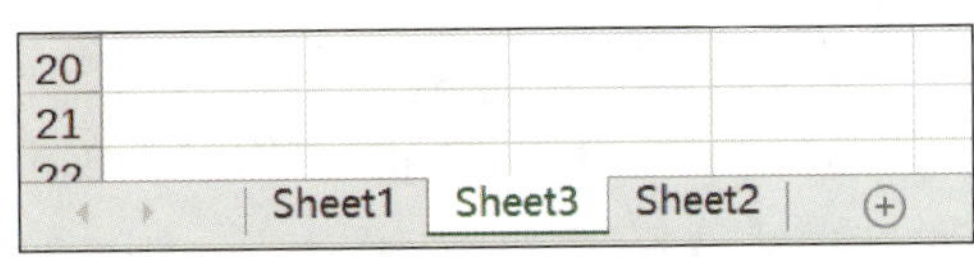

图 2-10　插入新工作表后的效果

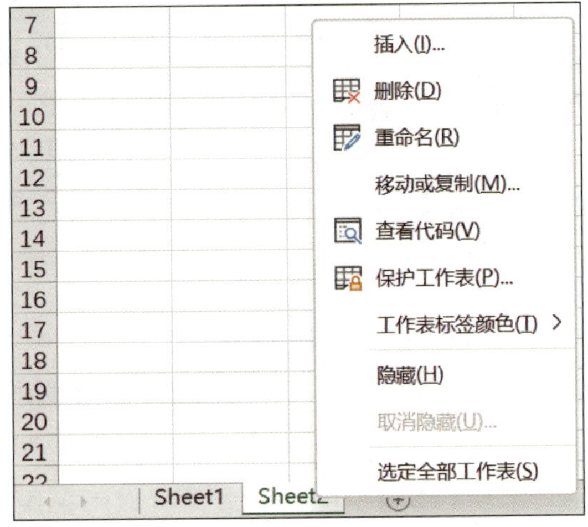

图 2-11　“右键法”插入新工作表

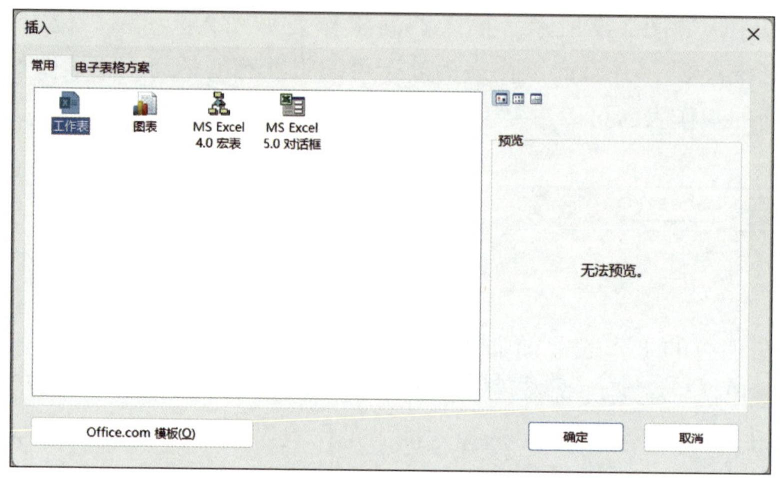

图 2-12 “插入”对话框中“常用”选项卡

如果需要一次性插入 *N* 个工作表，可以按住 Shift 键，同时选中 *N* 个连续的现有工作表标签，采用上述的“右键法”或者“菜单法”进行插入。

（2）删除工作表。如果需要删除工作表，可以采用“右键法”。首先选中需要删除的工作表，在其名称标签上单击鼠标右键，选择“删除”，当删除的工作表不是空白工作表时，会出现如图 2-13 所示的提示对话框，单击“删除”按钮即可；若是空白的工作表，则会直接被删除。

还可以采用“菜单法”删除工作表。单击“开始”|“单元格”|“删除”下拉按钮，在其下拉菜单中选择“删除工作表”，如图 2-14 所示，弹出如图 2-13 所示的提示对话框，单击“删除”按钮即可。

图 2-13 提示对话框

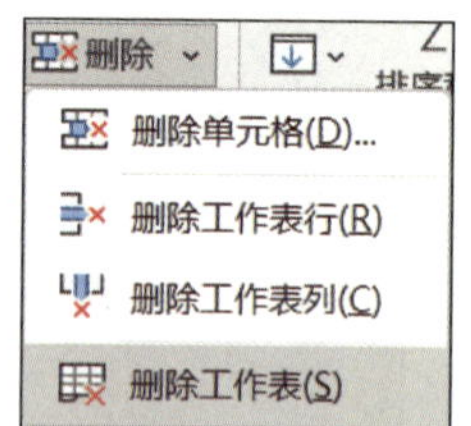

图 2-14 “菜单法”删除工作表

若想要删除多个工作表，则可以在按住 Shift 键的同时选中多个连续工作表，或者在按住 Ctrl 键的同时选中多个不连续工作表，再按上述的删除操作一次性删除选中的工作表。

（3）重命名工作表。对于工作簿中的工作表，可以不采用“Sheet1”“Sheet2”等名称，对其重命名。可在 Sheet1 标签上单击鼠标右键，选择“重命名”，其标签如图 2-15 所示，输入工作表名称“食品”，按 Enter 键或者在其他区域单击。还可以在双击工作表标签后，输入工作表名称。按照上述方法重命名其余工作表，分别为“化妆品”“办公用品”“体育用品”，重命名后的工作表标签如图 2–16 所示。

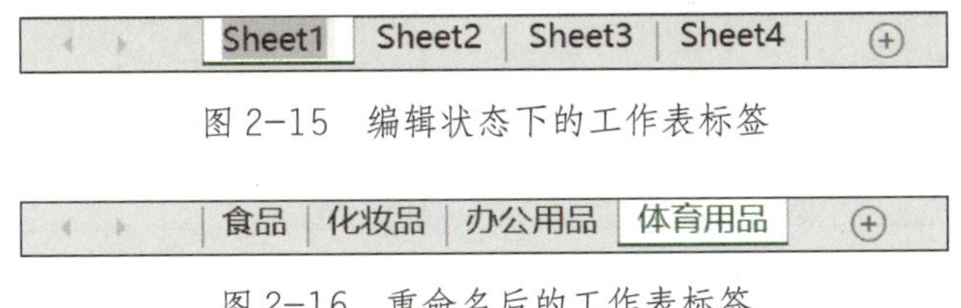

图 2–15　编辑状态下的工作表标签

图 2–16　重命名后的工作表标签

（4）设置工作表标签颜色。有时为了区分和美观，还需要设置工作表标签颜色。选中需要更改颜色的工作表标签，单击鼠标右键，选择“工作表标签颜色”，再选择需要的颜色即可，如图 2–17 所示。

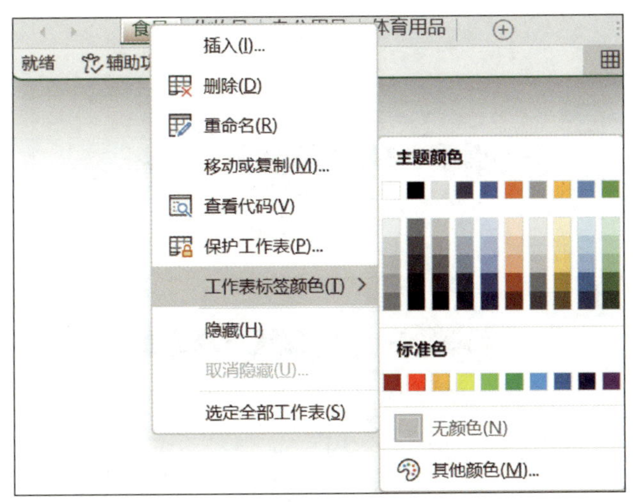

图 2–17　设置工作表标签颜色

按照上述方法为 4 个工作表标签分别设置颜色，完成后的工作表标签如图 2–18 所示。

图 2–18　设置颜色后的工作表标签

（5）在各工作表中输入相关报价单的编号、产品及单价。在输入过程中，有规律的编号可以采用快速输入法进行输入，在单元格 A2 中输入“S1”后，将鼠标指针放在此单元格的右下角，当鼠标指针变成黑色十字时，向下拖动即可实现编号的快速输入，如图 2–19 所示，并且编号的顺序是递增的，如图 2–20 所示（相关的输入方法还会在项目三进行详细的介绍）。

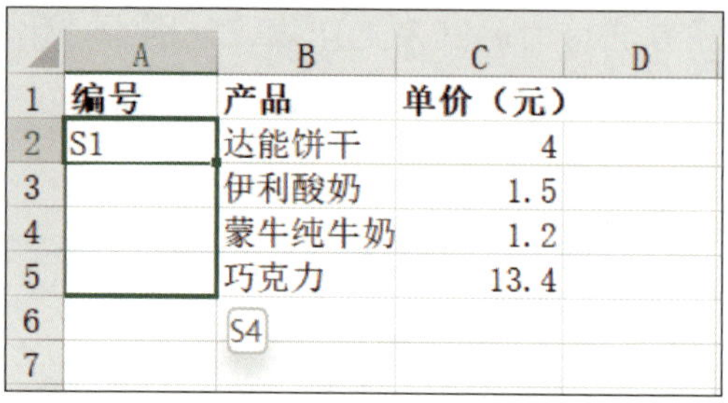

A
B
C
D
1 编号 产品 单价（元）
2 S1 达能饼干 4
3 伊利酸奶 1.5
4 蒙牛纯牛奶 1.2
5 巧克力 13.4
6 S4
7

图 2-19　快速输入编号

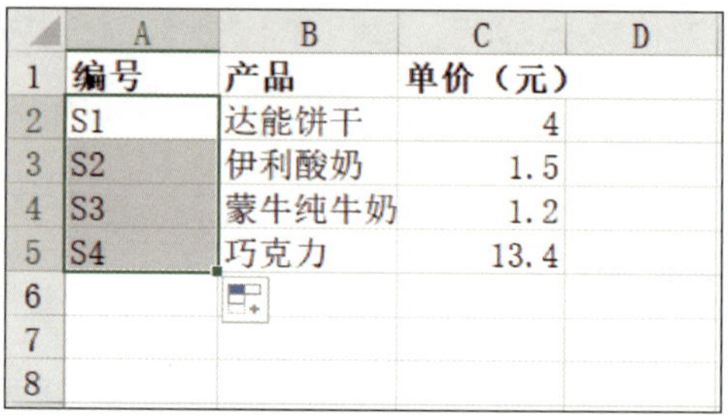

A
B
C
D
1 编号 产品 单价（元）
2 S1 达能饼干 4
3 S2 伊利酸奶 1.5
4 S3 蒙牛纯牛奶 1.2
5 S4 巧克力 13.4
6
7
8

图 2-20　输入顺序递增的编号

（6）移动和复制工作表。如果在同一工作簿中想要移动工作表，只需要选中要移动的工作表标签，在沿工作表标签栏将其拖动（鼠标指针变成 的形状）至相应的位置（黑色三角形所指的位置）后松开鼠标即可。在上述的工作簿中，选中“体育用品”工作表标签，将其拖动到“食品”工作表标签的后面，如图 2-21 所示。移动后的工作表如图 2-22 所示。

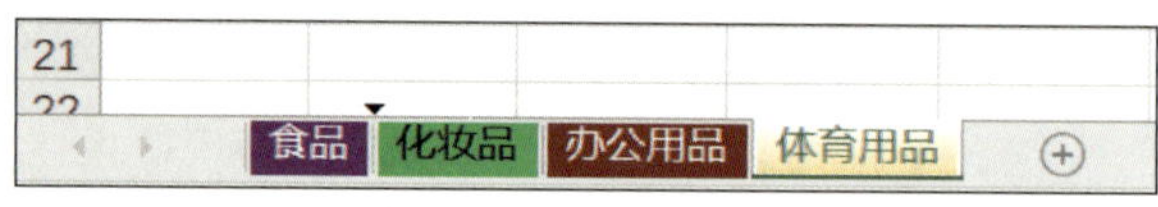

21
食品
化妆品
办公用品
体育用品

图 2-21　移动工作表操作

21
食品
体育用品
化妆品
办公用品

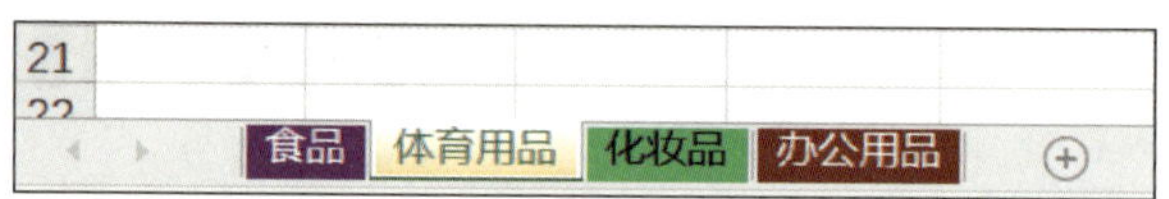

图 2-22　移动后的工作表

如果在同一工作簿中想要复制工作表，只需要选中要复制的工作表标签，按住 Ctrl 键，沿工作表标签栏将其拖动（鼠标指针变成 的形状）至相应的位置（黑色三角形所指的位置），松开鼠标，松开 Ctrl 键。复制后的工作表名称会在原工作表名称的后面添加“（2）”作为区别，如图 2-23 所示。

21
食品
体育用品
化妆品
化妆品 (2)
办公用品

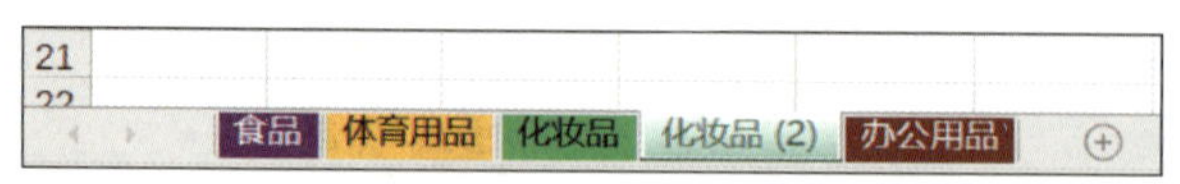

图 2-23　复制后的工作表

除上述的方法外，还可以选中需要移动或复制的工作表标签，单击鼠标右键，选择快捷菜单中的“移动或复制”，如图 2-24 所示，弹出“移动或复制工作表”对话框，如图 2-25 所示，在“下列选定工作表之前”列表中选择移动或复制的位置，单击“确定”按钮，可以移动工作表至相应位置。勾选“建立副本”复选框，单击“确定”按钮，可以复制工作表。

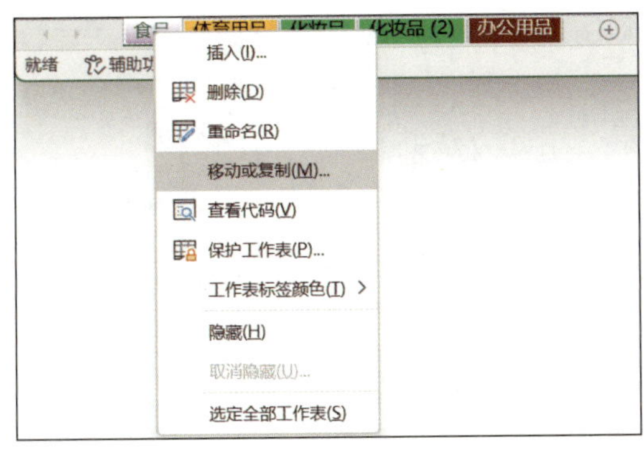

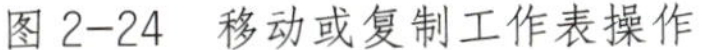
图 2-24　移动或复制工作表操作

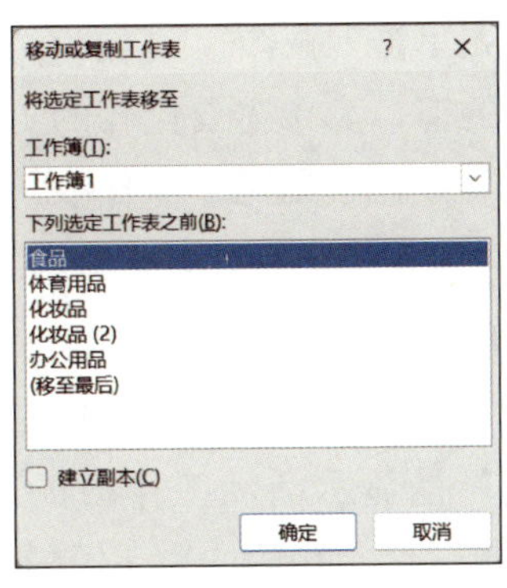

图 2-25　“移动或复制工作表”对话框

最终按照音序排列调整工作表标签顺序依次为“办公用品”“化妆品”“食品”“体育用品”。

提示

若需跨工作簿移动或复制工作表，则首先要将两个工作簿都打开，在如图 2-25 所示的“移动或复制工作表”对话框中的“工作簿”下拉列表中选择移动或复制的目标工作簿，然后再选择工作表位置、是否建立副本，最后单击“确定”按钮即可。

（7）并排查看工作表。在 Excel 2021 中，同一工作簿中的不同工作表或者不同工作簿中的工作表都可以在窗口中同时显示，并排查看，如图 2-26 所示。

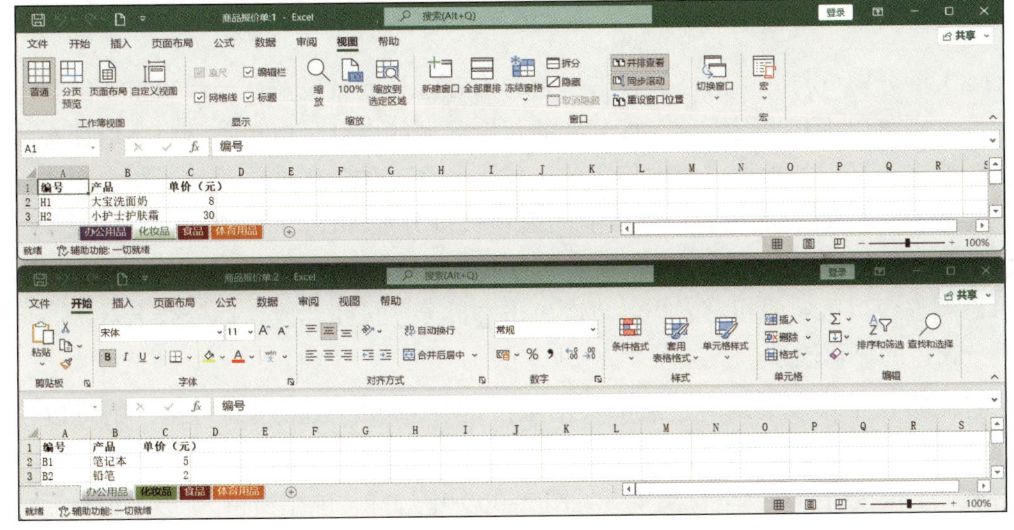

图 2-26　并排查看工作表

首先单击“视图”|“窗口”|“新建窗口”按钮，可以建立一个新的窗口。单击要比较的工作表标签，单击“窗口”|“并排查看”按钮，则两个工作表可以并排显示。用此方法共建立 4 个窗口，并将它们“并排查看”。

然后单击“窗口”|“全部重排”按钮，在弹出的如图 2-27 所示的“重排窗口”对话框中选择“平铺”后单击“确定”按钮（若只是显示活动工作簿的工作表，则勾选“当前活动工作簿的窗口”复选框）。以平铺方式重排后的工作表效果如图 2-28 所示，这样显示便于查看并编辑多个工作表。

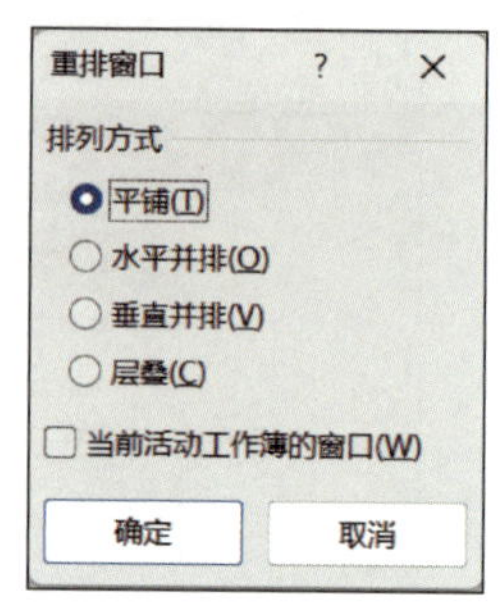

图 2-27 选择重排方式

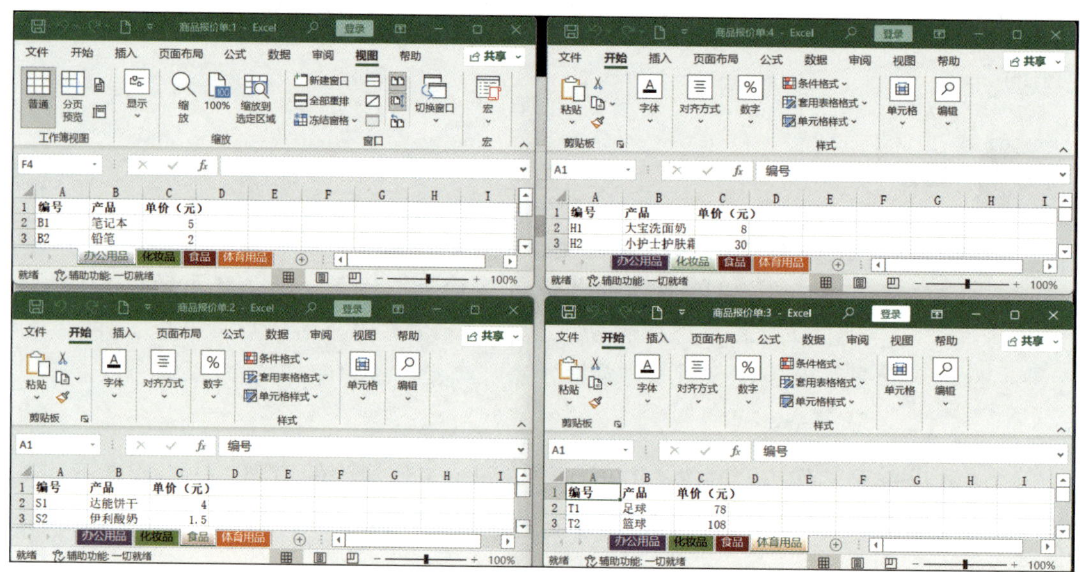
图 2-28 以平铺方式重排工作表

（8）拆分窗口与冻结窗格。若工作表的内容过长或者过宽，当前窗口不能显示全部内容，则可以将其进行拆分。拆分后的每个区域的内容可以单独调整，以便在当前窗口浏览多个区域的数据。选中相应的工作表，在工作表中选中某单元格，单击“视图”|“窗口”|“拆分”按钮，则当前的窗口被拆分成如图 2-29 所示的 2 块或 4 块显示区域。将鼠标指针移至窗口拆分线上，当其变成双向箭头时，按住鼠标左键并拖动，就可以调整窗口区域的相对大小。再次单击“拆分”按钮，或在拆分线上双击，可清除拆分窗口的显示效果。

若需要在工作表滚动时，顶部、左侧指定行、列的数据始终可见，则可以使用“冻结窗格”功能。冻结窗格时，首先选中某单元格，然后单击“视图”|“窗口”|“冻结窗格”下拉按钮，在其下拉菜单（见图 2-30）中选择“冻结窗格”。冻结窗格后的工作表效果如图 2-31 所示，拖动垂直或者水平滚动条时，工作表的左上角区域始终冻结

显示。要取消冻结窗格，仍单击“视图”|“窗口”|“冻结窗格”下拉按钮，在其下拉菜单中选择“取消冻结窗格”即可。

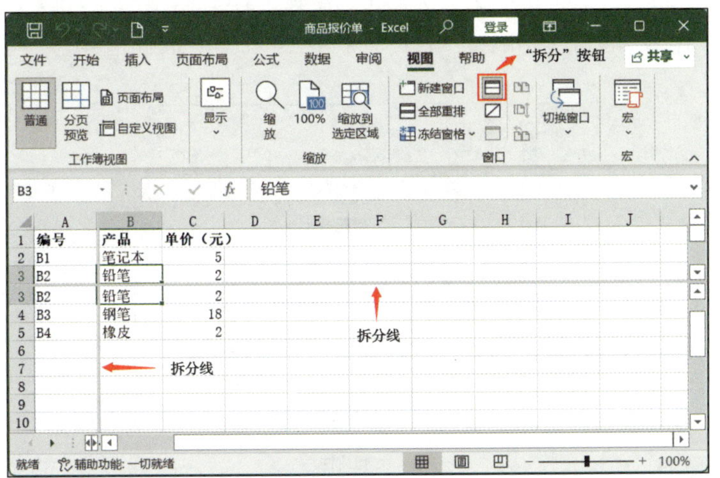

图 2-29　拆分窗口

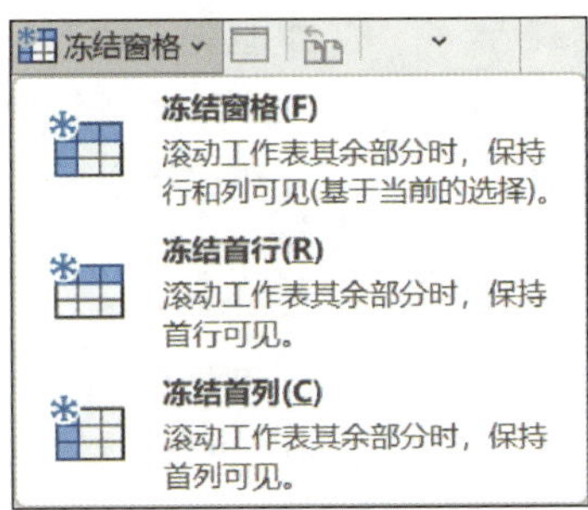

图 2-30　“冻结窗格”下拉菜单

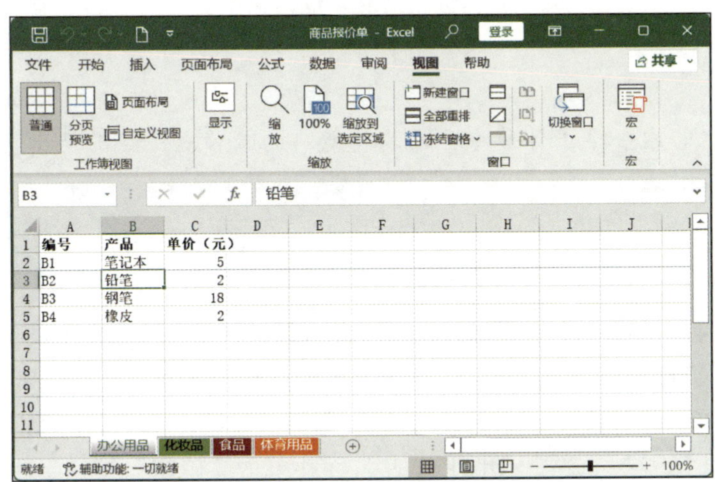

图 2-31　冻结窗格后的工作表

（9）隐藏和显示工作表。在工作簿中，若有的工作表中的内容不想被其他人看到，则可以将其隐藏。要隐藏工作表，可以单击“开始”|“单元格”|“格式”下拉按钮，在其下拉菜单中选择“隐藏和取消隐藏”|“隐藏工作表”，如图 2–32 所示。还可以选中需要隐藏的工作表标签，单击鼠标右键，在快捷菜单中选择“隐藏”。

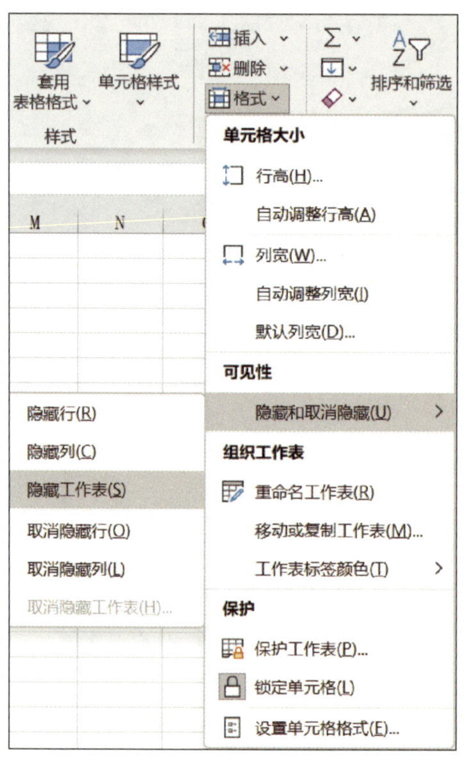

图 2–32　隐藏工作表

提示

在一个工作簿中，不能将所有的工作表隐藏，至少要显示一个工作表。

要显示隐藏的工作表，可以单击“开始”|“单元格”|“格式”下拉按钮，在其下拉菜单中选择“隐藏和取消隐藏”|“取消隐藏工作表”，在弹出的如图 2–33 所示的“取消隐藏”对话框中，选择需要重新显示的工作表名称并单击“确定”按钮。在工作表标签上单击鼠标右键，在快捷菜单中选择“取消隐藏”，也可以弹出“取消隐藏”对话框，选择需要重新显示的工作表名称并单击“确定”按钮，也可以显示隐藏的工作表。

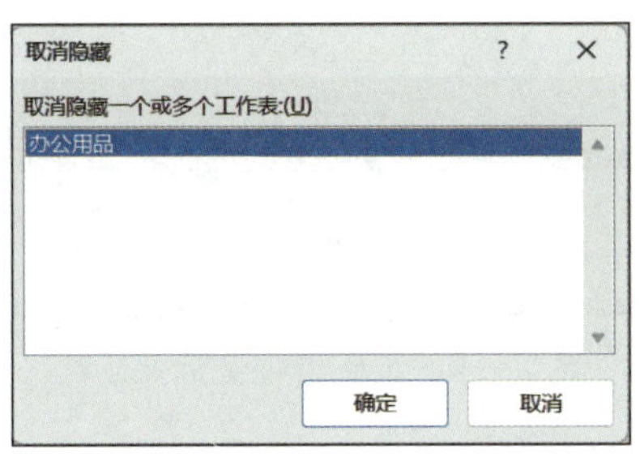

图 2-33 “取消隐藏”对话框

提示

Excel 2021 还提供了隐藏和显示行或列的功能，按照上述在下拉菜单中选择的方法操作即可，如图 2-32 所示。

（10）保护工作表。在 Excel 2021 中，还可以根据需要，对工作簿或工作表进行加密保护。

要设置简单的保护，需要单击“审阅”|“保护”|“保护工作表”按钮，在弹出的如图 2-34 所示的“保护工作表”对话框中选择允许用户进行的操作，单击“确定”按钮。工作表被保护后，用户想要对工作表进行编辑时将无法编辑工作表的内容，并弹出提示对话框拒绝编辑，如图 2-35 所示。用户需要编辑工作表时，可以单击“审阅”|“保护”|“撤销工作表保护”按钮。

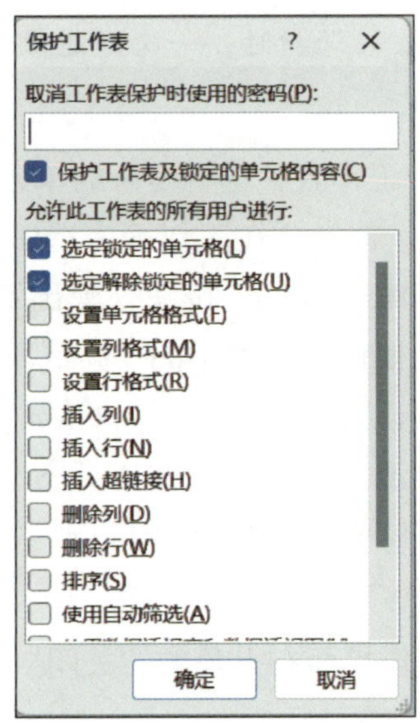

图 2-34 “保护工作表”对话框

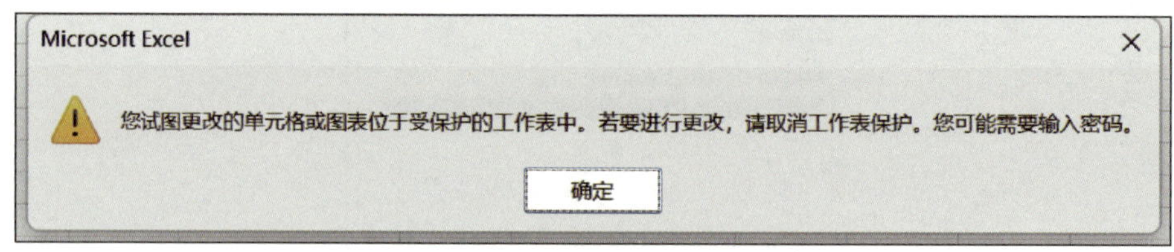

图 2-35　拒绝编辑提示对话框

若工作表需要加密保护，则应在如图 2-34 所示的“保护工作表”对话框中输入密码，单击“确定”按钮后会弹出如图 2-36 所示的“确认密码”对话框，重新输入密码后单击“确定”按钮。若想要撤销工作表的加密保护，则可以单击“审阅”|“保护”|“撤销工作表保护”按钮，在弹出的“撤销工作表保护”对话框中输入密码后单击“确定”按钮，如图 2-37 所示。

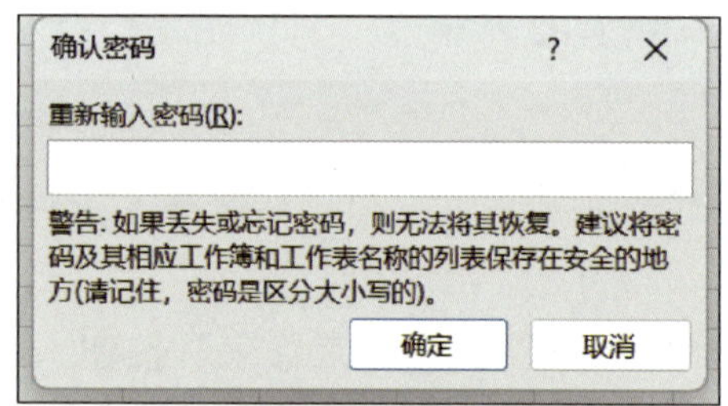

图 2-36　“确认密码”对话框

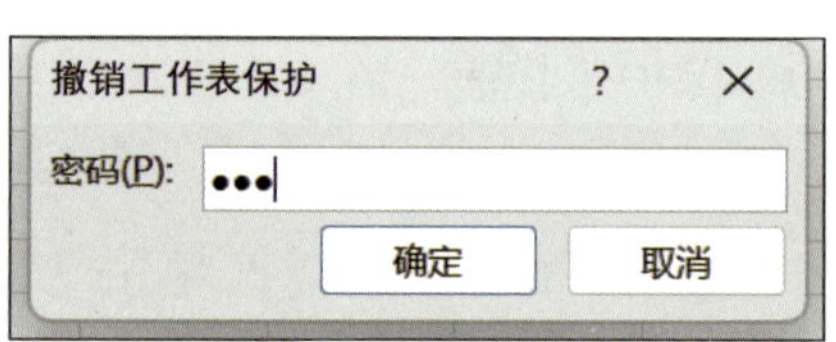

图 2-37　“撤销工作表保护”对话框

提示

在设置工作表的保护时，一次只能操作一个工作表。

Excel 2021 还支持分区保护工作表，也就是有的单元格区域可以编辑，有的单元格区域被保护。要设置这种效果，首先要在工作表中选中允许修改的单元格区域，然后单击“审阅”|“保护”|“允许编辑区域”按钮，弹出“允许用户编辑区域”对话框，如图 2-38 所示。单击“新建”按钮，在弹出的“新区域”对话框中的“区域密码”栏中输入密码（见图 2-39），单击“确定”按钮后再次输入密码并确认，重新弹出“允许用户编辑区域”对话框，单击“确定”按钮（见图 2-40）后再保护工作表，这样选中的单元格区域就只有在输入相应的区域密码后才能进行编辑。

（11）保存工作表，单击操作界面右上角的“关闭”按钮，关闭工作簿。

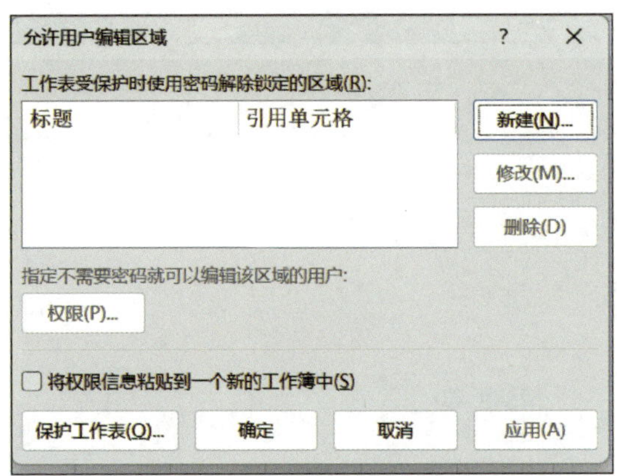

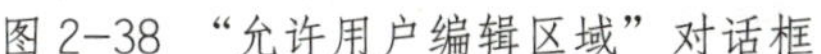
图 2-38 “允许用户编辑区域”对话框

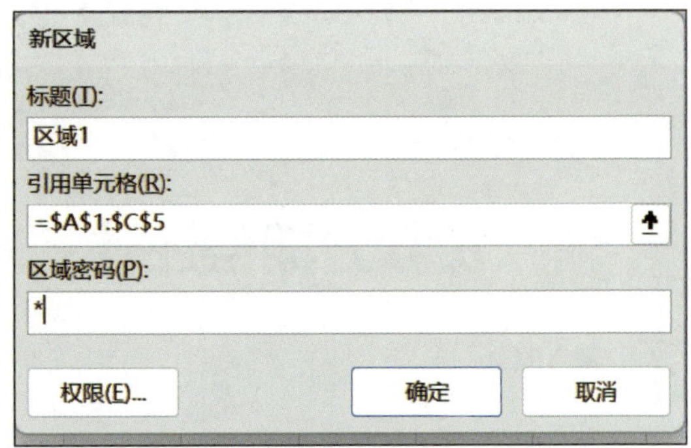

图 2-39 “新区域”对话框

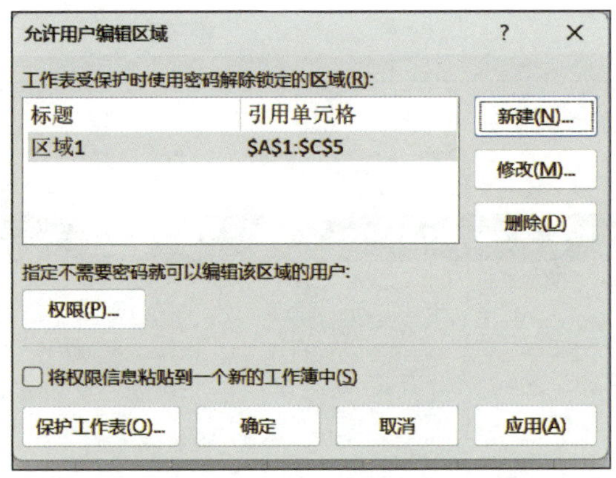

图 2-40 “允许用户编辑区域”设置

1. 利用 Excel 2021 自带模板，创建“贷款分期偿还计划表”工作簿，如图 2-41 所示。

2. 在该工作簿中插入一个新的工作表，并将其重命名为“工资表”，如图 2-42 所示。

3. 在该工作簿中移动、复制工作表，并为工作表标签设置颜色。

4. 先隐藏“工资表”，再取消隐藏。

5. 为“工资表”设置一个密码。

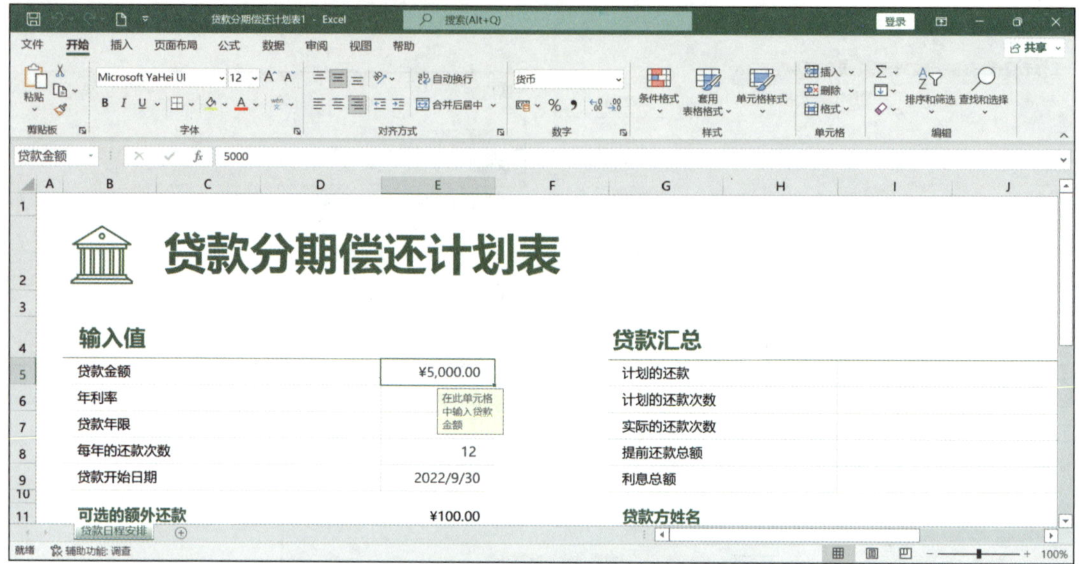

图 2-41 “贷款分期偿还计划表”工作簿

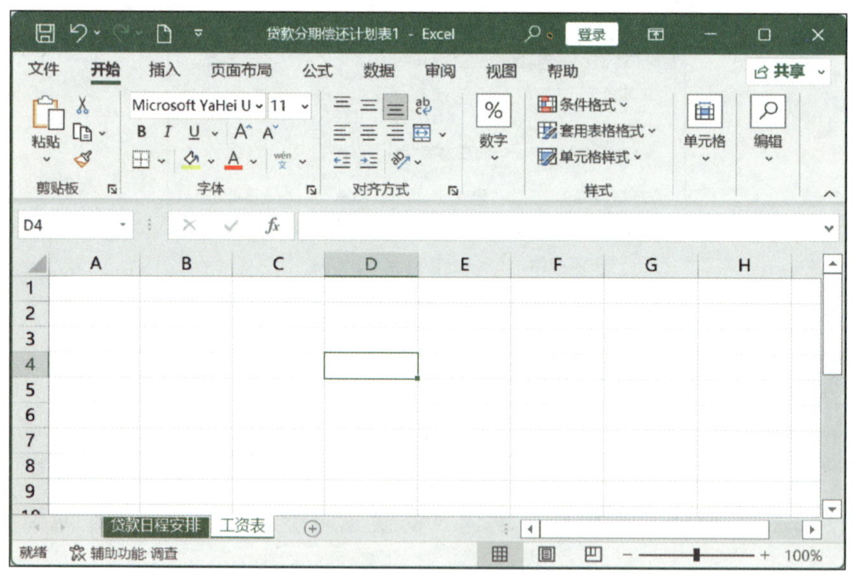

图 2-42 插入“工资表”工作表

任务 2　管理商品报价单工作簿

1. 能完成打开、自动保存工作簿等常用操作。
2. 能完成查看、设置工作簿属性的操作。
3. 能完成同时显示多个工作簿、保护工作簿的操作。

在本任务中，将对商品报价单工作簿进行相应管理，包括打开工作簿、自动保存工作簿、查看和设置工作簿属性、设置工作簿的保护等。操作中尤其要注意保护工作簿与保护工作表的区别。

在编辑工作簿的过程中，如果突然发生故障或操作失误，没有及时保存工作簿，将会造成严重的损失。使用自动保存工作簿功能能够避免这样的事故，极大地降低数据丢失的可能性，提高工作的可靠性和稳定性。自动保存工作簿是指 Excel 2021 每隔一段时间就会自动保存创建的工作簿。在 Excel 2021 中，用户可以根据需要设置自动保存工作簿的时间间隔。

对工作簿的属性进行查看，可以了解工作簿所在位置、创建时间、修改时间等信息。

工作簿的保护与工作表的保护类似，都可设置权限、密码等，不同的是设置的范围。

1. 打开“商品报价单”工作簿

启动 Excel 2021，单击界面左侧“打开”，双击“这台电脑”，在弹出的“打开”对话框中按照存储路径找到并选中“商品报价单”工作簿，单击“打开”按钮即可完成打开操作。也可用以下两种方法打开工作簿：添加“打开”按钮到快速访问工具栏，单击“打开”按钮完成打开操作；或者单击“文件”菜单，在“最近”中选择刚刚编辑完的“商品报价单”工作簿。

2. 自动保存工作簿

首先单击“文件”菜单，选择“更多…”|“选项”，弹出“Excel 选项”对话框，选择左侧的“保存”，勾选“保存自动恢复信息时间间隔”复选框，输入自动保存工作簿的时间间隔（为 1 ~ 120 的整数），在“默认本地文件位置”框中输入工作簿保存的位置，如图 2–43 所示，设置后单击“确定”按钮。

图 2–43 设置自动保存工作簿

3. 查看并设置工作簿属性

首先单击“文件”|“信息”，再在右窗格中单击“属性”|“高级属性”，如图 2–44 所示，这时弹出如图 2–45 所示的工作簿“属性”对话框。该对话框中有五个选项卡，分别是“常规”“摘要”“统计”“内容”“自定义”，各自显示工作簿的相关属性信息。

在如图 2–46 所示的“摘要”选项卡中，用户可以输入工作簿的相关摘要信息，包括标题、主题、作者、类别、关键词、备注等。

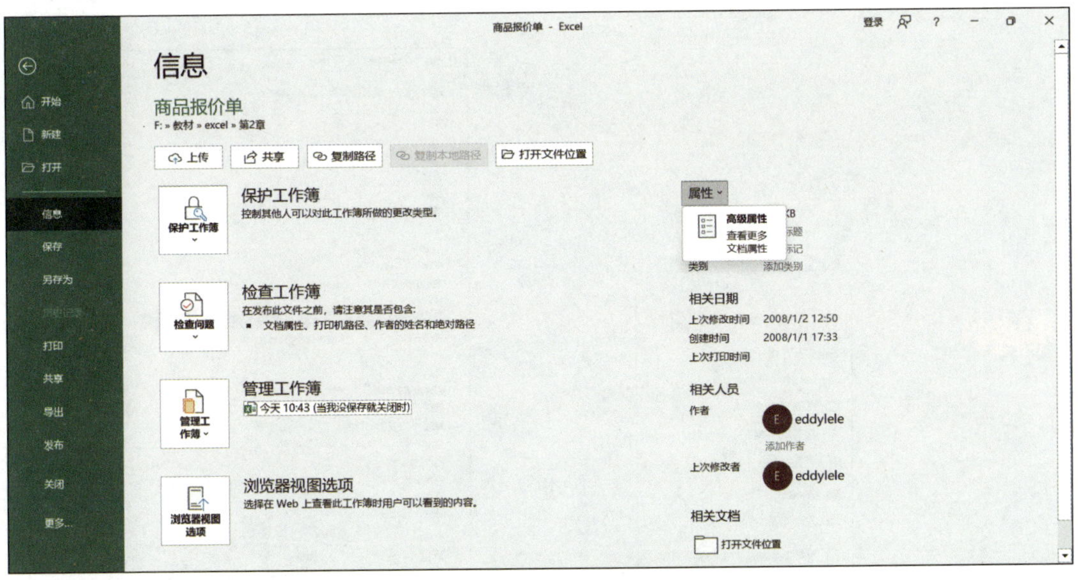

图 2-44　查看工作簿属性操作

图 2-45　工作簿“属性”对话框

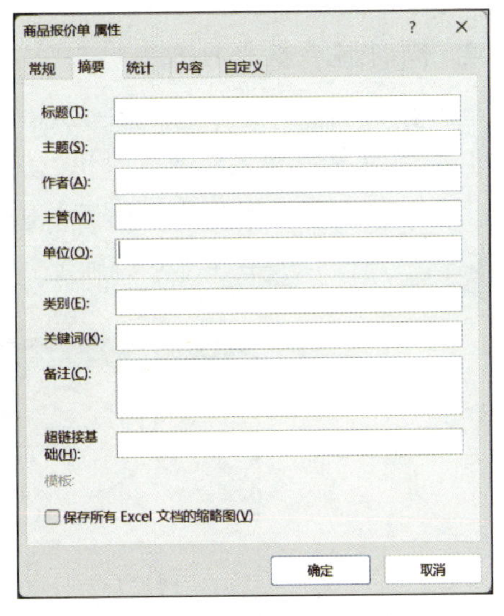

图 2-46　“摘要”选项卡

提示

查看工作簿的属性，还可以采用“右键法”，先找到相应工作簿，单击鼠标右键，在弹出的快捷菜单中选择“属性”，如图 2-47 所示。弹出的“属性”对话框如图 2-48 所示，在“详细信息”选项卡中可以查看工作簿属性的详细信息。

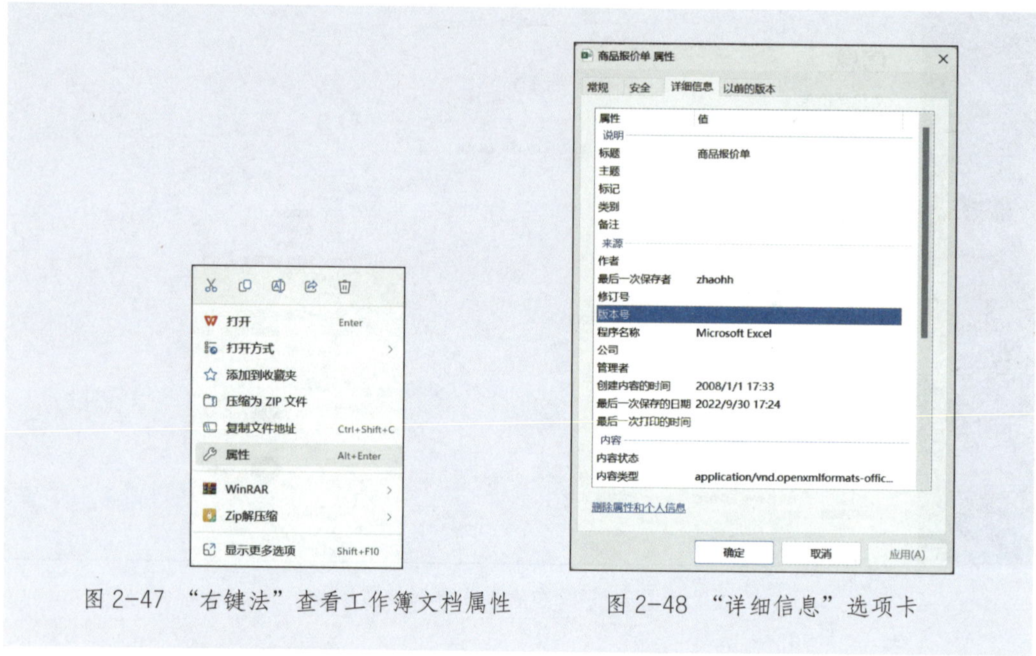

图 2-47 “右键法”查看工作簿文档属性　　图 2-48 “详细信息”选项卡

4. 同时显示多个工作簿

与并排查看工作表类似，在 Excel 2021 操作界面中可以同时显示多个工作簿。首先打开要同时显示的工作簿，这里打开项目一建立的“学生信息登记表”工作簿和当前的“商品报价单”工作簿，然后单击“视图”|“窗口”|“全部重排”按钮，在弹出的对话框中选择“水平并排”后确定，图 2-49 所示为显示效果。

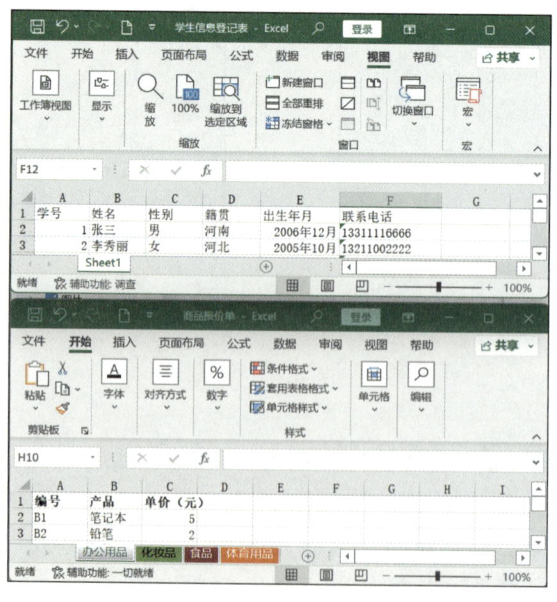

图 2-49 “水平并排”显示多个工作簿

5. 保护工作簿

与保护工作表类似，单击“审阅”|“保护”|“保护工作簿”按钮，如图 2-50 所示。在弹出的“保护结构和窗口”对话框中输入设定的密码（见图 2-51），单击“确定”按钮后弹出“确认密码”对话框，在其中重新输入密码，如图 2-52 所示，单击“确定”按钮，即可完成对工作簿的保护。

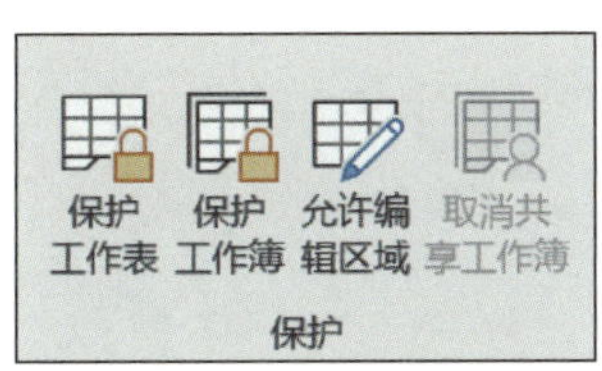

图 2-50 保护工作簿

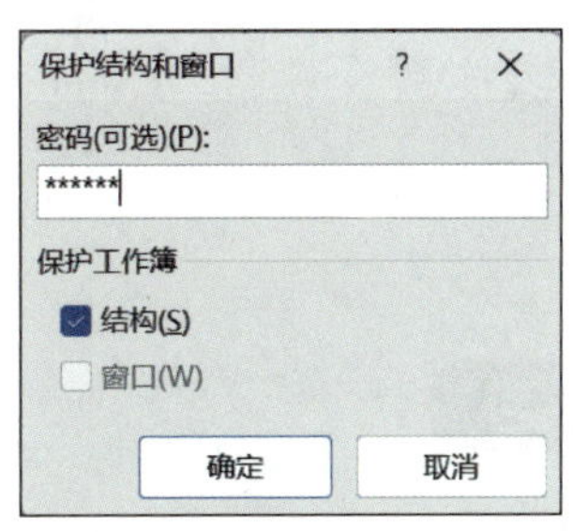

图 2-51 “保护结构和窗口”对话框

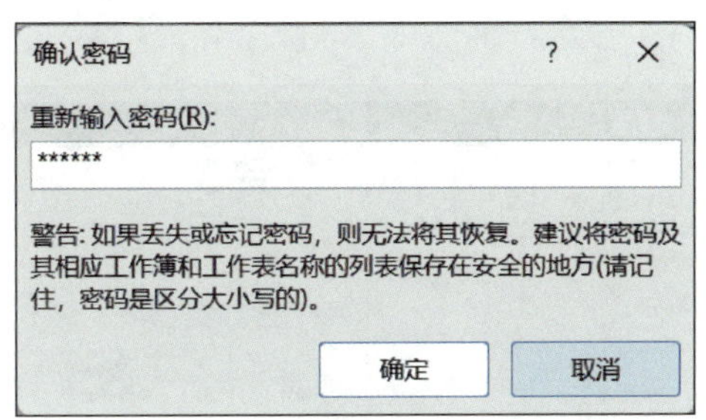

图 2-52 “确认密码”对话框

提示

在设置工作簿的保护时，密码是区分大小写的。

若想要撤销工作簿保护，可以再次单击“审阅”|“保护”|“保护工作簿”按钮，在弹出的“撤销工作簿保护”对话框中输入密码，单击“确定”按钮，如图 2-53 所示。

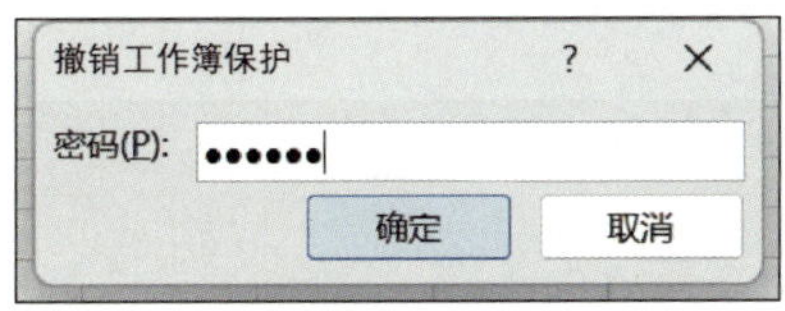

图 2-53 “撤销工作簿保护”对话框

6. 关闭工作簿

操作完成后，按照前面所学方法保存并关闭工作簿。

教学资源

本项目所需素材可通过技工教育网（http://jg.class.com.cn）下载，位于软件资源包“Excel 2021 基础与应用 / 项目二”中。

1. 打开“学生信息登记表”和“商品报价单”工作簿，使其垂直并排显示，如图 2–54 所示。

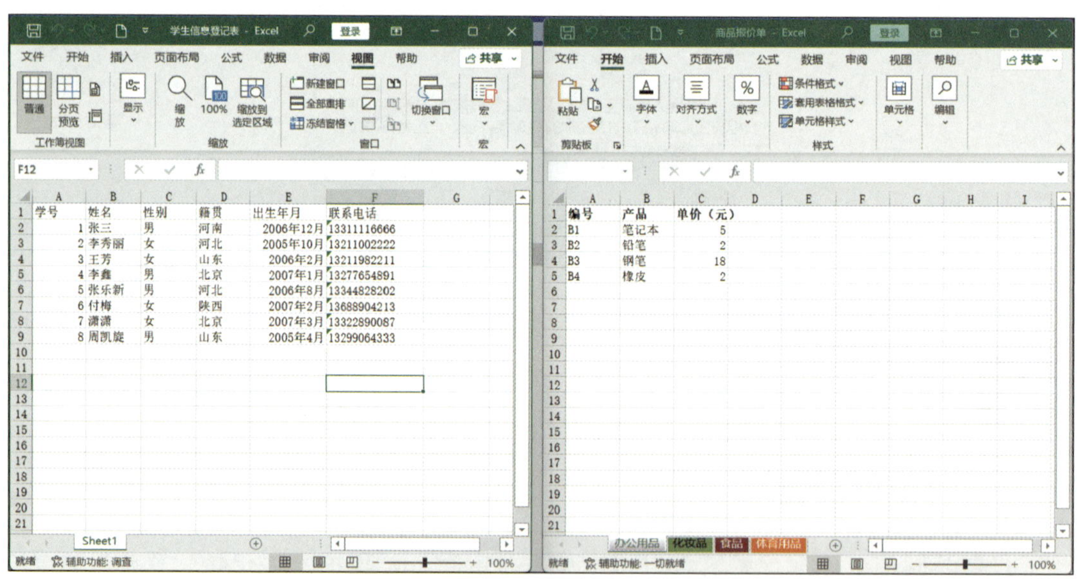

图 2–54 “垂直并排”显示工作簿

2. 查看“学生信息登记表”工作簿的属性，并为其加密。

项目三
数据输入与编辑管理

数据内容存放在工作表中，对数据的输入与编辑管理是工作表管理以及其他一切操作的基础。在了解工作表与工作簿基本操作知识后，本项目主要介绍输入、编辑与管理数据的具体操作方法。

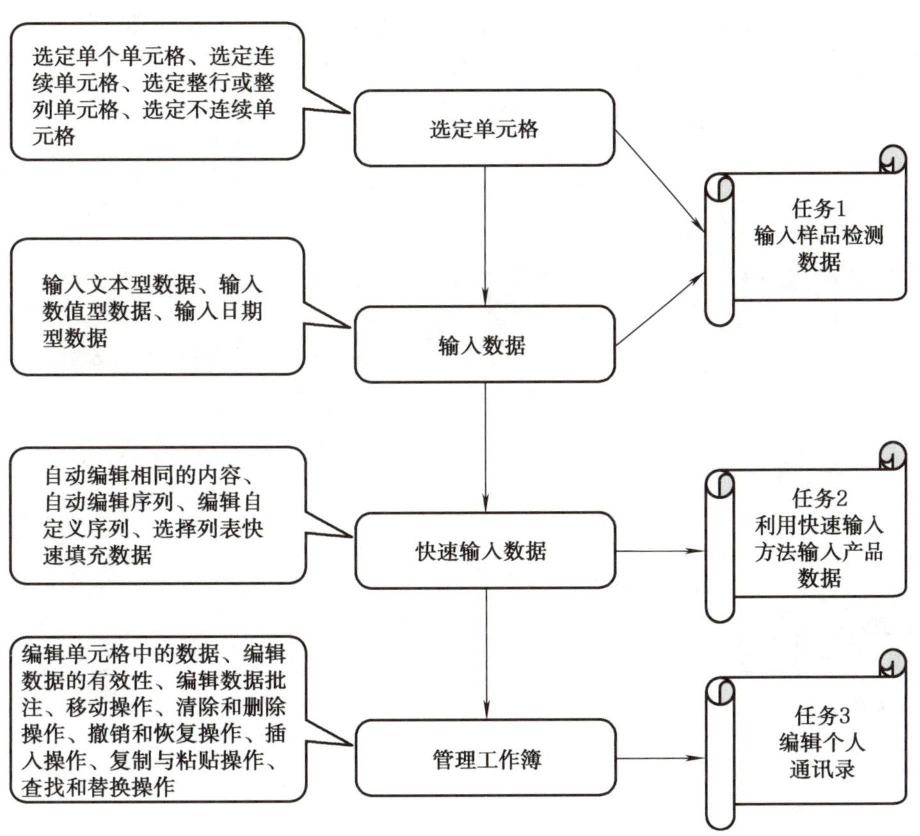

任务 1　输入样品检测数据

1. 能描述单元格的选定在数据输入中的作用。
2. 能描述数据输入在 Excel 中的基础作用。
3. 能在 Excel 中完成各类型数据的输入。
4. 能在 Excel 中完成各种选中单元格的操作。

本任务是在 Excel 2021 中输入表 3-1 的内容。通过观察可以看到此表中包含几种不同类型的数据，需采用不同的输入方法。输入数据的过程中需要选定单元格。所谓选定单元格，就是选定一个或者多个单元格作为活动单元格，使其可以进行数据的输入。本任务将着重练习输入数据时几种单元格的选定及操作方法。

表 3-1　检测数据记录表

实验员：王鸿儒　　　　实验日期：2021-12-12

被测样品	样品编号	样品质量 m（g）	质量误差 m（g）	样品体积 V（cm^3）	样品密度 ρ（g/cm^3）
样品 1	0020210538	51.3	1.3	30.7	513/307
样品 2	0020210539	49.2	−0.8	30.2	246/151
样品 3	0020210540	52.1	2.1	31.5	521/315

Excel 中数据的类型主要包括文本、数值、日期等。

Excel 对文本型数据的限制很少，一般直接显示所输入的内容。

对于数值型数据，每个单元格在默认情况下只能显示 11 位的数值，如果大于此值，将会用科学记数法来表示。

对于日期型数据，Excel 中有几种不同的显示方式，可以有不同的表示方法，如“2022–3–14”“2022 年 3 月 14 日”等，用户可以自己选择。

1. 单个单元格的选定

方法 1：单击需要选择的单元格。选定后名称框中出现该单元格的名称，即列标和行号，同时单元格的边框会变成绿粗框。如图 3–1 所示，选中单元格 C2，名称框中显示了该单元格的名称“C2”。

图 3–1　单个单元格的选定

方法 2：使用键盘。按 Tab 键或者→键，表示此单元格的右面一个单元格为活动单元格；按 Shift+Tab 键或者←键，表示此单元格的左面一个单元格为活动单元格；按 Enter 键或者↓键，表示此单元格的下方一个单元格为活动单元格；按 Shift+Enter 键或者↑键，表示此单元格的上方一个单元格为活动单元格。

方法 3：在名称框里输入要选择的单元格或者区域的名称，按 Enter 键，即完成单元格的选定。

2. 连续单元格的选定

方法 1：选中第一个单元格后，按住 Shift 键，再选中最后一个单元格，松开鼠标即完成选定。图 3–2 所示为选定的单元格区域 B3:D9。

方法 2：选中第一个单元格，按住鼠标左键直接拖动到要选定的最后一个单元格，松开鼠标即完成选定。

方法 3：在名称框里直接输入要选定的区域，按 Enter 键。

3. 整行或整列单元格的选定

将鼠标指针放置在要选择的行号或列标处，当鼠标指针显示为粗箭头“➡”或“⬇”时，单击完成选定，如图 3–3 所示。

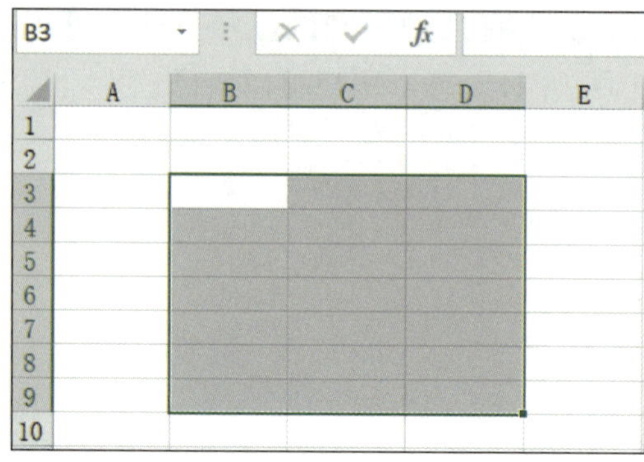

图 3-2　单元格区域 B3:D9 的选定

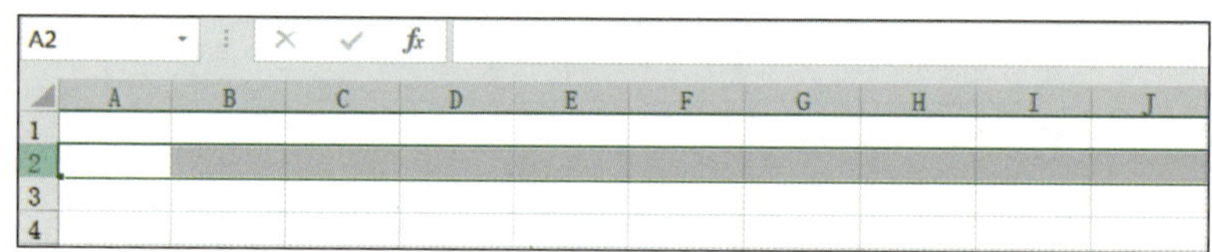

图 3-3　第 2 行单元格的选定

4. 不连续单元格的选定

选中一个所需的单元格，按住 Ctrl 键，并用鼠标依次选中所需的其他单元格，如图 3-4 所示。

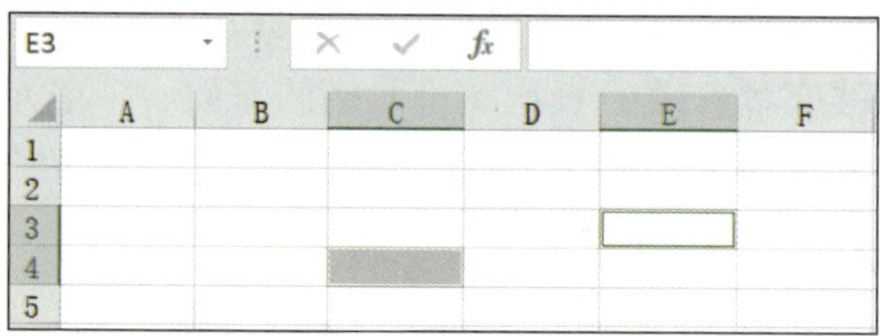

图 3-4　不连续单元格的选定

5. 文本型数据的输入

（1）打开空白工作簿后，选中单元格 C1，输入“检测数据记录表”，按 Enter 键，即完成此文本的输入，同时将活动单元格移到单元格 C2，如图 3-5 所示。

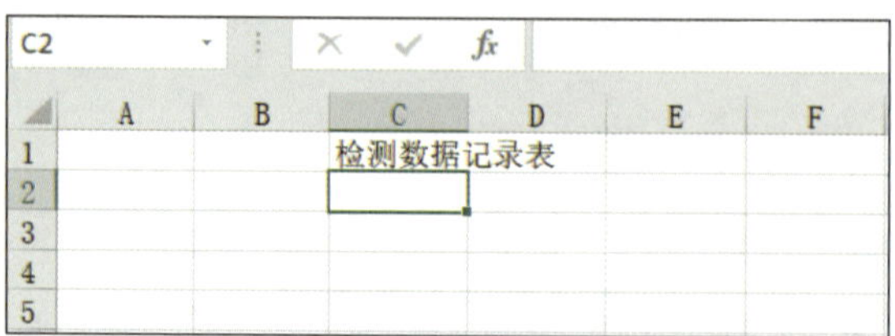

图 3-5　文本“检测数据记录表”的输入

（2）用同样的方法在对应位置输入其他无特殊格式的文本内容，如图 3-6 所示。

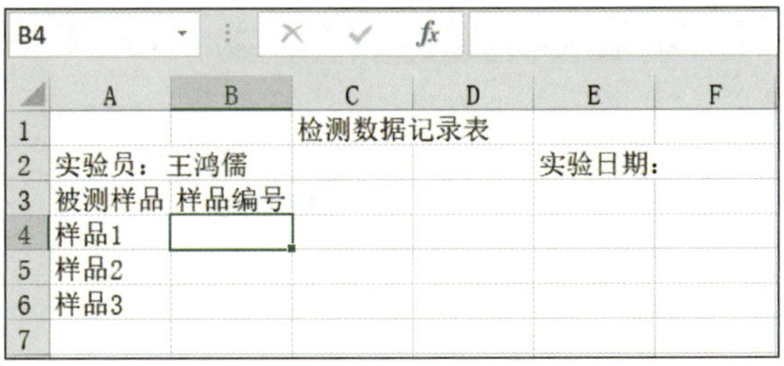

B4

	A	B	C	D	E	F
1			检测数据记录表			
2	实验员：王鸿儒				实验日期：	
3	被测样品	样品编号				
4	样品1					
5	样品2					
6	样品3					
7						

图 3-6　普通格式文本的输入

提示

当单元格的文本内容超过 Excel 默认的宽度时，如果该单元格的右单元格为空单元格，那么此单元格的内容会全部显示，如图 3-6 所示的单元格 C1、A2、E2；如果该单元格的右单元格不是空单元格，那么此单元格的内容将不能全部显示，可以通过调整列宽来实现全部显示。

（3）在单元格 C3 中需要输入多行数据。这种情况应首先单击单元格 C3，输入“样品质量 *m*”，然后同时按 Alt+Enter 键，再输入“(g)”。按照此方法输入单元格 D3 的内容，如图 3-7 所示。

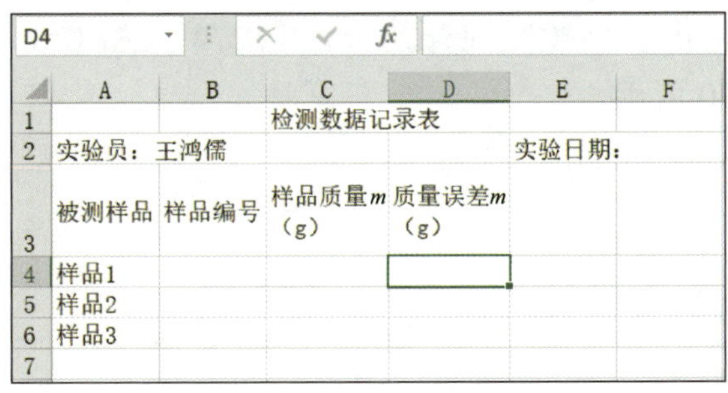

D4

	A	B	C	D	E	F
1			检测数据记录表			
2	实验员：王鸿儒				实验日期：	
3	被测样品	样品编号	样品质量*m* （g）	质量误差*m* （g）		
4	样品1					
5	样品2					
6	样品3					
7						

图 3-7　同一单元格多行数据的输入

（4）在单元格 E3、F3 中涉及了上标的输入。具体操作方法为输入“cm3”后，选中“3”，单击“开始”|“字体”组中的扩展按钮，在“设置单元格格式”对话框中的“特殊效果”中勾选“上标”复选框，如图 3-8 所示，单击“确定”按钮。输入完成后的效果如图 3-9 所示。

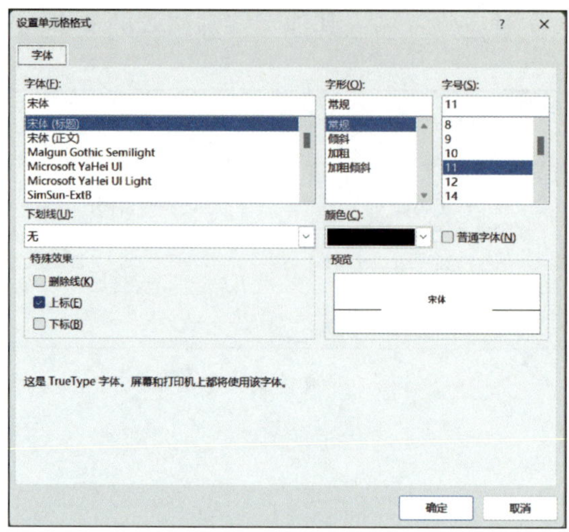

图 3-8　设置上标

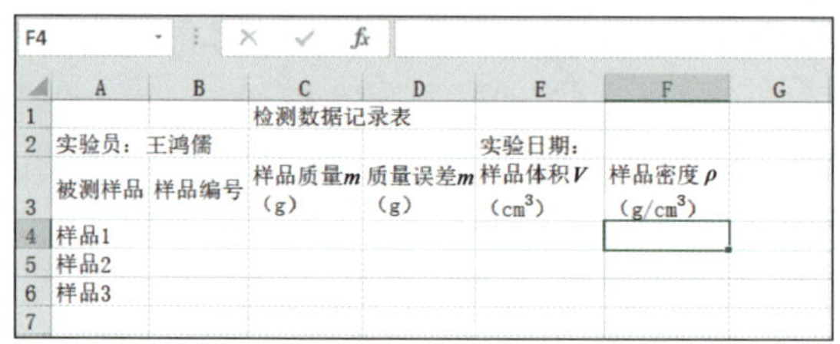

图 3-9　文本型数据输入完成后的效果

6．数值型数据的输入

（1）输入正数、小数等普通的数值型数据时，如在单元格 C4 中输入，要选中单元格 C4，直接输入其内容。按照同样的方法完成单元格 C5、C6、D4、D6、E4 至 E6 的输入，如图 3-10 所示。

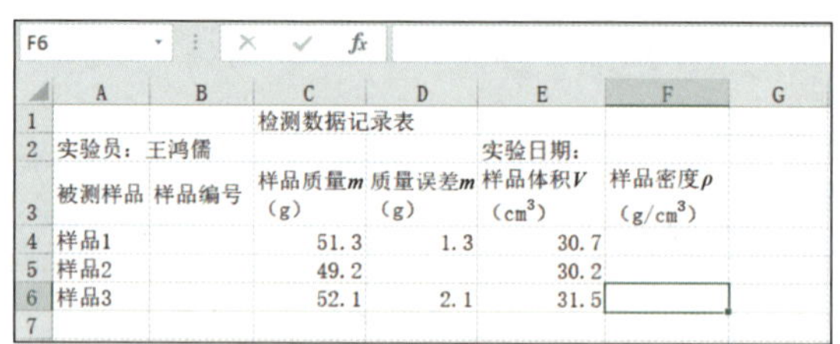

图 3-10　普通数值型数据输入完成后的效果

（2）如果直接输入单元格 B4 至 B6 中的内容，会发现最前面的“00”在 Excel 中不能显示。对于这种数据，首先选中单元格 B4，单击“开始”|“单元格”|“格式”下拉按钮，在如图 3-11 所示的下拉菜单中选择“设置单元格格式”，弹出如图 3-12 所示的对话框。或者选中单元格后，单击“开始”|“数字”组中的扩展按钮，也可弹出如

图 3-12 所示的对话框。

图 3-11　“格式”下拉菜单

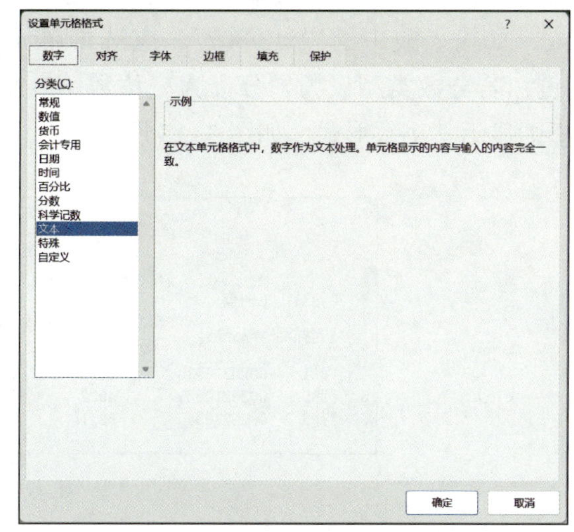

图 3-12　“设置单元格格式”对话框

在此对话框中的“数字”选项卡中选择“文本”，单击“确定”按钮后，输入“0020210538”。完成后，单元格的左上角会显示绿色的小三角形。按照此方法依次完成单元格 B5、B6 的输入，如图 3-13 所示。

C6　　f_x　52.1

	A	B	C	D	E	F	G
1			检测数据记录表				
2	实验员：王鸿儒				实验日期：		
3	被测样品	样品编号	样品质量m (g)	质量误差m (g)	样品体积V (cm^3)	样品密度ρ (g/cm^3)	
4	样品1	0020210538	51.3	1.3	30.7		
5	样品2	0020210539	49.2		30.2		
6	样品3	0020210540	52.1	2.1	31.5		
7							

图 3-13　单元格 B4 至 B6 输入完成后的效果

（3）对于单元格 D5 中负数的输入，在选中单元格 D5 后，输入“(0.8)”或“-0.8”，按 Enter 键，则完成了负数的输入，如图 3-14 所示。

D6　　f_x　2.1

	A	B	C	D	E	F
1			检测数据记录表			
2	实验员：王鸿儒				实验日期：	
3	被测样品	样品编号	样品质量m (g)	质量误差m (g)	样品体积V (cm^3)	样品密度ρ (g/cm^3)
4	样品1	0020210538	51.3	1.3	30.7	
5	样品2	0020210539	49.2	-0.8	30.2	
6	样品3	0020210540	52.1	2.1	31.5	
7						

图 3-14　负数输入完成后的效果

（4）输入单元格 F4 至 F6 的分数时，为了避免与日期的输入混淆，Excel 采用“整数 + 空格 + 真分数”的形式输入和显示，故表 3–1 中的假分数须转换为带分数形式再输入，如输入表中的“513/307”，应选中单元格 F4，在其中输入“1 206/307”，按 Enter 键，若分数类型设为“分母为三位数（312/943）”，则显示为“1 206/307”，而编辑栏里则显示其小数形式，如图 3–15 所示。

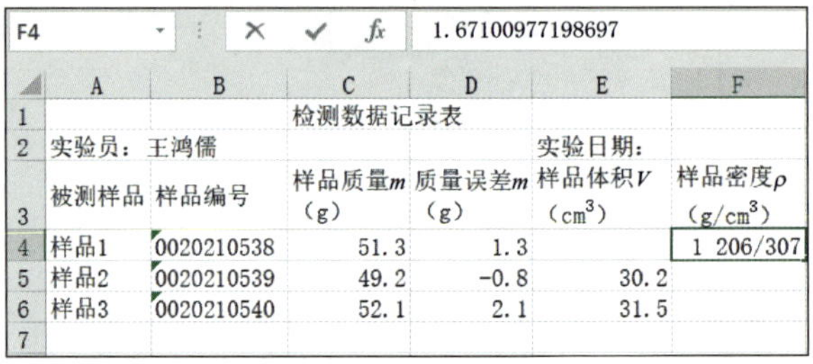

F4 | fx 1.67100977198697

	A	B	C	D	E	F
1			检测数据记录表			
2	实验员：王鸿儒				实验日期：	
3	被测样品	样品编号	样品质量m（g）	质量误差m（g）	样品体积V（cm^3）	样品密度ρ（g/cm^3）
4	样品1	0020210538	51.3	1.3		1 206/307
5	样品2	0020210539	49.2	-0.8	30.2	
6	样品3	0020210540	52.1	2.1	31.5	
7						

图 3–15　输入分数

若分数显示的样式不满足要求，则可单击“开始”|“数字”组中的扩展按钮，在弹出的对话框中选择“数字”选项卡中的“分数”，如图 3–16 所示，在其右侧的选项中选择所需的类型。

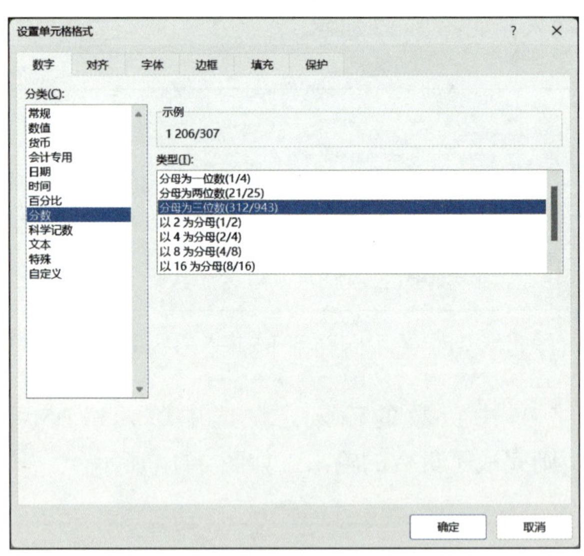

图 3–16　设置分数类型

提示

当需要输入真分数时，直接输入即可。

分数的类型也是通过图 3–12 所示的对话框来设置，默认显示为

> "分母为两位数"的形式，如前例中输入"1 206/307"后会显示为"1 51/76"，此时可将分数类型设为"分母为三位数（312/943）"，以使显示结果样式与原始数据接近。

按照上述方法完成此列的数据输入，完成后的效果如图 3–17 所示。

F6　　fx　1.65396825396825

	A	B	C	D	E	F
1			检测数据记录表			
2	实验员：王鸿儒				实验日期：	
3	被测样品	样品编号	样品质量*m*（g）	质量误差*m*（g）	样品体积*V*（cm^3）	样品密度*ρ*（g/cm^3）
4	样品1	0020210538	51.3	1.3	30.7	1 206/307
5	样品2	0020210539	49.2	-0.8	30.2	1 95/151
6	样品3	0020210540	52.1	2.1	31.5	1 206/315
7						

图 3–17　单元格 F4 至 F6 输入完成后的效果

7. 日期型数据的输入

选中单元格 F2，单击"开始"|"数字"组中的扩展按钮，弹出"设置单元格格式"对话框，如图 3–12 所示；或者单击"开始"|"单元格"|"格式"下拉按钮，在其下拉菜单中选择"设置单元格格式"。在"数字"选项卡中选择"日期"，并在其右侧选择日期的类型，如图 3–18 所示。单击"确定"按钮后，在单元格中输入日期，如图 3–19 所示。

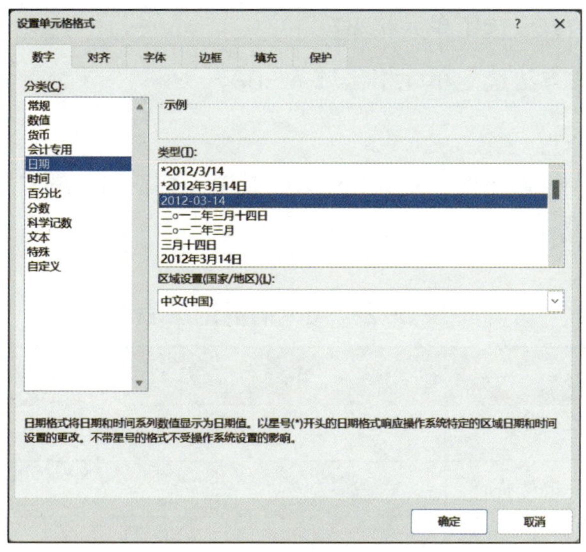

图 3–18　选择日期类型

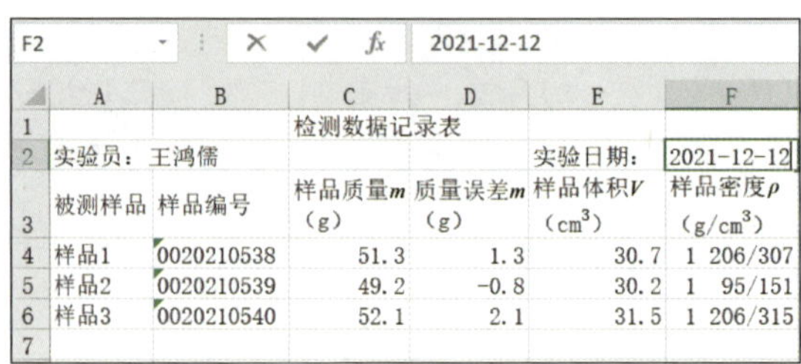

F2　2021-12-12

	A	B	C	D	E	F
1			检测数据记录表			
2	实验员：王鸿儒				实验日期：	2021-12-12
3	被测样品	样品编号	样品质量m（g）	质量误差m（g）	样品体积V（cm^3）	样品密度ρ（g/cm^3）
4	样品1	0020210538	51.3	1.3	30.7	1 206/307
5	样品2	0020210539	49.2	-0.8	30.2	1 95/151
6	样品3	0020210540	52.1	2.1	31.5	1 206/315
7						

图 3-19　日期输入完成后的效果

提示

（1）选中单元格 F2 后，直接在单元格中输入“2021/12/12”或“2021-12-12”，按 Enter 键，即显示为“2021-12-12”。

（2）在 Excel 中输入数据时，如果单元格的格式与所要求的不一致，这时，只需打开“设置单元格格式”对话框，如图 3-12 所示，在其中设置即可。在输入如“￥”“§”等特殊符号时，单击“插入”|“符号”|“符号”按钮，在“符号”对话框中选择并插入即可。

1. 用三种不同的方法选定单元格 B7。
2. 用三种不同的方法选定单元格区域 A5:D8。
3. 选定 C 列单元格。
4. 同时选定第 3 行单元格、单元格 A4 以及单元格区域 B5:C7。
5. 在 Excel 2021 中输入表 3-2 的内容。

表 3-2　天气情况记录表

日期	天气情况	最低气温（℃）	最高气温（℃）	空气质量情况
2021-12-27	晴	-5	7	优
2021-12-28	多云转晴	-7	6	良
2021-12-29	阴	-10	6	差
2021-12-30	阴	-8	4	良

任务 2　利用快速输入方法输入产品数据

1. 能描述快速输入数据在数据输入中的作用。
2. 能描述快速输入数据的种类。
3. 能完成快速输入数据的操作。

在本任务中，需要在 Excel 2021 中输入表 3–3 的内容。表 3–3 中的数据存在一定规律，如“月份”列的数据为连续的 12 个月，“产量（万吨）”列的前 5 行数据为连续的相同内容，此列其余数据也是连续的相同内容，“合格率”列的数据是不连续的相同内容，“市场占有率”列的数据是一个公差为 2% 的序列，最后一列的数据则只包含两种。本任务主要练习上述类型数据的快速输入。

表 3–3　某产品一年的产量、质量以及市场占有率记录表

月份	产量（万吨）	合格率	市场占有率	是否达到预期目标
一月	2	100%	5%	否
二月	2	99%	7%	是
三月	2	99%	9%	否
四月	2	100%	11%	是
五月	2	100%	13%	是
六月	2.5	98%	15%	是
七月	2.5	100%	17%	是
八月	2.5	100%	19%	否
九月	2.5	100%	21%	否
十月	2.5	98%	23%	是
十一月	2.5	99%	25%	否
十二月	2.5	100%	27%	是

快速输入数据表示在不逐个输入单元格内容的情况下，采用快速输入的方法完成工作表内容的输入。其主要包括自动编辑相同的内容、自动编辑序列、编辑自定义序列、选择列表快速填充数据。

首先创建空白工作簿，通过任务 1 所学的知识，在工作表中输入表 3-3 的标题、表头部分，如图 3-20 所示。

E3 | fx

	A	B	C	D	E
1		某产品一年的产量、质量以及市场占有率记录表			
2	月份	产量（万吨）	合格率	市场占有率	是否达到预期目标
3					
4					
5					
6					
7					
8					
9					

图 3-20　标题、表头部分输入完成后的效果

1. 自动编辑相同的内容

（1）在“产量（万吨）”列，可以看到单元格 B3 至 B7 及单元格 B8 至 B14 中相邻单元格的数据相同，则可以采用以下操作方法。

方法 1：选中第一个需要输入数据的单元格 B3，输入“2”。将鼠标指针移到该单元格边框的右下角，鼠标指针形状变为“**+**”，在 Excel 中称之为填充柄。按住鼠标左键，使鼠标指针形状保持为“**+**”，拖动至最后一个需要输入数据的单元格 B7，松开鼠标，即完成了单元格 B3 至 B7 的输入，如图 3-21 所示。

输入完成后，可以看到在数据的右下角有“▣”图标，单击后出现如图 3-22 所示的下拉菜单，Excel 默认的选项为第一个。

B3　　fx　2

	A	B	C	D	E	F
1		某产品一年的产量、质量以及市场占有率记录表				
2	月份	产量（万吨）	合格率	市场占有率	是否达到预期目标	
3		2				
4		2				
5		2				
6		2				
7		2				
8						
9						

图 3-21　单元格 B3 至 B7 输入完成后的效果

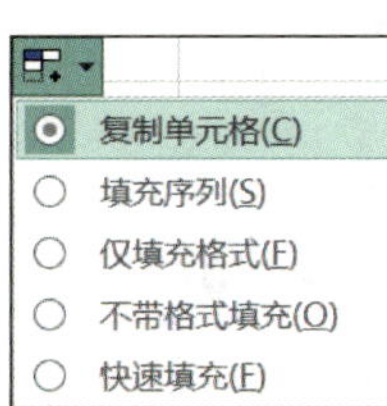

图 3-22　“ ”图标的下拉菜单

提示

复制单元格：不仅复制单元格的内容，还复制单元格的格式。
填充序列：以公差为 1 的等差序列填充。
仅填充格式：不复制单元格的内容，仅复制单元格的格式。
不带格式填充：不复制单元格的格式，仅复制单元格的内容。
快速填充：根据附近单元格内容自动识别规律并完成填充。

方法 2：选中单元格 B8 至 B14，直接输入数据“2.5”，如图 3–23 所示。

B8　　fx　2.5

	A	B	C	D	E	F
1		某产品一年的产量、质量以及市场占有率记录表				
2	月份	产量（万吨）	合格率	市场占有率	是否达到预期目标	
3		2				
4		2				
5		2				
6		2				
7		2				
8		2.5				
9						
10						
11						
12						
13						
14						
15						

图 3-23　输入“2.5”后的效果

按 Ctrl+Enter 键，即可完成此部分的输入，如图 3–24 所示。

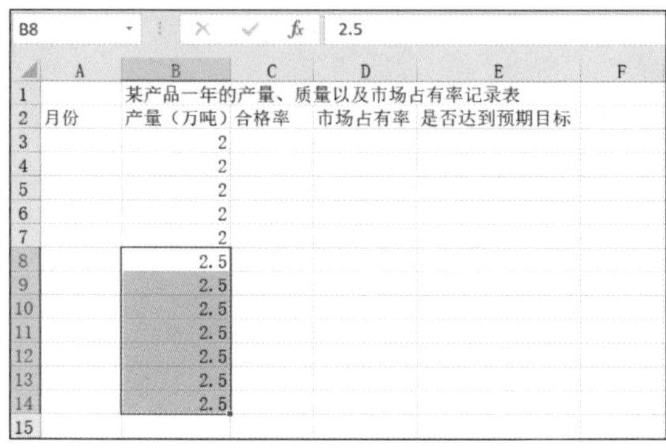

B8 | 2.5

	A	B	C	D	E	F
1		某产品一年的产量、质量以及市场占有率记录表				
2	月份	产量（万吨）	合格率	市场占有率	是否达到预期目标	
3		2				
4		2				
5		2				
6		2				
7		2				
8		2.5				
9		2.5				
10		2.5				
11		2.5				
12		2.5				
13		2.5				
14		2.5				
15						

图 3-24　单元格 B8 至 B14 输入完成后的效果

（2）在单元格 C3 至 C14 中，不相邻的单元格中也存在相同的数据，具体输入方法如下：

选中第一个需要输入数据的单元格 C3，在按住 Ctrl 键的同时选中输入内容与之相同的其他单元格，如图 3-25 所示。

C14

	A	B	C	D	E	F
1		某产品一年的产量、质量以及市场占有率记录表				
2	月份	产量（万吨）	合格率	市场占有率	是否达到预期目标	
3		2				
4		2				
5		2				
6		2				
7		2				
8		2.5				
9		2.5				
10		2.5				
11		2.5				
12		2.5				
13		2.5				
14		2.5				
15						

图 3-25　选中相同内容的不连续单元格

输入“100%”，如图 3-26 所示。按 Ctrl+Enter 键，即可完成输入，如图 3-27 所示。

C14 | 100%

	A	B	C	D	E	F
1		某产品一年的产量、质量以及市场占有率记录表				
2	月份	产量（万吨）	合格率	市场占有率	是否达到预期目标	
3		2				
4		2				
5		2				
6		2				
7		2				
8		2.5				
9		2.5				
10		2.5				
11		2.5				
12		2.5				
13		2.5				
14		2.5	100%			
15						

图 3-26　输入“100%”

C14 | 100%

	A	B	C	D	E	F
1		某产品一年的产量、质量以及市场占有率记录表				
2	月份	产量（万吨）	合格率	市场占有率	是否达到预期目标	
3		2	100%			
4		2				
5		2				
6		2	100%			
7		2	100%			
8		2.5				
9		2.5	100%			
10		2.5	100%			
11		2.5	100%			
12		2.5				
13		2.5				
14		2.5	100%			
15						

图 3-27　“100%”输入完成后的效果

按照同样的方法输入此列其他单元格的数据，如图 3-28 所示。

C12 | 98%

	A	B	C	D	E	F
1		某产品一年的产量、质量以及市场占有率记录表				
2	月份	产量（万吨）	合格率	市场占有率	是否达到预期目标	
3		2	100%			
4		2	99%			
5		2	99%			
6		2	100%			
7		2	100%			
8		2.5	98%			
9		2.5	100%			
10		2.5	100%			
11		2.5	100%			
12		2.5	98%			
13		2.5	99%			
14		2.5	100%			
15						

图 3-28　“合格率”列输入完成后的效果

2. 自动编辑序列

（1）在单元格 A3 至 A14 中，月份是连续的序列。首先选中单元格 A3，输入“一月”。将鼠标指针移动到该单元格边框的右下角，变为填充柄“**+**”形状后，按住鼠标左键，拖动鼠标至最后一个需要输入数据的单元格 A14，松开鼠标，即完成了“月份”列的输入，如图 3-29 所示。

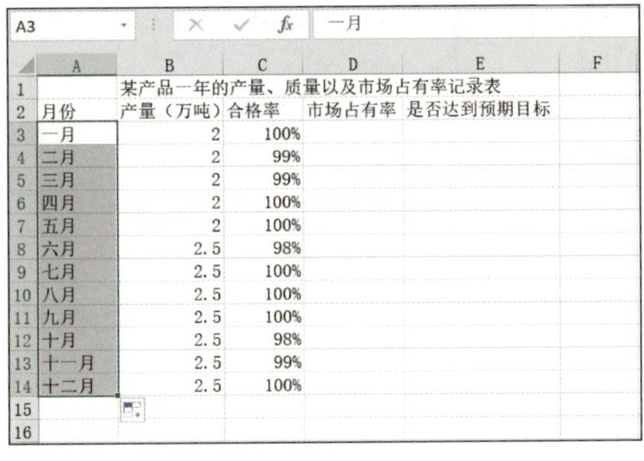

A3 | 一月

	A	B	C	D	E	F
1		某产品一年的产量、质量以及市场占有率记录表				
2	月份	产量（万吨）	合格率	市场占有率	是否达到预期目标	
3	一月	2	100%			
4	二月	2	99%			
5	三月	2	99%			
6	四月	2	100%			
7	五月	2	100%			
8	六月	2.5	98%			
9	七月	2.5	100%			
10	八月	2.5	100%			
11	九月	2.5	100%			
12	十月	2.5	98%			
13	十一月	2.5	99%			
14	十二月	2.5	100%			
15						
16						

图 3-29　“月份”列输入完成后的效果

单击右下角的“[icon]”图标，可以看到如图 3-30 所示的下拉菜单，此时 Excel 默认的选项为“填充序列”。

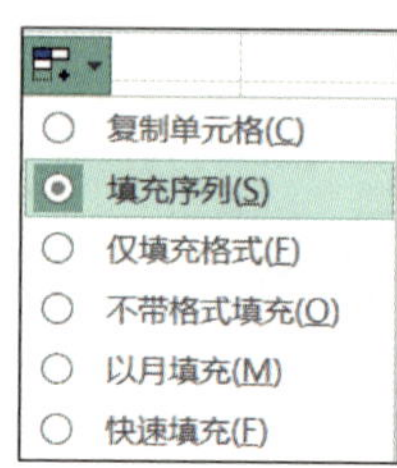

图 3-30 “[icon]”图标的下拉菜单

提示

图 3-29 中“月份”列的内容是一个有规律的序列，因此 Excel 默认为“填充序列”。如果此列的内容是完全相同的，可以选择“复制单元格”，或者在拖动鼠标时按住 Ctrl 键。右下角下拉菜单的选项含义与前面介绍的一致，“以月填充”表示此列数据以月份的格式填充。

对于其他时间形式如星期等，都可以用此方法输入。

（2）“市场占有率”列的内容是一个等差数列，可以采用以下操作方法。

方法 1：选中单元格 D3，输入“5%”。选中单元格 D3 至 D14，如图 3-31 所示。

D3   fx 5%

	A	B	C	D	E	F
1		某产品一年的产量、质量以及市场占有率记录表				
2	月份	产量（万吨）	合格率	市场占有率	是否达到预期目标	
3	一月	2	100%	5%		
4	二月	2	99%			
5	三月	2	99%			
6	四月	2	100%			
7	五月	2	100%			
8	六月	2.5	98%			
9	七月	2.5	100%			
10	八月	2.5	100%			
11	九月	2.5	100%			
12	十月	2.5	98%			
13	十一月	2.5	99%			
14	十二月	2.5	100%			
15						
16						

图 3-31 选中单元格 D3 至 D14

单击“开始”|“编辑”|“填充”下拉按钮，弹出如图 3-32 所示的下拉菜单，选择“序列”。根据本工作表的需要，在对话框中的“序列产生在”中选择“列”，在“类型”中选择“等差序列”，在“步长值”中输入“2%”，如图 3-33 所示，单击“确

定”按钮即可完成输入，如图 3-34 所示。

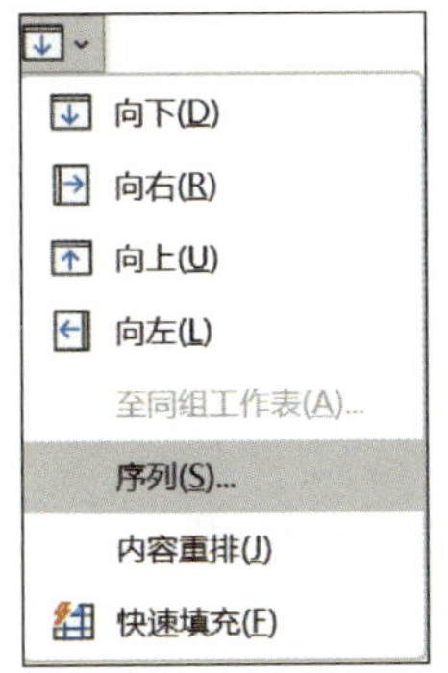

图 3-32 “填充”下拉菜单

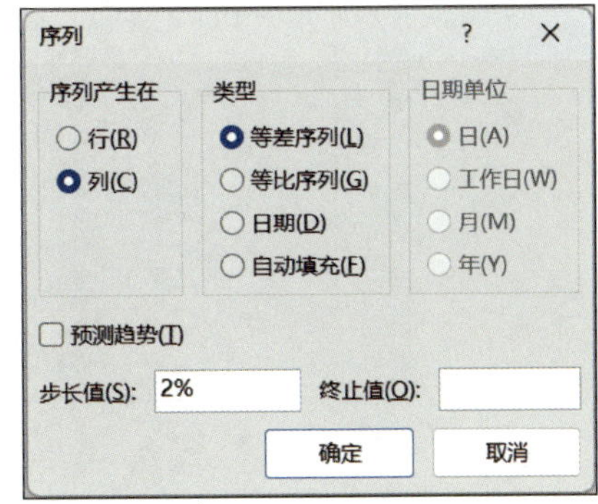

D3　5%

	A	B	C	D	E	F
1		某产品一年的产量、质量以及市场占有率记录表				
2	月份	产量（万吨）	合格率	市场占有率	是否达到预期目标	
3	一月	2	100%	5%		
4	二月	2	99%	7%		
5	三月	2	99%	9%		
6	四月	2	100%	11%		
7	五月	2	100%	13%		
8	六月	2.5	98%	15%		
9	七月	2.5	100%	17%		
10	八月	2.5	100%	19%		
11	九月	2.5	100%	21%		
12	十月	2.5	98%	23%		
13	十一月	2.5	99%	25%		
14	十二月	2.5	100%	27%		
15						

图 3-34 “市场占有率”列输入完成后的效果

提示

在图 3-32 所示的“填充”下拉菜单中，“向下”表示向此单元格的下方填充；“向右”表示向此单元格的右方填充；“向上”表示向此单元格的上方填充；“向左”表示向此单元格的左方填充。

方法 2：选中第一个需要输入的单元格 D3，输入“5%”，按 Enter 键，活动单元格移动到 D4，输入“7%”，选中这两个单元格，如图 3-35 所示。

将鼠标指针移动至单元格 D3 和 D4 绿粗框的右下角，当鼠标指针变为填充柄时，按住鼠标左键并将其拖动至最后一个需要输入数据的单元格 D14，松开鼠标，结果如图 3-36 所示。

单击右下角的“▣”图标，可弹出如图 3-22 所示的下拉菜单，如自动填充的方式不满足需求，可选择合适的选项进行调整。

D3 | 5%

	A	B	C	D	E	F
1		某产品一年的产量、质量以及市场占有率记录表				
2	月份	产量（万吨）	合格率	市场占有率	是否达到预期目标	
3	一月	2	100%	5%		
4	二月	2	99%	7%		
5	三月	2	99%			
6	四月	2	100%			
7	五月	2	100%			
8	六月	2.5	98%			
9	七月	2.5	100%			
10	八月	2.5	100%			
11	九月	2.5	100%			
12	十月	2.5	98%			
13	十一月	2.5	99%			
14	十二月	2.5	100%			
15						

图 3-35　选中单元格 D3 和 D4

D3 | 5%

	A	B	C	D	E	F
1		某产品一年的产量、质量以及市场占有率记录表				
2	月份	产量（万吨）	合格率	市场占有率	是否达到预期目标	
3	一月	2	100%	5%		
4	二月	2	99%	7%		
5	三月	2	99%	9%		
6	四月	2	100%	11%		
7	五月	2	100%	13%		
8	六月	2.5	98%	15%		
9	七月	2.5	100%	17%		
10	八月	2.5	100%	19%		
11	九月	2.5	100%	21%		
12	十月	2.5	98%	23%		
13	十一月	2.5	99%	25%		
14	十二月	2.5	100%	27%		
15						
16						

图 3-36　输入“市场占有率”列数据

3. 编辑自定义序列

（1）Excel 中存在一些已经定义的序列，同时可以向其中添加自定义的序列。单击“文件”|“更多 ...”|“选项”，如图 3-37 所示。

图 3-37　单击“选项”

弹出如图 3–38 所示的对话框后，选择左侧的“高级”，单击右侧的“编辑自定义列表”按钮。

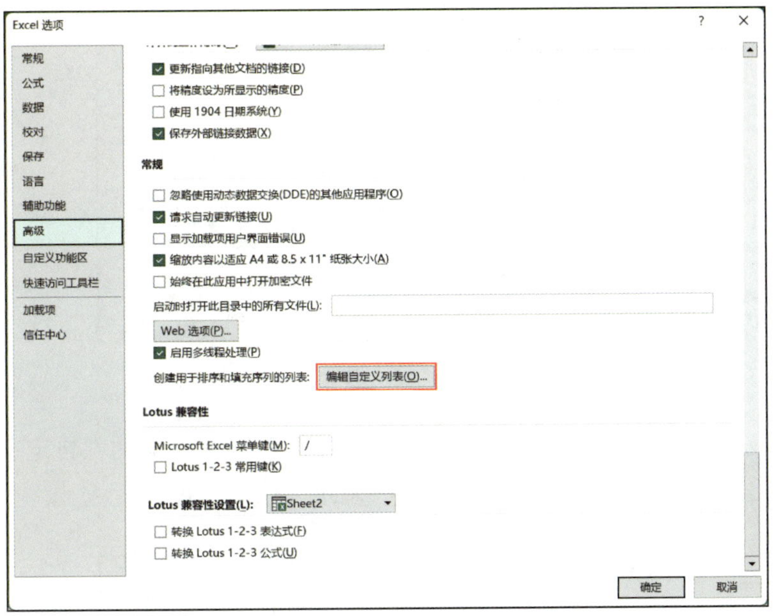

图 3–38　“Excel 选项”对话框

在如图 3–39 所示的对话框的左侧“自定义序列”中选择“新序列”，在右侧“输入序列”中输入自定义的序列，如“王”“周”“李”“赵”，每个条目输入完成后按 Enter 键换行，效果如图 3–40 所示。

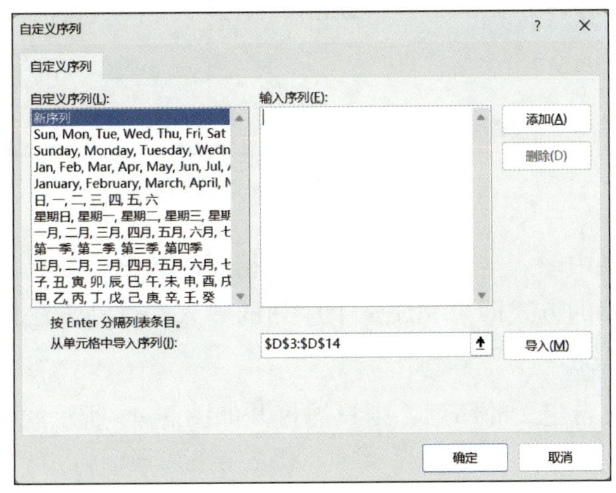

图 3–39　“自定义序列”对话框

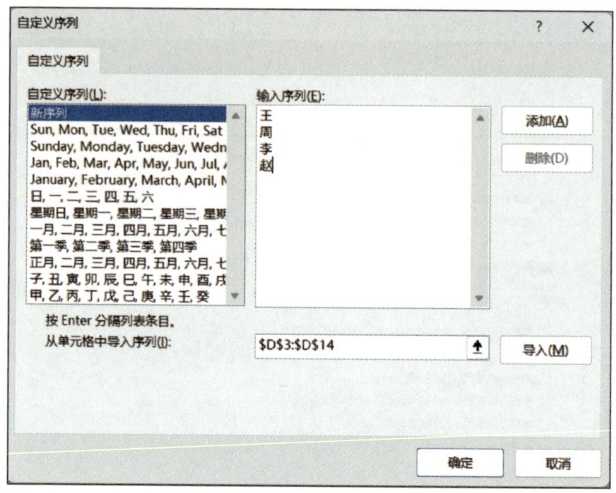

图 3-40　输入自定义序列

输入完成后单击最右侧的“添加”按钮，可以看到在左侧的“自定义序列”中出现了自定义的序列，如图 3-41 所示。单击“确定”按钮即可。

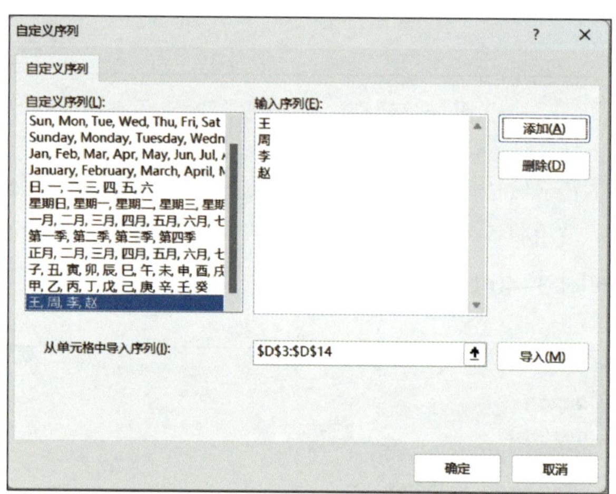

图 3-41　“自定义序列”添加完成

如果要在单元格中输入与自定义序列内容相同的数据，则只需输入第一个单元格的内容，用拖动鼠标的方式即可完成一个序列的输入，这种方法比较适用于同一自定义序列多次输入的情况。

（2）如果想修改自定义的序列，则只需打开如图 3-41 所示的对话框，在“输入序列”中直接修改即可。

（3）如果要删除某一自定义序列，则只需打开如图 3-41 所示的对话框，选中左侧“自定义序列”中要删除的序列，单击右侧的“删除”按钮，再单击“确定”按钮即可。

4. 选择列表快速填充数据

在输入表 3-3 最后一列数据时，可观察到数据内容包含两种，即“是”和“否”。对于这种类型的数据，可以采用以下方法快速输入，从而提高效率。

（1）单元格 E3 的数据输入完成后，在输入单元格 E4 的数据时，输入“是”，Excel 会自动提示后面的内容，如图 3-42 所示。但后面的内容以反白形式给出，若是需要输入的内容，则直接按 Enter 键，若不是需要的内容，则按 Backspace 键，重新输入或修改即可。

E4　是否达到预期目标

	A	B	C	D	E	F
1		某产品一年的产量、质量以及市场占有率记录表				
2	月份	产量（万吨）	合格率	市场占有率	是否达到预期目标	
3	一月	2	100%	5%	否	
4	二月	2	99%	7%	是否达到预期目标	
5	三月	2	99%	9%		
6	四月	2	100%	11%		
7	五月	2	100%	13%		
8	六月	2.5	98%	15%		
9	七月	2.5	100%	17%		
10	八月	2.5	100%	19%		
11	九月	2.5	100%	21%		
12	十月	2.5	98%	23%		
13	十一月	2.5	99%	25%		
14	十二月	2.5	100%	27%		
15						

图 3-42　记忆方法快速输入数据

（2）输入单元格 E4 的数据之后，由于已经包含了此列所有的数据内容，因此，输入单元格 E5 的数据时，同时按 Alt 键和↓键，会出现一个下拉列表，如图 3-43 所示，在下拉列表中选择所需内容即可。

E5

	A	B	C	D	E	F
1		某产品一年的产量、质量以及市场占有率记录表				
2	月份	产量（万吨）	合格率	市场占有率	是否达到预期目标	
3	一月	2	100%	5%	否	
4	二月	2	99%	7%	是	
5	三月	2	99%	9%		
6	四月	2	100%	11%	否	
7	五月	2	100%	13%	是	
8	六月	2.5	98%	15%	是否达到预期目标	
9	七月	2.5	100%	17%		
10	八月	2.5	100%	19%		
11	九月	2.5	100%	21%		
12	十月	2.5	98%	23%		
13	十一月	2.5	99%	25%		
14	十二月	2.5	100%	27%		
15						

图 3-43　下拉列表

按照上述方法输入余下的内容，即完成了表 3-3 全部内容的输入，如图 3-44 所示。

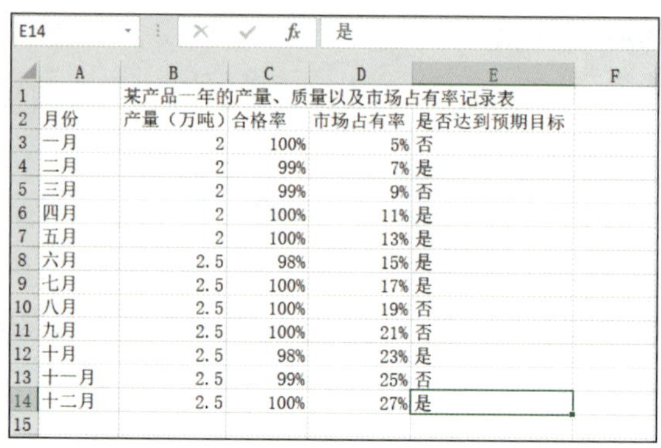

E14 | 是

	A	B	C	D	E	F
1		某产品一年的产量、质量以及市场占有率记录表				
2	月份	产量（万吨）	合格率	市场占有率	是否达到预期目标	
3	一月	2	100%	5%	否	
4	二月	2	99%	7%	是	
5	三月	2	99%	9%	否	
6	四月	2	100%	11%	是	
7	五月	2	100%	13%	是	
8	六月	2.5	98%	15%	是	
9	七月	2.5	100%	17%	是	
10	八月	2.5	100%	19%	否	
11	九月	2.5	100%	21%	否	
12	十月	2.5	98%	23%	是	
13	十一月	2.5	99%	25%	否	
14	十二月	2.5	100%	27%	是	
15						

图 3-44　表 3-3 输入完成后的效果

1. 某企业一年 4 种产品的生产成本见表 3-4，在 Excel 2021 中采用快速输入的方法完成表 3-4 内容的输入。

表 3-4　某企业一年 4 种产品的生产成本　　单位：万元

季度	甲	乙	丙	丁
第一季度	50	38	10	30.2
第二季度	50	41	12	31
第三季度	50	44	10	30.2
第四季度	50	47	11	31

2. 某公交线路车站与票价见表 3-5，在 Excel 2021 中采用快速输入的方法完成表 3-5 内容的输入。

表 3-5　某公交线路车站与票价

	牡丹园					
牡丹园	—	北太平庄				
北太平庄	2	—	铁狮子坟			
铁狮子坟	2		—	新街口		
新街口	3	2	2	—	平安里	
平安里	3	3	2	2	—	西四
西四	3	3	3	2	2	—

3. 某班课程表见表 3-6，在 Excel 2021 中采用快速输入的方法完成表 3-6 内容的输入。

表 3-6　某班课程表

星期 节数	星期一	星期二	星期三	星期四	星期五
第一节课	数学	语文	数学	英语	数学
第二节课	英语	化学	历史	化学	化学
第三节课	音乐	体育	物理	体育	美术
第四节课	物理	地理	生物	语文	物理
第五节课	历史	政治	美术	地理	语文
第六节课	生物	英语	自习	物理	自习

任务 3　编辑个人通讯录

1. 能描述数据编辑的种类及作用。
2. 能完成数据编辑的具体操作。

在 Excel 2021 中建立表 3-7 的工作表。本任务是在此工作表的基础上对数据进行编辑。

表 3-7　个人通讯录

姓名	手机	固定电话	E-mail	地址
王立	13587687301	010-65897233	wangli@163.com	北京海淀
张扬	13057263584	010-88365737	zhangyang@163.com	北京海淀
吴迪	13872735927	021-72335985	wudi@yahoo.com	上海徐汇
赵辉	13839467132	010-59738851	zhaohui@sina.com	北京朝阳
马健	13767234536	0351-5723842	majian@163.com	山西太原
刘芳	13722159310	010-62345878	liufang@yahoo.com	北京石景山

实际生活中，建立的工作表的内容往往不是一成不变的，这就涉及工作表中数据的编辑。工作表数据的编辑主要包括以下几方面的内容：

（1）单元格中数据的编辑。这部分在实际生活中应用比较多。

（2）数据的有效性编辑。此操作可帮助用户提高输入数据的正确率和工作效率。

（3）添加批注。此操作可以帮助读表人了解数据的来源等相关情况。

（4）单元格、行、列的移动。此操作可以帮助用户调整数据位置。

（5）清除和删除。这里要清楚清除和删除的区别。清除操作是指清除单元格、行、列的内容，而删除操作不仅清除内容，还删除此单元格、行、列。

（6）撤销与恢复。用户通过撤销与恢复操作可以快速地回到工作表原来的状态。需要注意的是撤销与恢复操作是两项对应的操作。若没有执行撤销操作，则不能执行恢复操作。

（7）插入。此操作的对象同样也包括单元格、行、列。

（8）复制与粘贴。此操作可以帮助用户快速进行相同数据的输入。

（9）查找和替换。利用此操作可以在信息量很大的工作表中快速查到需要的数据并进行替换。

按照任务 1 和任务 2 介绍的方法，建立表 3-7 的工作表，如图 3-45 所示。

E8　北京石景山

	A	B	C	D	E	F
1			个人通讯录			
2	姓名	手机	固定电话	E-mail	家庭地址	
3	王立	13587687301	010-65897233	wangli@163.com	北京海淀	
4	张扬	13057263584	010-88365737	zhangyang@163.com	北京海淀	
5	吴迪	13872735927	021-72335985	wudi@yahoo.com	上海徐汇	
6	赵辉	13839467132	010-59738851	zhaohui@sina.com	北京朝阳	
7	马健	13767234536	0351-5723842	majian@163.com	山西太原	
8	刘芳	13722159310	010-62345878	liufang@yahoo.com	北京石景山	
9						

图 3-45　“个人通讯录”工作表

1．单元格中数据的编辑

如果需要将单元格 B3 中的手机号码改为“13057644238”，有下面两种方法。

方法 1：双击该单元格，此时单元格中出现光标，在最下端状态栏的最左端出现“编辑”二字，如图 3-46 所示。

图 3-46　双击后的状态栏

选中原来的号码，按 Backspace 键删除并输入新的号码，完成后按 Enter 键，即完成单元格 B3 的编辑。

方法 2：选中单元格 B3，单击编辑栏，删除原有的内容，在此栏中完成新内容的输入，按 Enter 键即可，如图 3-47 所示。

B3　13057644238

	A	B	C	D	E	F
1			个人通讯录			
2	姓名	手机	固定电话	E-mail	家庭地址	
3	王立	13057644238	010-65897233	wangli@163.com	北京海淀	
4	张扬	13057263584	010-88365737	zhangyang@163.com	北京海淀	
5	吴迪	13872735927	021-72335985	wudi@yahoo.com	上海徐汇	
6	赵辉	13839467132	010-59738851	zhaohui@sina.com	北京朝阳	
7	马健	13767234536	0351-5723842	majian@163.com	山西太原	
8	刘芳	13722159310	010-62345878	liufang@yahoo.com	北京石景山	
9						

图 3-47　在编辑栏中编辑数据

2．数据的有效性编辑

数据的有效性是指对 Excel 中单元格输入数据的类型和范围进行设置。

（1）设置。我国手机号码固定为 11 位（如果是其他位数便是错误的），因此可对“手机”列的数据进行有效性设置，方法如下：

选中此列所有数据的单元格。单击“数据”|“数据工具”|“数据验证”下拉按钮，在其下拉菜单中选择“数据验证”，如图 3-48 所示，弹出如图 3-49 所示的对话框。

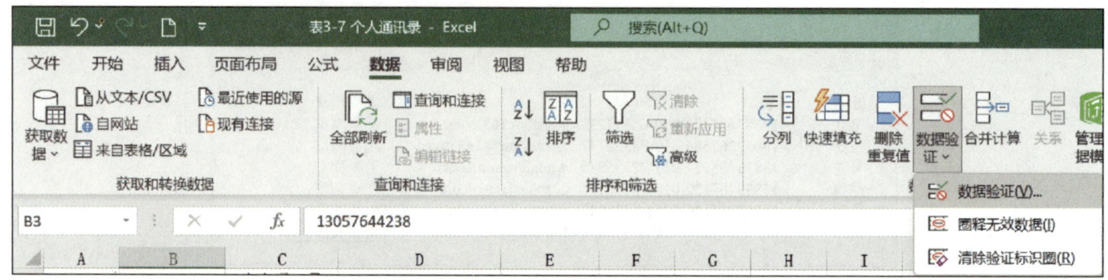

图 3-48　选择“数据验证”

在此对话框中的“设置”选项卡中，选择“允许”下拉列表中的“整数”，如图 3-50 所示。

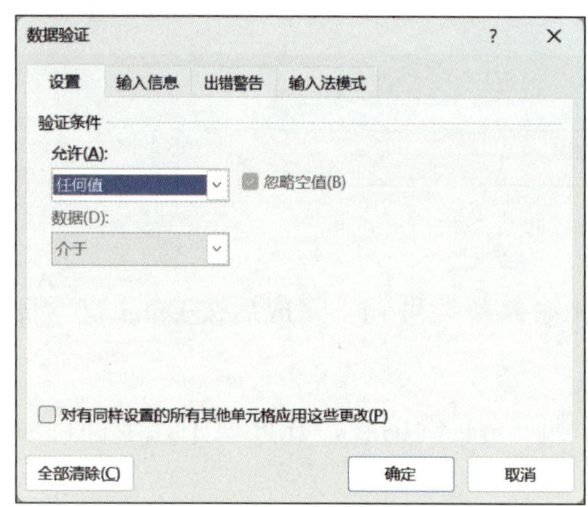

图 3-49　“数据验证”对话框

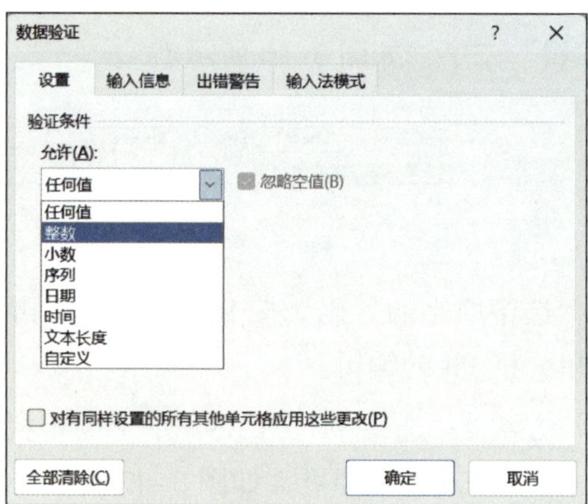

图 3-50　选择“整数”

在“数据”的下拉列表中选择“介于”，在“最小值”中输入“10000000000”，在“最大值”中输入“20000000000”，如图 3-51 所示，单击“确定”按钮。

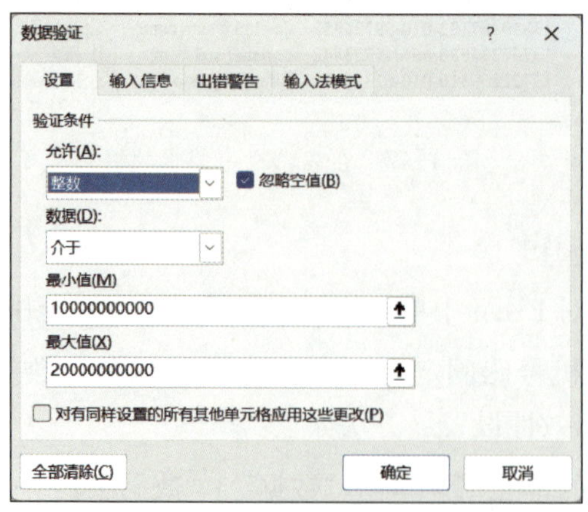

图 3-51　有效性设置

（2）输入信息提示的编辑。这项内容是为了帮助用户输入时判别数据的来源等，以降低错误率。选中要设置输入信息提示的 B 列单元格。按照上述方法打开“数据验证”对话框，在“输入信息”选项卡中的“标题”中输入“手机号”，在“输入信息”中输入“请输入手机号”，单击“确定”按钮。这样在输入此列数据时，Excel 将自动提示要输入的内容，如图 3–52 所示。

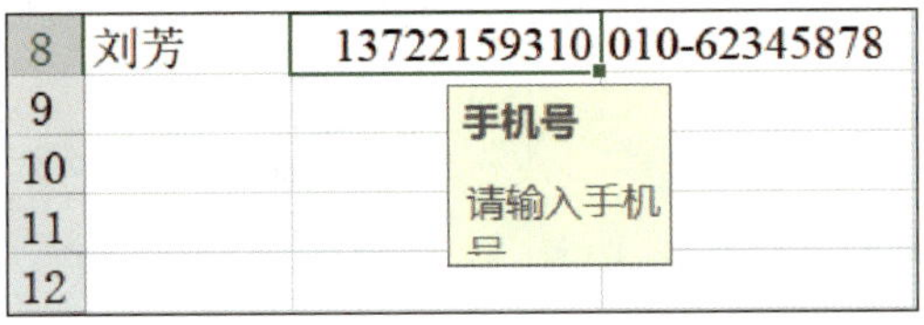

8	刘芳	13722159310	010-62345878
9		手机号 请输入手机号	
10			
11			
12			

图 3–52　输入信息提示

（3）出错警告的编辑。选中 B 列单元格，按照同样的方法打开“数据验证”对话框，在“出错警告”选项卡中的“样式”下拉列表中选择“停止”，在“标题”中输入“数据出错”，在“错误信息”中输入“输入的手机号码应为 11 位”，单击“确定”按钮。这样在数据输入错误时，将会出现提示信息，如图 3–53 所示。单击“重试”按钮后继续输入，单击“取消”按钮停止输入。

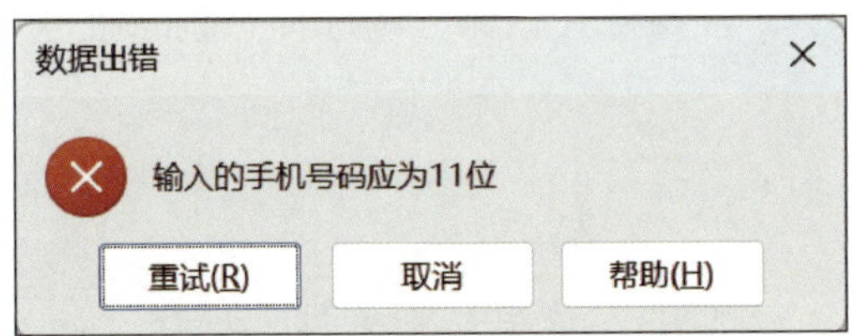

图 3–53　数据出错提示

提示

如果在“样式”下拉列表中选择了“警告”，提示信息下的操作将不同。选择“是”，代表继续当前的输入；选择“否”，代表重新输入；选择“取消”，代表停止输入。

如果在“样式”下拉列表中选择了“信息”，提示信息下的操作也将不同，选择“确定”，代表继续当前的输入；选择“取消”，代表停止输入。

3. 数据批注的编辑

（1）单击要插入批注的单元格 E3，单击“审阅”|“批注”|“新建批注”按钮，出

现如图 3-54 所示的批注框，其中“zhaohh”为用户名。在批注框中输入“此住址为临时住址”，如图 3-55 所示。

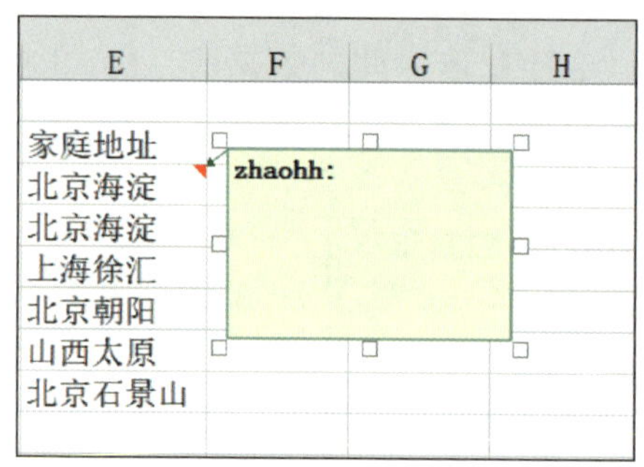

图 3-54　添加批注

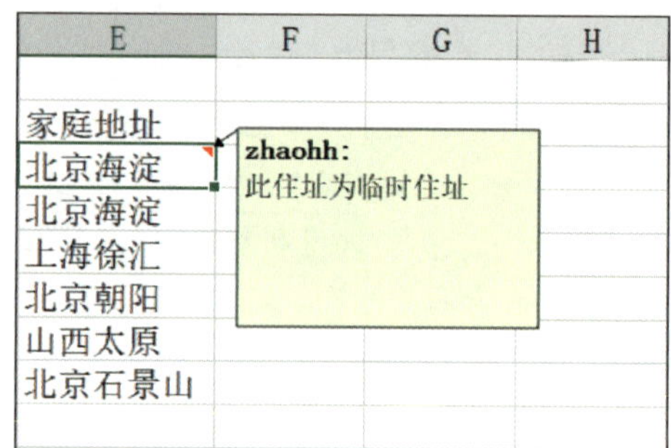

图 3-55　批注输入完成后的效果

输入完成后，单击批注框以外的任意区域，即完成了批注的插入。插入批注的单元格右上角有一个红色的三角形。

（2）如果要查看批注，需要单击该单元格 E3，单击“审阅”|“批注”|“显示 / 隐藏批注”按钮即可。

（3）如果要重新编辑单元格 E3 的批注，需要选中此单元格，单击鼠标右键，在快捷菜单中选择“编辑批注”，若要将其删除，则选择“删除批注”。

提示

选中单元格 E3，单击鼠标右键，选择“插入批注”，即出现如图 3-54 所示的批注框。查看时，也可在选中后，单击鼠标右键，选择“显示 / 隐藏批注”。

4. 移动操作

如果要将图 3-47 所示的工作表中第 4 行单元格的内容移动到第 9 行，应采用如下方法：

选中第 4 行单元格，单击“开始”|“剪贴板”|“剪切”按钮，或者在选中后单击鼠标右键，选择“剪切”，如图 3-56 所示。

选中移动的目标行第 9 行，单击“开始”|“剪贴板”|“粘贴”按钮，或者单击鼠标右键，选择“粘贴”，即可完成操作，如图 3-57 所示。对于单元格、列或者区域的移动操作都可以按此方法。

A4　张扬

	A	B	C	D	E	F
1			个人通讯录			
2	姓名	手机	固定电话	E-mail	家庭地址	
3	王立	13057644238	010-65897233	wangli@163.com	北京海淀	
4	张扬	13057263584	010-88365737	zhangyang@163.com	北京海淀	
5	吴迪	13872735927	021-72335985	wudi@yahoo.com	上海徐汇	
6	赵辉	13839467132	010-59738851	zhaohui@sina.com	北京朝阳	
7	马健	13767234536	0351-5723842	majian@163.com	山西太原	
8	刘芳	13722159310	010-62345878	liufang@yahoo.com	北京石景山	
9						

图 3-56　剪切后的效果

A9　张扬

	A	B	C	D	E	F
1			个人通讯录			
2	姓名	手机	固定电话	E-mail	家庭地址	
3	王立	13057644238	010-65897233	wangli@163.com	北京海淀	
4						
5	吴迪	13872735927	021-72335985	wudi@yahoo.com	上海徐汇	
6	赵辉	13839467132	010-59738851	zhaohui@sina.com	北京朝阳	
7	马健	13767234536	0351-5723842	majian@163.com	山西太原	
8	刘芳	13722159310	010-62345878	liufang@yahoo.com	北京石景山	
9	张扬	13057263584	010-88365737	zhangyang@163.com	北京海淀	
10						

图 3-57　粘贴完成后的效果

5. 清除和删除操作

（1）如果要清除图 3–47 所示工作表的第 5 行数据，首先应选中此行，单击“开始”|“编辑”|“清除”下拉按钮，其下拉菜单如图 3–58 所示，选择“全部清除”即可，完成后的效果如图 3–59 所示。

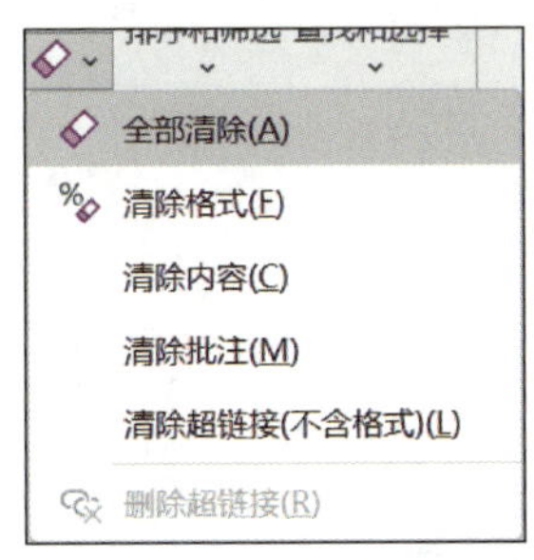

图 3–58　“清除”下拉菜单

A5

	A	B	C	D	E	F
1			个人通讯录			
2	姓名	手机	固定电话	E-mail	家庭地址	
3	王立	13057644238	010-65897233	wangli@163.com	北京海淀	
4	张扬	13057263584	010-88365737	zhangyang@163.com	北京海淀	
5						
6	赵辉	13839467132	010-59738851	zhaohui@sina.com	北京朝阳	
7	马健	13767234536	0351-5723842	majian@163.com	山西太原	
8	刘芳	13722159310	010-62345878	liufang@yahoo.com	北京石景山	
9						

图 3–59　清除完成后的效果

提示

全部清除：不仅清除单元格的内容，同时也清除单元格的格式。
清除格式：仅清除单元格的格式，不清除单元格的内容。

> 清除内容：仅清除单元格的内容，不清除单元格的格式。
> 清除批注：仅清除单元格的批注，其他不变。
> 清除超链接（不含格式）：仅清除超链接，不清除格式。
> 删除超链接：清除超链接，同时清除格式。

若仅需清除内容，不清除各单元格的格式，则可按 Delete 键或单击鼠标右键后选择“清除内容”完成清除操作。对于单元格、列或者区域的清除操作也和上述方法一致。

（2）若要删除第 5 行，则选中此行，单击“开始”|“单元格”|“删除”按钮，或者单击鼠标右键后选择“删除”即可。完成后的效果如图 3-60 所示。

A5 fx 赵辉

	A	B	C	D	E	F
1			个人通讯录			
2	姓名	手机	固定电话	E-mail	家庭地址	
3	王立	13057644238	010-65897233	wangli@163.com	北京海淀	
4	张扬	13057263584	010-88365737	zhangyang@163.com	北京海淀	
5	赵辉	13839467132	010-59738851	zhaohui@sina.com	北京朝阳	
6	马健	13767234536	0351-5723842	majian@163.com	山西太原	
7	刘芳	13722159310	010-62345878	liufang@yahoo.com	北京石景山	
8						

图 3-60 删除完成后的效果

单击“删除”下拉按钮，则弹出如图 3-61 所示的下拉菜单。也可以根据需要，选择要删除的内容。

6. 撤销与恢复操作

若要撤销上一步对工作表数据的操作，则要单击快速访问工具栏中的“撤销”按钮，如图 3-62 所示。或者按 Ctrl+Z 键，即可撤销上一步的操作。

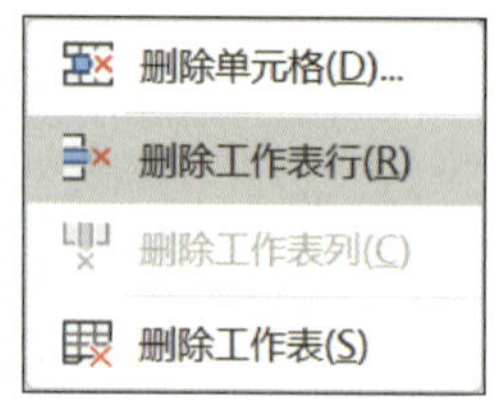

图 3-61 “删除”下拉菜单

图 3-62 “撤销”按钮

若要撤销多步操作，则单击“撤销”下拉按钮，选择相应操作即可。单击快速访问工具栏中的“恢复”按钮，则又回到最近一次操作前的状态。

7. 插入操作

编辑工作表时，需要在两行、两列或者两个单元格之间插入数据，这就涉及插入操作，如在图 3-47 所示工作表的第 3 行与第 4 行之间插入一行。首先选中第 4 行，单击“开始”|“单元格”|“插入”按钮，或者单击鼠标右键后选择“插入”即可。

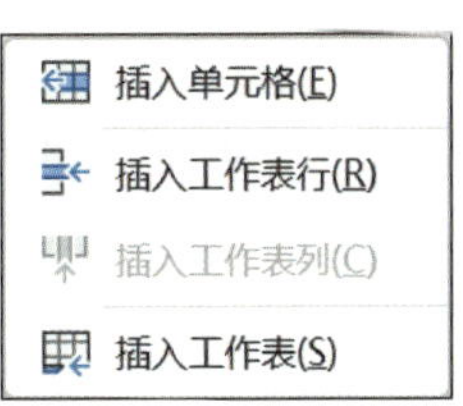

图 3-63　“插入”下拉菜单

单击“插入”下拉按钮，则弹出如图 3-63 所示的下拉菜单，选择“插入工作表行”即可。完成后的效果如图 3-64 所示。

A4

	A	B	C	D	E	F
1			个人通讯录			
2	姓名	手机	固定电话	E-mail	家庭地址	
3	王立	13057644238	010-65897233	wangli@163.com	北京海淀	
4						
5	扬	13057263584	010-88365737	zhangyang@163.com	北京海淀	
6	吴迪	13872735927	021-72335985	wudi@yahoo.com	上海徐汇	
7	赵辉	13839467132	010-59738851	zhaohui@sina.com	北京朝阳	
8	马健	13767234536	0351-5723842	majian@163.com	山西太原	
9	刘芳	13722159310	010-62345878	liufang@yahoo.com	北京石景山	
10						

图 3-64　插入完成后的效果

在插入行的左下角出现“ ”图标，单击该图标，弹出如图 3-65 所示的下拉菜单。Excel 默认“与上面格式相同”选项，用户还可根据自己的要求，选择其他两项。对于列和单元格的插入也可以采用上面所述的方法。

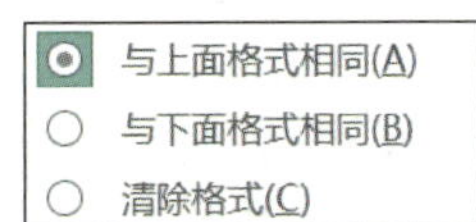

图 3-65　“ ”图标下拉菜单

8. 复制与粘贴操作

在上面新插入的行中输入如下数据“王建平”“13544421259”“010-86932541”“wangjianping@sohu.com”“北京海淀”。因家庭住址的内容与单元格 E3 中的相同，所以可以选择复制与粘贴操作。选中单元格 E3，单击“开始”|“剪贴板”|“复制”按钮，或者单击鼠标右键后选择“复制”，此时单元格的粗框变为虚线框，如图 3-66 所示。

E3　北京海淀

	A	B	C	D	E	F
1			个人通讯录			
2	姓名	手机	固定电话	E-mail	家庭地址	
3	王立	13057644238	010-65897233	wangli@163.com	北京海淀	
4	王建平	13544421259	010-86932541	wangjianping@sohu.com		
5	张扬	13057263584	010-88365737	zhangyang@163.com	北京海淀	
6	吴迪	13872735927	021-72335985	wudi@yahoo.com	上海徐汇	
7	赵辉	13839467132	010-59738851	zhaohui@sina.com	北京朝阳	
8	马健	13767234536	0351-5723842	majian@163.com	山西太原	
9	刘芳	13722159310	010-62345878	liufang@yahoo.com	北京石景山	
10						

图 3-66　复制完成后的效果

选中单元格 E4，单击“开始”|“剪贴板”|“粘贴”按钮，或者按 Ctrl+V 键，或者单击鼠标右键后选择“粘贴”即可完成，如图 3-67 所示。单元格 E3 继续保持虚线框，表示还可以继续粘贴。

E4 北京海淀

	A	B	C	D	E	F	G
1			个人通讯录				
2	姓名	手机	固定电话	E-mail	家庭地址		
3	王立	13057644238	010-65897233	wangli@163.com	北京海淀		
4	王建平	13544421259	010-86932541	wangjianping@sohu.com	北京海淀		
5	张扬	13057263584	010-88365737	zhangyang@163.com	北京海淀	(Ctrl)▾	
6	吴迪	13872735927	021-72335985	wudi@yahoo.com	上海徐汇		
7	赵辉	13839467132	010-59738851	zhaohui@sina.com	北京朝阳		
8	马健	13767234536	0351-5723842	majian@163.com	山西太原		
9	刘芳	13722159310	010-62345878	liufang@yahoo.com	北京石景山		
10							

图 3-67 粘贴完成后的效果

单击单元格 E4 右下方的“(Ctrl)▾”图标，弹出如图 3-68 所示的下拉菜单。Excel 默认第一个选项，用户可以根据需要选择其他选项。

图 3-68 “(Ctrl)▾”图标下拉菜单

9. 查找和替换操作

在上一步操作的基础上，在工作表中查找“北京海淀”。单击“开始”|“编辑”|“查找和选择”下拉按钮，在其下拉菜单中选择“查找”，或者按 Ctrl+F 键，弹出“查找和替换”对话框。

在“查找内容”中输入“北京海淀”。若用户需要更详细地查找，则单击“选项”按钮，并对其内容进行设置，如图 3-69 所示。

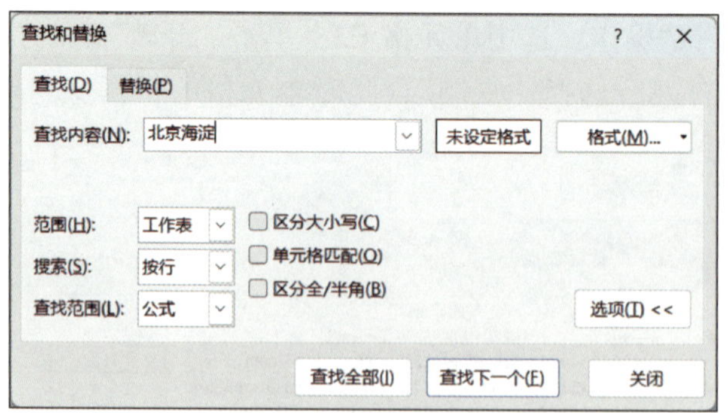

图 3-69 查找设置

单击“查找下一个”按钮，在工作表中含有这一内容的单元格即被选中，单击“查找下一个”按钮则继续查找。

若想一次查完全部含有“北京海淀”的单元格，则单击“查找全部”按钮，查找完毕的效果如图 3–70 所示，在对话框中显示了所有含有这一内容的单元格。

把“13544421259”替换为“13573796253”，需要使用替换操作。在“查找和替换”对话框中单击“替换”选项卡，在“查找内容”中输入“13544421259”，在“替换为”中输入“13573796253”。若要设置更详细的选项，则单击“选项”按钮，设置内容即可，如图 3–71 所示。单击“替换”按钮，则单元格中的“13544421259”变为“13573796253”。在数据较多时，用户还可以边查找、边替换，只需在如图 3–71 所示的对话框中先单击“查找”选项卡，再单击“替换”选项卡，以便有选择地替换。

查找和替换
查找(D)　替换(P)
查找内容(N): 北京海淀　未设定格式　格式(M)...
范围(H): 工作表　区分大小写(C)
搜索(S): 按行　单元格匹配(O)
查找范围(L): 公式　区分全/半角(B)　选项(I) <<
查找全部(I)　查找下一个(F)　关闭

工作簿	工作表	名称	单元格	值	公式
表3-7 个人通讯录.xlsx	Sheet2		$E$3	北京海淀	
表3-7 个人通讯录.xlsx	Sheet2		$E$4	北京海淀	
表3-7 个人通讯录.xlsx	Sheet2		$E$5	北京海淀	

3 个单元格被找到

图 3–70　查找全部后的效果

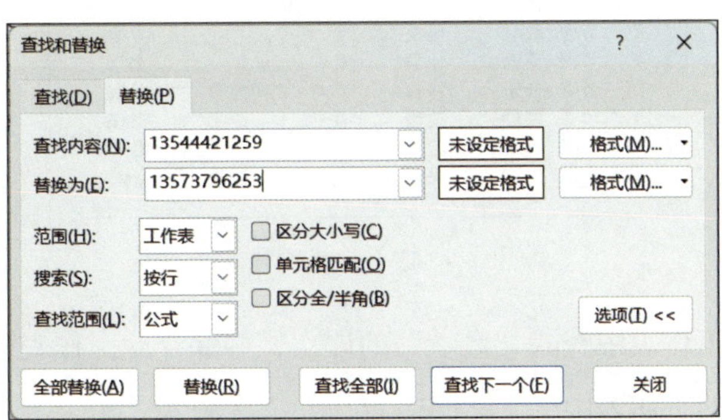

图 3–71　替换设置

教学资源

本项目所需素材可通过技工教育网（http://jg.class.com.cn）下载，位于软件资源包“Excel 2021 基础与应用 / 项目三”中。

1. 将表 3–6 的工作表中星期三第三节课的“物理”改为“数学”，并且对此列设置输入信息提示，提示内容为“请输入课程名称”，如图 3–72 所示。

D5 | 数学

	A	B	C	D	E	F
1			某班课程表			
2		星期一	星期二	星期三	星期四	星期五
3	第一节课	数学	语文	数学	英语	数学
4	第二节课	英语	化学	历史	化学	化学
5	第三节课	音乐	体育	数学	体育	美术
6	第四节课	物理	地理	生物		物理
7	第五节课	历史	政治	美术		语文
8	第六节课	生物	英语	自习	物理	自习
9						

请输入课程名称

图 3–72　设置输入信息提示的效果

2. 在表 3–6 的工作表标题处插入批注，批注内容为“此课程表执行日期为 2022.9—2023.1”，如图 3–73 所示。

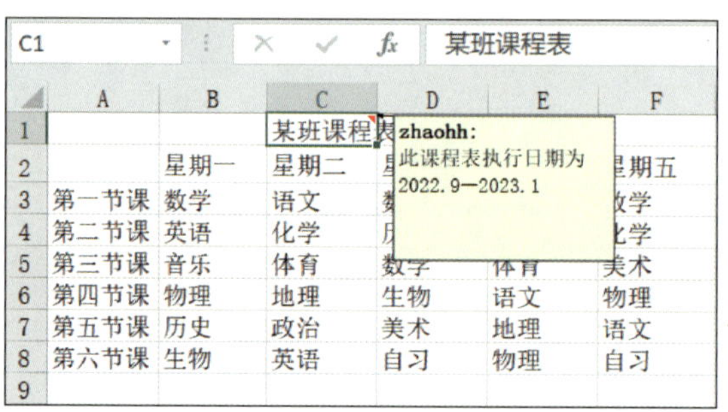
C1 | 某班课程表

	A	B	C	D	E	F
1			某班课程表			
2		星期一	星期二			星期五
3	第一节课	数学	语文			数学
4	第二节课	英语	化学			化学
5	第三节课	音乐	体育	数学	体育	美术
6	第四节课	物理	地理	生物	语文	物理
7	第五节课	历史	政治	美术	地理	语文
8	第六节课	生物	英语	自习	物理	自习
9						

图 3–73　插入批注后的效果

3. 在表 3–6 的工作表中查找“数学”的课次，并保存此工作表。

4. 清除表 3–4 的工作表中“丁”的内容，并依次输入“30.7”“30”“29.5”“29.4”，再删除“甲”列的内容。

项目四
表格样式编排和数据管理

用户可以对表格的格式进行编排，同时也可以根据需求，对工作表进行样式的改变，还可以利用数据管理与分析功能对工作表的数据进行分析。本项目主要介绍表格样式编排和数据管理的基本知识。

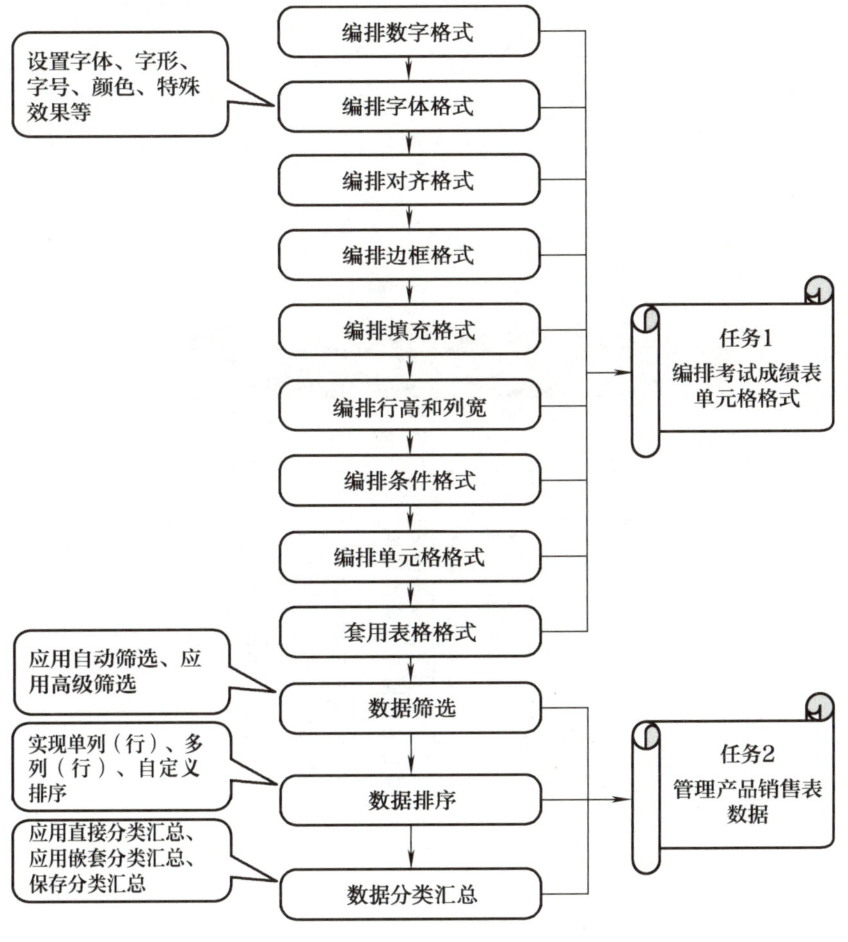

任务 1　编排考试成绩表单元格格式

1. 能描述单元格格式包含的基本内容。
2. 能编排单元格格式。
3. 能描述工作表格式包含的基本内容。
4. 能套用表格格式。

在 Excel 2021 中，打开项目一任务 4 中制作的“高三（2）班期中考试成绩表”工作簿。在此基础上，对其数字格式、字体格式、对齐格式、边框格式、填充样式等进行编排。另外，采用条件格式进行格式编排、利用 Excel 的单元格样式快速编辑、自定义编辑单元格样式以及自动套用表格格式的方法来对工作表进行格式及样式的编排。样式编辑结束后，其单元格格式如图 4-1 所示，其中 90 分以上的成绩显示为“加粗倾斜”。

F18　fx　65

	A	B	C	D	E	F	G
1	高三（2）班期中考试成绩表						
2	科目 姓名	语文	数学	英语	物理	化学	
3	王烁	***98.00***	***100.00***	***95.00***	***95.00***	***91.00***	
4	任征	***95.00***	90.00	***93.00***	90.00	89.00	
5	张远	90.00	84.00	87.00	82.00	88.00	
6	陈风	88.00	***93.00***	82.00	86.00	75.00	
7	赵敏峰	84.00	72.00	76.00	75.00	80.00	
8	吴向伟	82.00	88.00	86.00	80.00	90.00	
9	周平	82.00	85.00	76.00	86.00	80.00	
10	何向	80.00	79.00	82.00	85.00	80.00	
11	王亚军	77.00	80.00	78.00	85.00	70.00	
12	谢艳	77.00	79.00	81.00	73.00	81.00	
13	刘忠	75.00	66.00	60.00	68.00	77.00	
14	郝迪	70.00	72.00	76.00	69.00	80.00	
15	李丽	70.00	62.00	69.00	65.00	69.00	
16	王丽坤	65.00	70.00	68.00	71.00	63.00	
17	冯征	60.00	71.00	62.00	59.00	65.00	
18	孙萍	55.00	62.00	60.00	59.00	65.00	
19							

图 4-1　单元格格式的设置

1. 数字格式

所谓数字格式是指单元格或工作表中的数值型数据的显示形式。Excel 中支持的数字格式包括以下内容。

（1）常规。常规是指数值型数据以输入的形式显示。

（2）数值。可以设置数值的小数位数、负数的显示形式。

（3）货币。可以设置小数位数、货币符号及负数的显示形式，同时数据以货币的形式显示。

（4）会计专用。可以设置货币符号及小数位数。

（5）日期。可以设置日期的类型，同时数据以日期的形式显示。

（6）时间。与日期类似，可以设置时间的类型，同时数据以时间的形式显示。

（7）百分比。可以设置小数位数，同时数据以百分数的形式显示。

（8）分数。可以设置分数类型，同时数据以分数的形式显示。

（9）科学记数。可以设置小数位数，同时数据以科学记数的形式显示。

（10）文本。文本是指将数字作为文本处理，显示的内容与输入的内容一致。

（11）特殊。用于显示不同国家或地区的专有数据类型，如显示为中文大写数字、中文小写数字等。

（12）自定义。可以设置自定义的数字格式。

2. 字体格式

字体格式主要用于单元格中数据的字体、字号、特殊效果以及其他一些选项的设置。

3. 对齐格式

对齐格式是指对单元格中的内容在单元格中的位置等进行设置。对齐方式有左对齐、右对齐和居中等。

4. 其他格式

边框格式和填充格式是指对单元格边框的线型以及填充的颜色、样式等进行设置。

单元格样式是指利用 Excel 已有的样式对单元格进行快速编辑，提高工作效率。

条件格式是指用户设定一定的条件，使满足条件的单元格内容按照设置的格式显示，这种操作便于用户更加直观地观察单元格的数据内容。

套用表格格式可以更快速地设置整个工作表，在此基础上进行筛选和排序操作。

在工作表中，列宽的设置范围为 0 ~ 255，此值表示可在用工作表默认的标准字体进行格式设置的单元格中显示的字符数，若将列宽设置为 0，则该列隐藏。行高的设置范围为 0 ~ 409，此值以点数（1 点约等于 1/72 英寸）表示，若将行高设置为 0，则该行隐藏。

1. 编排数字格式

方法 1：选中所有内容为数字的单元格区域 B3:F18，单击“开始”|“数字”组中的扩展按钮，或者单击“开始”|“单元格”|“格式”下拉按钮，在其下拉菜单中选择“设置单元格格式”。在弹出的对话框中单击“数字”选项卡，在“分类”中选择“数值”，并在其右侧“小数位数”中选择“2”，如图 4–2 所示，单击“确定”按钮，这样成绩显示为小数位数为 2 的值。

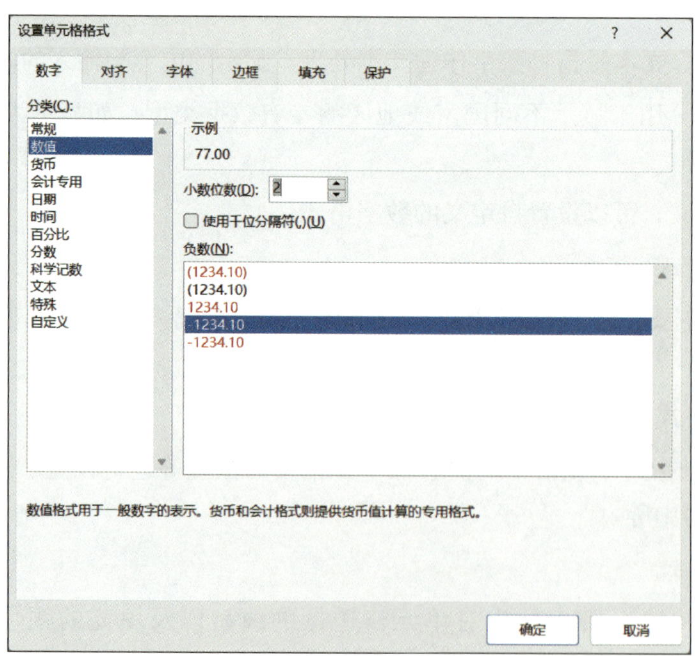

图 4–2 “设置单元格格式”对话框

提示

选中单元格后，单击鼠标右键，在弹出的快捷菜单中选择“设置单元格格式”，可快速打开上述对话框。

方法 2：选中单元格区域 B3:F18 后，单击“开始”|“数字”|“数字格式”框的下拉按钮，弹出如图 4-3 所示的下拉菜单，选择“数字”，如图 4-4 所示。

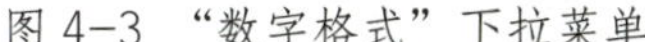
图 4-3 “数字格式”下拉菜单

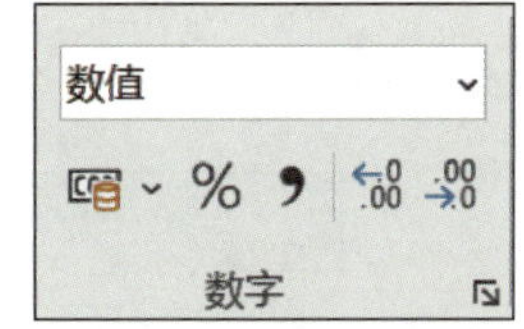

图 4-4 选择“数字”后的效果

在实际应用中，还可以要求数字显示为其他格式，如日期、货币等，这时只需在如图 4-2 所示的对话框中或者在如图 4-3 所示的下拉菜单中进行相应的设置即可，某些选项可以通过图 4-4 的按钮直接进行设置。

2. 编排字体格式

方法 1：选中表头行的单元格后，单击“开始”|“字体”组中的扩展按钮，或者采用上述的方法打开“设置单元格格式”对话框，选择“字体”选项卡。在此选项卡中可以对单元格中内容的字体、字形、字号、颜色、特殊效果等进行编排，字体设置如图 4-5 所示。

方法 2：选中表头行的单元格后，利用“开始”|“字体”组中的按钮进行设置，图 4-6 所示即为表头行的编排格式。设置时，只需单击下拉按钮，在下拉列表中选择所需的选项即可。

3. 编排对齐格式

对于数值型数据，Excel 默认为右对齐，而对于文本型数据，Excel 默认为左对齐。通过编排对齐格式，可以改变其对齐方式。

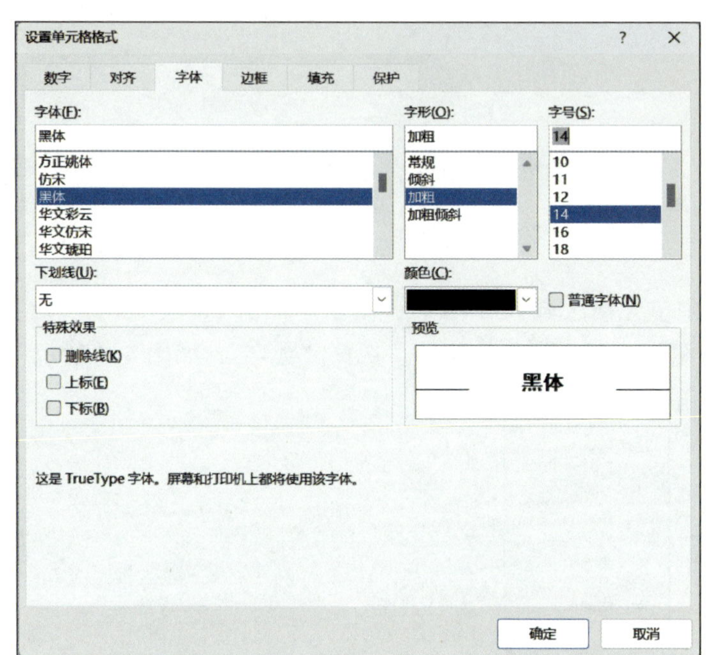

图 4-5 对表头行单元格的字体设置

图 4-6 “字体”组

方法 1：选中单元格区域 B3:F18，单击“开始”|“对齐方式”组中的扩展按钮，或者单击“开始”|“单元格”|“格式”下拉按钮，在其下拉菜单中选择“设置单元格格式”，弹出“设置单元格格式”对话框，在“对齐”选项卡下进行编排。在“文本对齐方式”栏下的“水平对齐”中选择“靠左（缩进）”，并将“缩进”值设置为“0”，在“垂直对齐”中选择“靠下”。在右侧的“方向”栏可以进行对文本的旋转，将角度设为“0”，如图 4–7 所示，单击“确定”按钮即可。

当单元格中内容过多，占用了其他单元格或者无法显示时，如单元格 C1。可以在如图 4–7 所示的对话框中的“文本控制”栏下勾选“自动换行”复选框。这样当输入时，此单元格在不改变列宽的情况下将自动增加行高，从而将显示其全部内容，如图 4–8 所示。

如果勾选“缩小字体填充”复选框，Excel 在不改变单元格列宽和行高的情况下会自动缩小字体，使单元格内容全部显示。

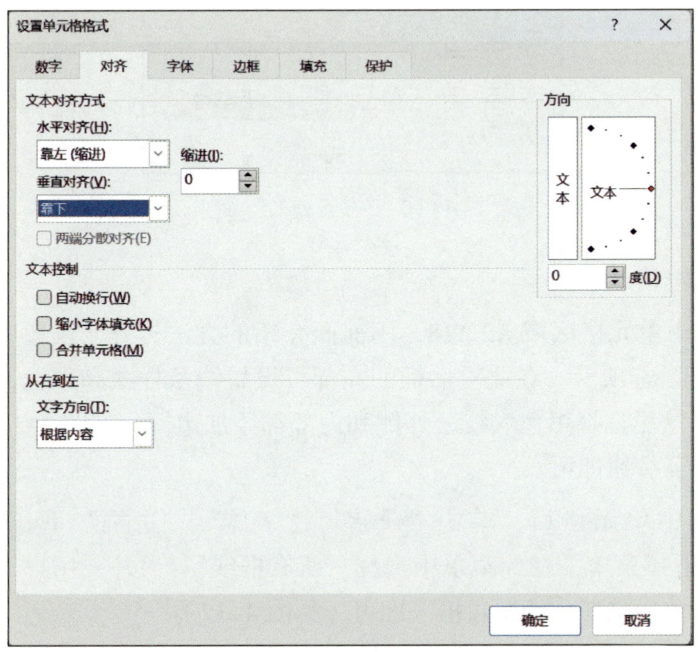

图 4-7　对齐格式编排

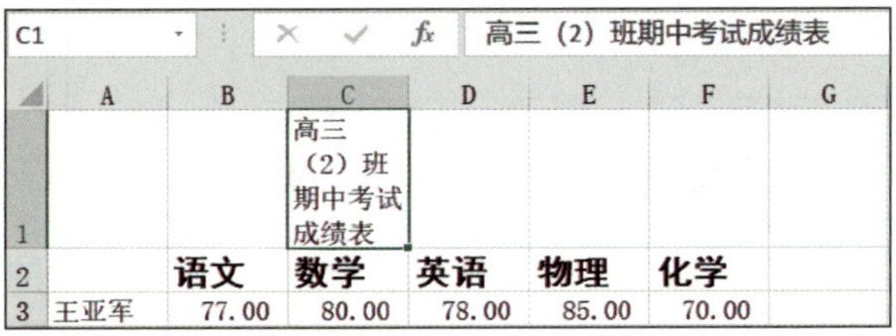

	A	B	C	D	E	F	G
1			高三（2）班期中考试成绩表				
2		语文	数学	英语	物理	化学	
3	王亚军	77.00	80.00	78.00	85.00	70.00	

图 4-8　自动换行的效果

在此表中，单元格 A1 至 F1 只有一项内容，因此，可以将这几个单元格合并成一个单元格。选中单元格 A1 至 F1，在如图 4-7 所示的对话框中的“文本控制”栏下勾选“合并单元格”复选框，单击“确定”按钮，再设置对齐方式为“居中”，效果如图 4-9 所示。

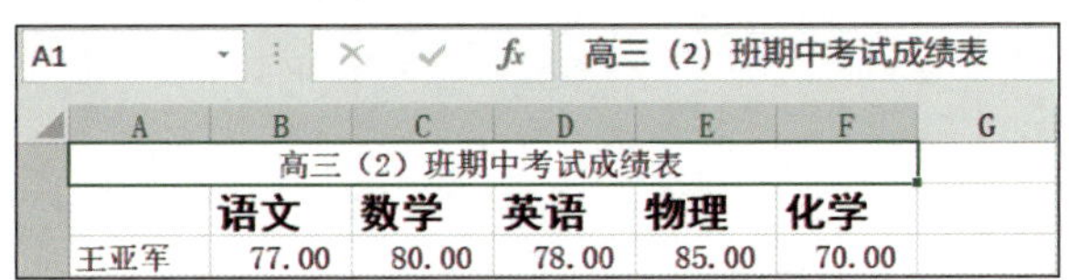

A	B	C	D	E	F	G
高三（2）班期中考试成绩表						
	语文	数学	英语	物理	化学	
王亚军	77.00	80.00	78.00	85.00	70.00	

图 4-9　合并单元格的效果

方法 2：选中单元格后，单击“开始”|“对齐方式”组中加深的按钮，如图 4-10 所示，完成对齐格式的编排。

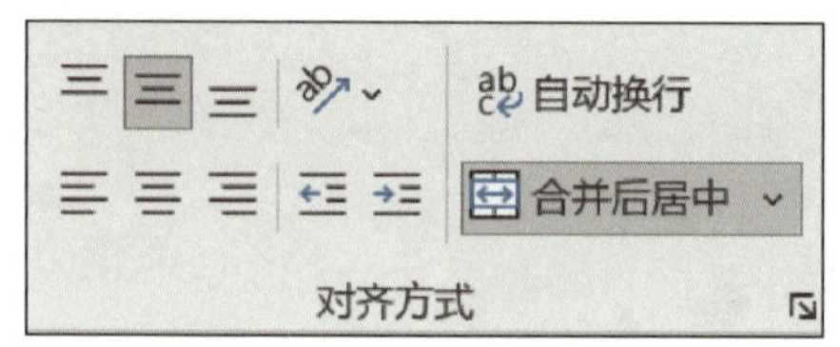

图 4-10 “对齐方式”组

4. 编排边框格式

方法 1：选中单元格区域 A2:A18，用前面介绍的方法打开“设置单元格格式”对话框中的“边框”选项卡。在此对话框的左部可设置线条样式和颜色，在其右部可设置边框的位置。这里选择黑色实线，外侧和内部都添加边框，如图 4–11 所示。设置完成后单击“确定”按钮即可。

方法 2：选中单元格后，单击“开始”|“字体”|“边框”下拉按钮，弹出如图 4–12 所示的下拉菜单，在此菜单中选择“所有框线”。另外，用户还可以自己绘制边框，在下拉菜单中选择“绘制边框”即可（见图 4–12）。

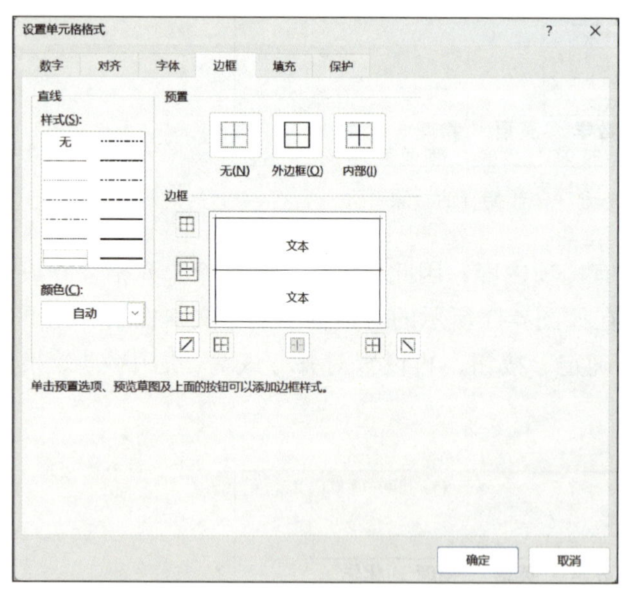

图 4-11 边框格式编排

图 4-12 “边框”下拉菜单

选中单元格 A2，在如图 4–12 所示的对话框中单击“ ”图标，并在此单元格中分两行输入内容“科目”“姓名”，调整其位置，完成后如图 4–13 所示。

A2 | 科目

	A	B	C	D	E	F
1	高三（2）班期中考试成绩表					
2	科目 姓名	语文	数学	英语	物理	化学
3	王亚军	77.00	80.00	78.00	85.00	70.00
4	周平	82.00	85.00	76.00	86.00	80.00
5	张远	90.00	84.00	87.00	82.00	88.00
6	冯征	60.00	71.00	62.00	59.00	65.00
7	赵敬峰	84.00	72.00	76.00	75.00	80.00
8	任征	95.00	90.00	93.00	90.00	89.00
9	郝迪	70.00	72.00	76.00	69.00	80.00
10	王丽坤	65.00	70.00	68.00	71.00	63.00
11	李丽	70.00	62.00	69.00	65.00	69.00
12	吴向伟	82.00	88.00	86.00	80.00	90.00
13	陈风	88.00	93.00	82.00	86.00	75.00
14	谢艳	77.00	79.00	81.00	73.00	81.00
15	王烁	98.00	100.00	95.00	95.00	91.00
16	孙萍	55.00	62.00	60.00	59.00	65.00
17	刘忠	75.00	66.00	60.00	68.00	77.00
18	何向	80.00	79.00	82.00	85.00	80.00

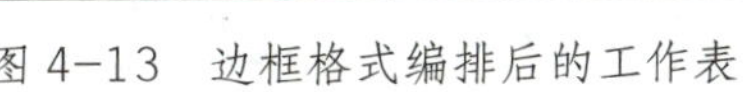
图 4-13 边框格式编排后的工作表

5. 编排填充格式

如果要为单元格填充背景色，首先选中要填充的单元格 A1，在“设置单元格格式”对话框中选择“填充”选项卡，然后在“背景色”中选择“红色”，单击“确定”按钮，完成后如图 4-14 所示。

A1 | 高三（2）班期中考试成绩表

	A	B	C	D	E	F	G
1	高三（2）班期中考试成绩表						
2	科目 姓名	语文	数学	英语	物理	化学	
3	王亚军	77.00	80.00	78.00	85.00	70.00	
4	周平	82.00	85.00	76.00	86.00	80.00	
5	张远	90.00	84.00	87.00	82.00	88.00	
6	冯征	60.00	71.00	62.00	59.00	65.00	
7	赵敬峰	84.00	72.00	76.00	75.00	80.00	
8	任征	95.00	90.00	93.00	90.00	89.00	
9	郝迪	70.00	72.00	76.00	69.00	80.00	
10	王丽坤	65.00	70.00	68.00	71.00	63.00	
11	李丽	70.00	62.00	69.00	65.00	69.00	
12	吴向伟	82.00	88.00	86.00	80.00	90.00	
13	陈风	88.00	93.00	82.00	86.00	75.00	
14	谢艳	77.00	79.00	81.00	73.00	81.00	
15	王烁	98.00	100.00	95.00	95.00	91.00	
16	孙萍	55.00	62.00	60.00	59.00	65.00	
17	刘忠	75.00	66.00	60.00	68.00	77.00	
18	何向	80.00	79.00	82.00	85.00	80.00	
19							

图 4-14 填充背景色的效果

单击“填充”选项卡中的“填充效果”按钮，弹出如图 4-15 所示的对话框，在此对话框中可以对单元格设置两种颜色填充以及不同的填充样式。

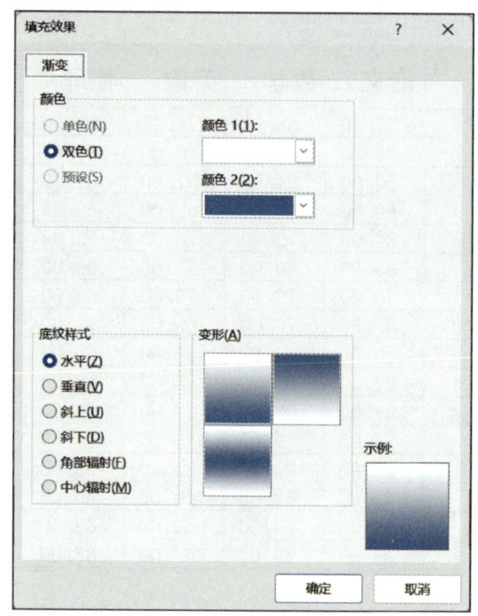

图 4-15 “填充效果”对话框

用户也可以自定义填充颜色，只需在“填充”选项卡中单击“其他颜色”按钮即可。

在“填充”选项卡右部可设置填充的图案。选中单元格 A1，在“图案颜色”中选择“黄色”，在“图案样式”中选择“细 垂直 条纹”，如图 4-16 所示，单击“确定”按钮，填充后效果如图 4-17 所示。

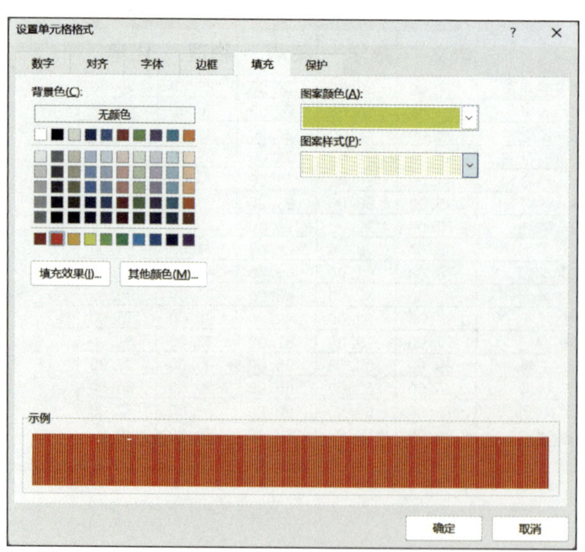

图 4-16 “填充”选项卡中的“图案颜色”“图案样式”设置

A1 | fx 高三（2）班期中考试成绩表

	A	B	C	D	E	F	G
1	高三（2）班期中考试成绩表						
2	科目 姓名	语文	数学	英语	物理	化学	
3	王亚军	77.00	80.00	78.00	85.00	70.00	
4	周平	82.00	85.00	76.00	86.00	80.00	
5	张远	90.00	84.00	87.00	82.00	88.00	
6	冯征	60.00	71.00	62.00	59.00	65.00	
7	赵敬峰	84.00	72.00	76.00	75.00	80.00	
8	任征	95.00	90.00	93.00	90.00	89.00	
9	郝迪	70.00	72.00	76.00	69.00	80.00	
10	王丽坤	65.00	70.00	68.00	71.00	63.00	
11	李丽	70.00	62.00	69.00	65.00	69.00	
12	吴向伟	82.00	88.00	86.00	80.00	90.00	
13	陈风	88.00	93.00	82.00	86.00	75.00	
14	谢艳	77.00	79.00	81.00	73.00	81.00	
15	王烁	98.00	100.00	95.00	95.00	91.00	
16	孙萍	55.00	62.00	60.00	59.00	65.00	
17	刘忠	75.00	66.00	60.00	68.00	77.00	
18	何向	80.00	79.00	82.00	85.00	80.00	
19							

图 4-17　填充完成的单元格 A1

提示

单击“开始”|“字体”|“填充颜色”按钮或下拉按钮，可迅速对单元格的背景色进行填充。

6. 编排行高和列宽

选中要调整的行，单击“开始”|“单元格”|“格式”下拉按钮，在其下拉菜单的“单元格大小”中选择“行高”，输入行高值，单击“确定”按钮即可调整行高。如果要改变列宽，可选中要调整的列，在“格式”下拉菜单中选择“列宽”并设置参数。选择“自动调整行高”或“自动调整列宽”时，Excel 可根据各个单元格中的内容自动调整。

提示

将鼠标指针移动到行号或列标的边框附近，当鼠标指针变为“┿”或“┿”时，按住鼠标左键并拖动鼠标，也可以改变相应的行高或列宽。

7. 编排条件格式

简单地说，条件格式是有条件地编排单元格的格式。使用条件格式可以更直观地查看数据，以便分析。

选中使用条件格式的单元格区域 B3:F18，单击“开始”|“样式”|“条件格式”下

拉按钮，弹出如图 4–18 所示的下拉菜单。

选择“突出显示单元格规则”，弹出如图 4–19 所示的子菜单。选择其中的选项，可以使符合设置条件的单元格突出显示，并能选择突出显示的颜色。这里选择“大于”，在弹出的对话框中，把大于“90”的单元格设为“加粗倾斜”（在“自定义格式”下选择），如图 4–20 所示。单击“确定”按钮，完成后的效果如图 4–21 所示。

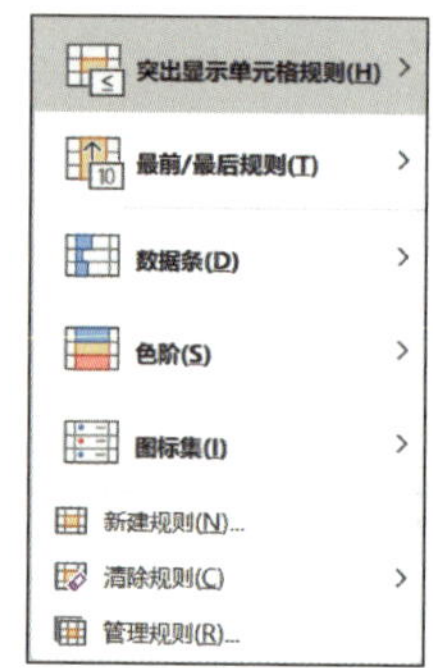

图 4–18 “条件格式”下拉菜单

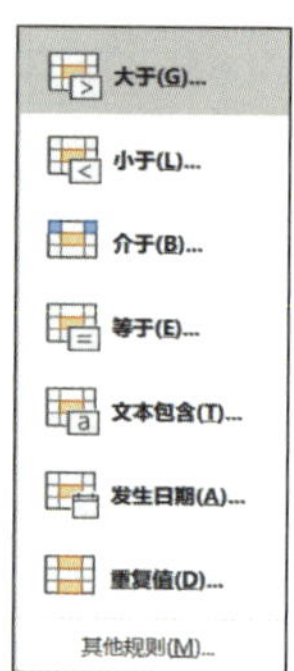

图 4–19 “突出显示单元格规则”的子菜单

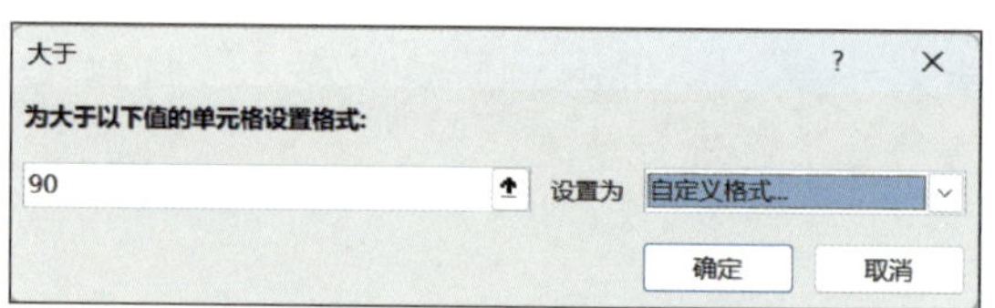

图 4–20 突出显示格式编排

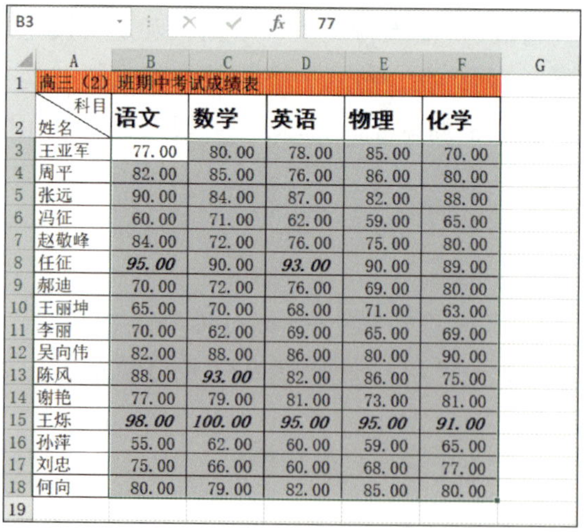

B3 | 77

	A	B	C	D	E	F	G
1	高三（2）班期中考试成绩表						
2	科目 姓名	语文	数学	英语	物理	化学	
3	王亚军	77.00	80.00	78.00	85.00	70.00	
4	周平	82.00	85.00	76.00	86.00	80.00	
5	张远	90.00	84.00	87.00	82.00	88.00	
6	冯征	60.00	71.00	62.00	59.00	65.00	
7	赵敬峰	84.00	72.00	76.00	75.00	80.00	
8	任征	***95.00***	90.00	***93.00***	90.00	89.00	
9	郝迪	70.00	72.00	76.00	69.00	80.00	
10	王丽坤	65.00	70.00	68.00	71.00	63.00	
11	李丽	70.00	62.00	69.00	65.00	69.00	
12	吴向伟	82.00	88.00	86.00	80.00	90.00	
13	陈风	88.00	***93.00***	82.00	86.00	75.00	
14	谢艳	77.00	79.00	81.00	73.00	81.00	
15	王烁	***98.00***	***100.00***	***95.00***	***95.00***	***91.00***	
16	孙萍	55.00	62.00	60.00	59.00	65.00	
17	刘忠	75.00	66.00	60.00	68.00	77.00	
18	何向	80.00	79.00	82.00	85.00	80.00	
19							

图 4–21 突出显示完成后的效果

选择“条件格式”下拉菜单中的“最前 / 最后规则”，弹出如图 4–22 所示的子菜单，可用于设置满足具体规则的单元格格式。其设置方式与“突出显示单元格规则”

类似，只需设置符合的条件和显示形式。

选择“数据条”，弹出如图 4–23 所示的子菜单，可用于设置满足规则的数据条样式，此选项只能编排数字格式的单元格。使用数据条编排各单元格时，单元格的值越大，显示的数据条越长。

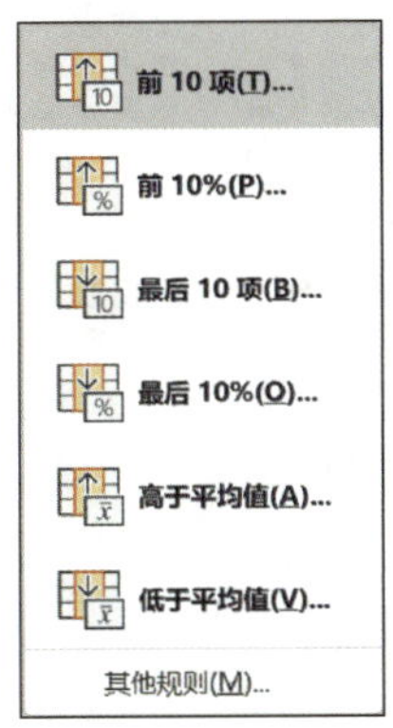

图 4–22　“最前 / 最后规则”的子菜单

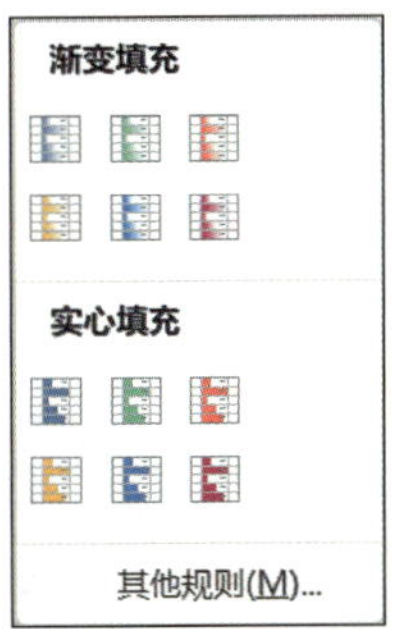

图 4–23　“数据条”的子菜单

选择如图 4–23 所示的菜单中的“其他规则”，弹出如图 4–24 所示的“新建格式规则”对话框。在此对话框中的“选择规则类型”中可以选择部分符合要求的单元格，将其设置为以数据条的格式显示。

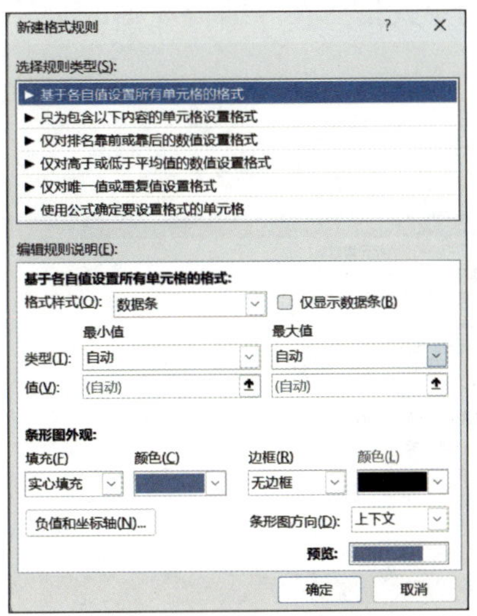

图 4–24　“新建格式规则”对话框

选择“色阶”，弹出如图 4–25 所示的子菜单。它表示在单元格区域中显示双色或三色渐变，以突显单元格的数据，颜色指明每个单元格值在该区域内的位置。此项设置也只适用于数字格式的单元格。同样可以在“其他规则”选项中有条件地选择单元格。

选择“图标集”，弹出如图 4-26 所示的子菜单，可用于设置满足规则的图标。此项设置同样只针对数值型的单元格。选定某一组图标后，在单元格中会显示选定图标中的一种。“其他规则”选项的意义与前面所述相同。

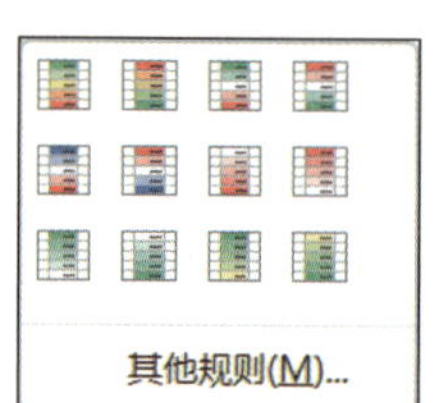

图 4-25 “色阶”的子菜单

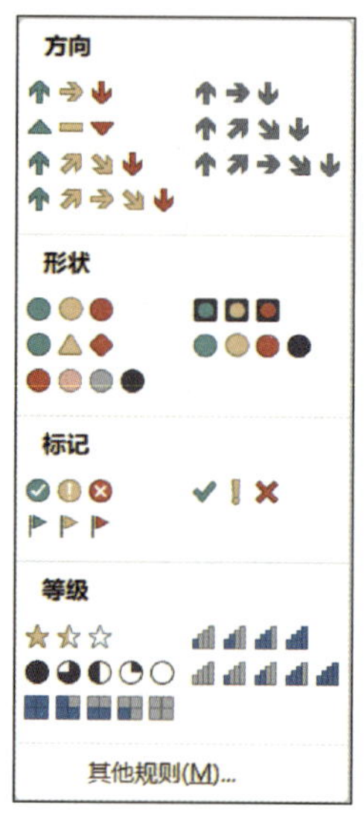

图 4-26 “图标集”的子菜单

选择“新建规则”，弹出如图 4-27 所示的对话框。在“选择规则类型”中同样可以有条件地选择符合要求的单元格，在“编辑规则说明”中设置相应的格式，设置完毕，单击“确定”按钮即可。

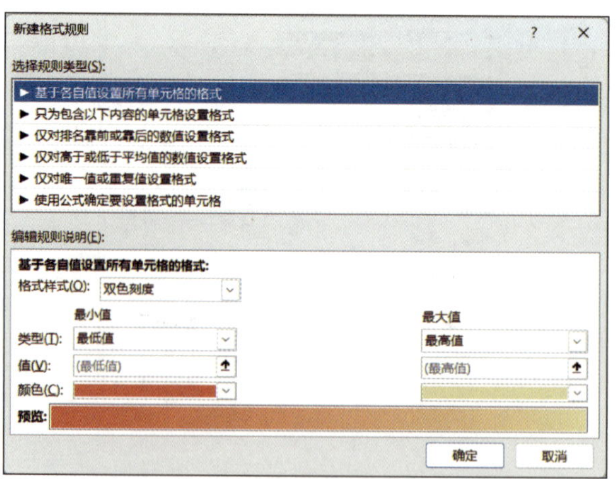

图 4-27 “新建格式规则”对话框

“清除规则”选项则可以清除所选单元格的规则或者整个工作表的规则，“管理规则”选项则可以创建、编辑、删除和查看规则。

8. 编排单元格样式

通过单击“开始”|“样式”|“单元格样式”下拉按钮，可以选择预定义的单元格样式，快速完成对单元格的样式编排，也可以自定义需要的单元格样式。

选中需要编排样式的单元格或单元格区域，如 B3:F18，单击“开始”|“样式”|“单元格样式”下拉按钮，打开其下拉菜单，如图 4–28 所示。

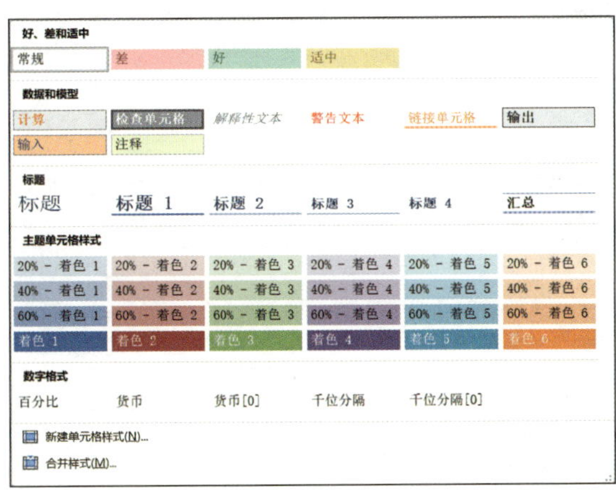

图 4–28 “单元格样式”下拉菜单

在如图 4–28 所示的“主题单元格样式”中选择“20%–着色 1”，那么所选定的单元格或区域则显示为此样式。

用户还可以自定义样式，在如图 4–28 所示的下拉菜单中单击“新建单元格样式”，弹出如图 4–29 所示的“样式”对话框。

在“样式名”中输入所建样式的名称，单击“格式”按钮，在“设置单元格格式”对话框中进行样式的设置，设置方法与前述设置单元格格式的操作相同。完成后，单击“确定”按钮即可。

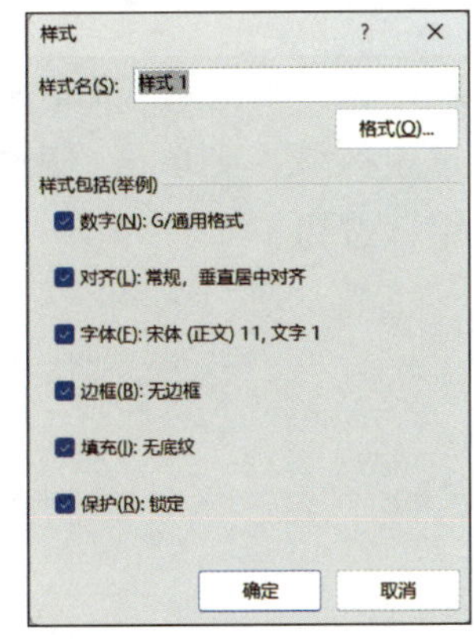

图 4–29 “样式”对话框

提示

在图 4–29 所示的单元格样式中的任意样式上单击鼠标右键，则可快速地对样式进行修改、删除、复制等操作。

9. 套用表格格式

通过这一操作，可以快速地设置一组单元格或整个工作表的格式。选中单元格区

域 A2:F18，单击“开始”|“样式”|“套用表格格式”下拉按钮，其下拉菜单如图 4–30 所示。

选择“新建表格样式”，在其对话框中可以编辑自定义的表格样式。

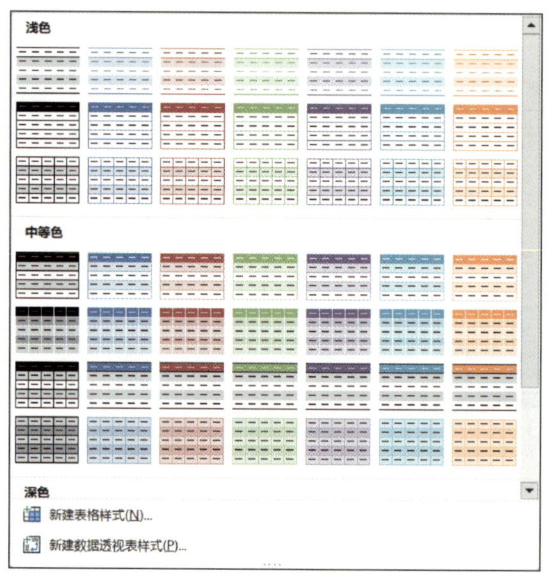

图 4–30 “套用表格格式”下拉菜单

选择某一格式后，弹出如图 4–31 所示的对话框，单击“确定”按钮。如果想重新选定区域，则单击“表数据的来源”框右侧的上箭头按钮，选定区域后，再单击“确定”按钮。

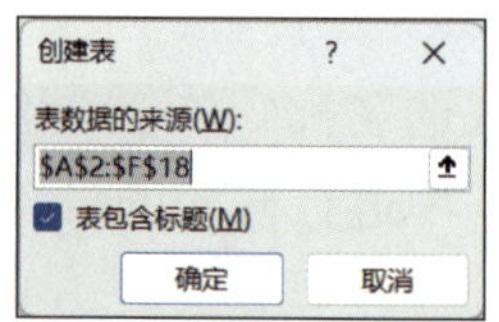

图 4–31 “创建表”对话框

提示

Excel 会自动识别所选表格内容是否带有标题，若“表包含标题”复选框的自动勾选结果有误，可手动更改。

选择套用表格格式后的区域如图 4–32 所示。

同时，如果选中该区域或者该区域中的任意单元格，则在工具栏中将会出现“表设计”选项卡，如图 4–33 所示。

	A	B	C	D	E	F
1	高三（2）班期中考试成绩表					
2	科目	语文	数学	英语	物理	化学
3	王亚军	77.00	80.00	78.00	85.00	70.00
4	周平	82.00	85.00	76.00	86.00	80.00
5	张远	90.00	84.00	87.00	82.00	88.00
6	冯征	60.00	71.00	62.00	59.00	65.00
7	赵敬峰	84.00	72.00	76.00	75.00	80.00
8	任征	***95.00***	90.00	***93.00***	90.00	89.00
9	郝迪	70.00	72.00	76.00	69.00	80.00
10	王丽坤	65.00	70.00	68.00	71.00	63.00
11	李丽	70.00	62.00	69.00	65.00	69.00
12	吴向伟	82.00	88.00	86.00	80.00	90.00
13	陈风	88.00	***93.00***	82.00	86.00	75.00
14	谢艳	77.00	79.00	81.00	73.00	81.00
15	王烁	***98.00***	***100.00***	***95.00***	***95.00***	***91.00***
16	孙萍	55.00	62.00	60.00	59.00	65.00
17	刘忠	75.00	66.00	60.00	68.00	77.00
18	何向	80.00	79.00	82.00	85.00	80.00

图 4–32　套用表格格式的工作表

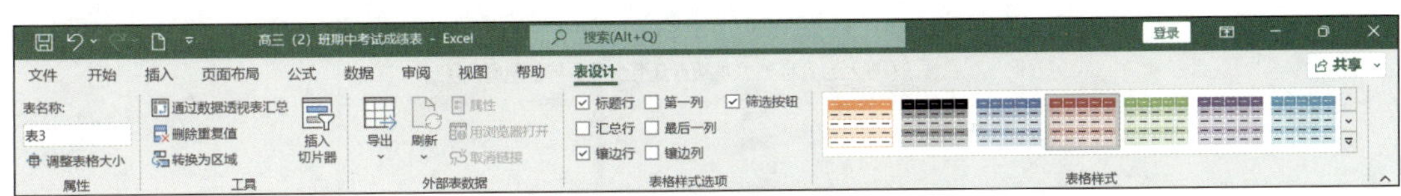

图 4–33　“表设计”选项卡

在此选项卡下，可以对工作表进行样式的编辑。如果需要将图 4–32 所示的表格转换成原来的区域形式，则单击图 4–33 中“工具”|“转换为区域”按钮，或者在表格区域内单击鼠标右键，选择“表格”|“转换为区域”，单击“是”按钮即可。

1. 将表 3–2“天气情况记录表”的工作表编排成如下格式，其中，将表的标题设置为宋体、22 号，将各列标题设置为华文彩云、14 号，将数据内容设置为宋体、12 号，修改后的效果如图 4–34 所示。

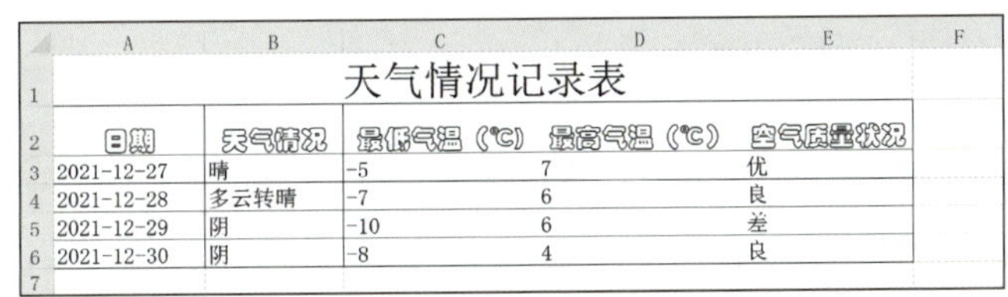

	A	B	C	D	E
1	天气情况记录表				
2	日期	天气情况	最低气温（℃）	最高气温（℃）	空气质量状况
3	2021-12-27	晴	-5	7	优
4	2021-12-28	多云转晴	-7	6	良
5	2021-12-29	阴	-10	6	差
6	2021-12-30	阴	-8	4	良

图 4–34　表 3–2 的工作表修改后的效果

2. 将表 3-6“某班课程表”的工作表采用条件格式编排的方法，设置成如下格式，其中“数学”为加粗倾斜，“物理”为浅红填充色深红色文本，修改后的效果如图 4-35 所示。

	A	B	C	D	E	F	G
1			某班课程表				
2		星期一	星期二	星期三	星期四	星期五	
3	第一节课	***数学***	语文	***数学***	英语	***数学***	
4	第二节课	英语	化学	历史	化学	化学	
5	第三节课	音乐	体育	***数学***	体育	美术	
6	第四节课	物理	地理	生物	语文	物理	
7	第五节课	历史	政治	美术	地理	语文	
8	第六节课	生物	英语	自习	物理	自习	
9							

图 4-35 表 3-6 的工作表修改后的效果

3. 将表 3-3“某产品一年的产量、质量以及市场占有率记录表”工作表的样式修改为“白色，表样式浅色 1”，修改后的效果如图 4-36 所示。

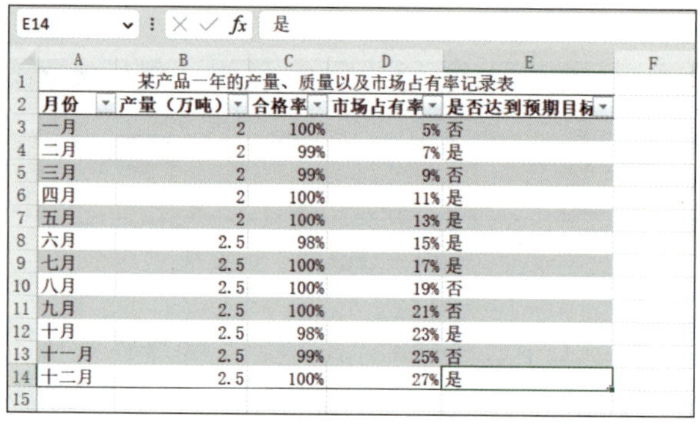

E14 fx 是

	A	B	C	D	E	F
1	某产品一年的产量、质量以及市场占有率记录表					
2	月份	产量（万吨）	合格率	市场占有率	是否达到预期目标	
3	一月	2	100%	5%	否	
4	二月	2	99%	7%	是	
5	三月	2	99%	9%	否	
6	四月	2	100%	11%	是	
7	五月	2	100%	13%	是	
8	六月	2.5	98%	15%	是	
9	七月	2.5	100%	17%	是	
10	八月	2.5	100%	19%	否	
11	九月	2.5	100%	21%	否	
12	十月	2.5	98%	23%	是	
13	十一月	2.5	99%	25%	否	
14	十二月	2.5	100%	27%	是	
15						

图 4-36 表 3-3 的工作表修改后的效果

任务 2 管理产品销售表数据

1. 能描述数据管理的种类。
2. 能完成筛选、排序、分类汇总的具体操作。

在此任务中，通过如图 4–37 所示的商品销售表，来练习工作表中数据管理的操作。通过排序、筛选或分类汇总操作管理数据，方便用户更加直观地分析数据。

	A	B	C	D	E	F
1	某品牌四类产品三月份销售表					
2	日期	产品名称	单价	销售数量	金额	销售员
3	第一周	上衣A	200	10	2000	王宣
4	第一周	裤子B	120	12	1440	李强
5	第一周	上衣C	100	10	1000	王宣
6	第一周	裤子D	90	20	1800	李强
7	第二周	上衣A	200	15	3000	王宣
8	第二周	裤子B	120	15	1800	李强
9	第二周	上衣C	100	9	900	王宣
10	第二周	裤子D	90	20	3000	李强
11	第三周	上衣A	200	12	2400	王宣
12	第三周	裤子B	120	20	2400	李强
13	第三周	上衣C	100	20	2000	王宣
14	第三周	裤子D	90	17	1530	李强
15	第四周	上衣A	200	9	1800	王宣
16	第四周	裤子B	120	15	1800	李强
17	第四周	上衣C	100	10	1000	王宣
18	第四周	裤子D	90	12	1080	李强

图 4–37　商品销售表

虽然利用项目三所述“查找”的方法也能迅速地找到内容，但是只能局限于某个单元格，而且通过“查找”操作并不能直观地观察符合某种条件的数据内容，因此 Excel 提供了筛选功能。

筛选操作是指根据用户需求，在 Excel 中只显示符合要求的数据，从而更方便、直观地观察分析数据。Excel 中的筛选操作包括自动筛选和高级筛选。

排序操作是按照用户设置的条件对整个工作的数据重新进行排列，主要包括单行或单列的排序、多行或多列的排序以及自定义排序。

而所谓分类汇总包括对数据进行直接的分类汇总和嵌套分类汇总两种方式。这项操作是在对工作表数据根据汇总条件进行排序的基础上，再根据分类项目，对指定数据进行分类汇总。

1. 数据筛选

（1）自动筛选。打开本任务的素材文件，选中表格区域内任意单元格，单击“开始”|“编辑”|“排序和筛选”下拉按钮，其下拉菜单如图 4–38 所示，选择“筛选”，即在各列的第 1 行出现自动筛选下拉按钮，或者单击“数据”|“排序和筛选”|“筛选”按钮，此时工作表如图 4–39 所示。

图 4–38 “排序和筛选”下拉菜单

	A	B	C	D	E	F
1	某品牌四类产品三月份销售表					
2	日期	产品名	单价	销售数	金额	销售员
3	第一周	上衣A	200	10	2000	王宣
4	第一周	裤子B	120	12	1440	李强
5	第一周	上衣C	100	10	1000	王宣
6	第一周	裤子D	90	20	1800	李强
7	第二周	上衣A	200	15	3000	王宣
8	第二周	裤子B	120	15	1800	李强
9	第二周	上衣C	100	9	900	王宣
10	第二周	裤子D	90	20	3000	李强
11	第三周	上衣A	200	12	2400	王宣
12	第三周	裤子B	120	20	2400	李强
13	第三周	上衣C	100	20	2000	王宣
14	第三周	裤子D	90	17	1530	李强
15	第四周	上衣A	200	9	1800	王宣
16	第四周	裤子B	120	15	1800	李强
17	第四周	上衣C	100	10	1000	王宣
18	第四周	裤子D	90	12	1080	李强

图 4–39 单击“筛选”按钮后的工作表

单击需设置筛选条件一列的自动筛选下拉按钮，如“销售员”列，在其下拉菜单中选择“文本筛选”|“等于”，如图 4–40 所示，打开“自定义自动筛选”对话框，在“等于”右侧选项的下拉列表中选择“王宣”，如图 4–41 所示。单击“确定”按钮，则工作表只显示王宣的销售情况，如图 4–42 所示。

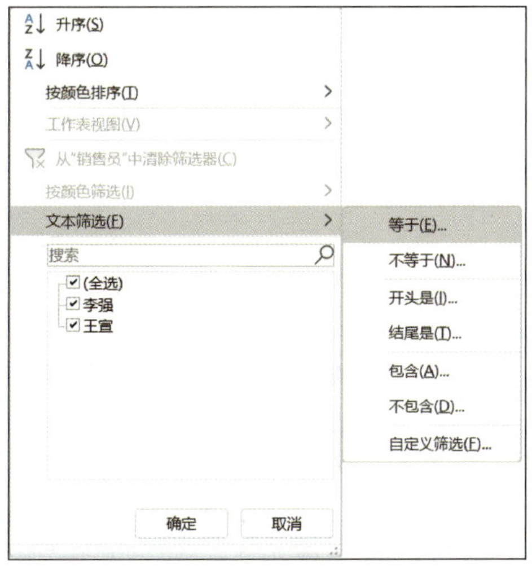

图 4-40　自动筛选下拉按钮的下拉菜单

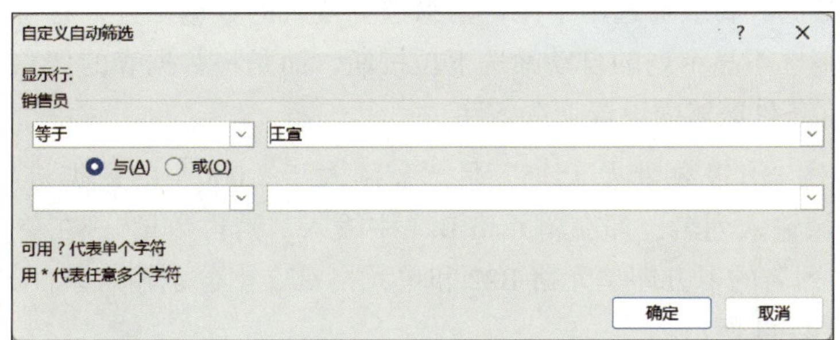

图 4-41　“自定义自动筛选”对话框中的“销售员”筛选设置

	A	B	C	D	E	F
1	某品牌四类产品三月份销售表					
2	日期	产品名	单价	销售数	金额	销售员
3	第一周	上衣A	200	10	2000	王宣
5	第一周	上衣C	100	10	1000	王宣
7	第二周	上衣A	200	15	3000	王宣
9	第二周	上衣C	100	9	900	王宣
11	第三周	上衣A	200	12	2400	王宣
13	第三周	上衣C	100	20	2000	王宣
15	第四周	上衣A	200	9	1800	王宣
17	第四周	上衣C	100	10	1000	王宣

图 4-42　按“王宣”筛选后的工作表

完成筛选后，“销售员”列的自动筛选下拉按钮变为“▼”，但是每项的位置并没有改变，如“第三周”的“上衣 C”仍然是单元格 B13。

在以上操作的基础上，继续单击“金额”列的自动筛选下拉按钮，在其下拉菜单中选择“数字筛选”|“大于”，在弹出的对话框中选择“1800”，如图 4-43 所示，单击“确定”按钮。

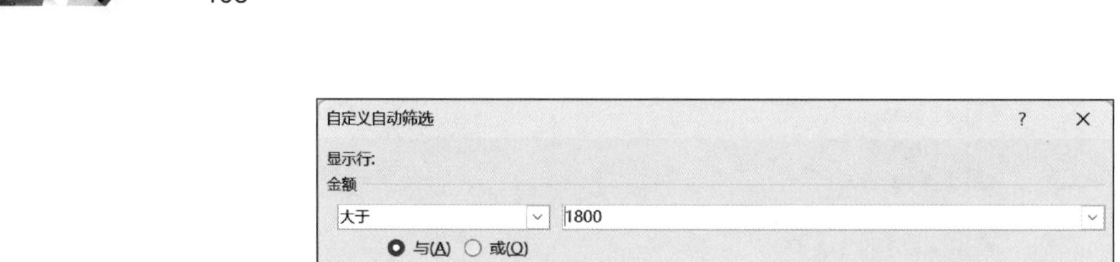

图 4-43 “自定义自动筛选”对话框中的“金额”筛选设置

此时的筛选结果满足“王宣”和“金额大于 1 800”两个条件，如果想取消某项条件的筛选，只需单击“ ”按钮，在其下拉菜单中选择“从‘列名’中清除筛选（如从‘金额’中清除筛选）”即可；或者再单击一次“开始”|“编辑”|“排序和筛选”下拉按钮或“数据”|“排序和筛选”|“筛选”按钮，则返回普通的工作表模式。

（2）高级筛选。高级筛选用于比自动筛选更复杂的数据筛选，它与自动筛选的区别在于，高级筛选不显示列的自动筛选下拉按钮，而是将数据表的任意空白区域设为条件区域，并在条件区域内设置筛选条件。

例如，要对“销售数量大于 15”且“金额大于 2 000”的数据进行筛选。首先在任意空白区域输入列名，即在单元格 B21 中输入“销售数量”，在单元格 C21 中输入“金额”。在列名的下方即单元格 B22 和单元格 C22 中分别输入条件，即“>15”和“>2000”，如图 4-44 所示。

	A	B	C	D	E	F	G
1	某品牌四类产品三月份销售表						
2	日期	产品名称	单价	销售数量	金额	销售员	
3	第一周	上衣A	200	10	2000	王宣	
4	第一周	裤子B	120	12	1440	李强	
5	第一周	上衣C	100	10	1000	王宣	
6	第一周	裤子D	90	20	1800	李强	
7	第二周	上衣A	200	15	3000	王宣	
8	第二周	裤子B	120	15	1800	李强	
9	第二周	上衣C	100	9	900	王宣	
10	第二周	裤子D	90	20	3000	李强	
11	第三周	上衣A	200	12	2400	王宣	
12	第三周	裤子B	120	20	2400	李强	
13	第三周	上衣C	100	20	2000	王宣	
14	第三周	裤子D	90	17	1530	李强	
15	第四周	上衣A	200	9	1800	王宣	
16	第四周	裤子B	120	15	1800	李强	
17	第四周	上衣C	100	10	1000	王宣	
18	第四周	裤子D	90	12	1080	李强	
19							
20							
21		销售数量	金额				
22		>15	>2000				
23							

图 4-44 高级筛选设置示例

提示

若设置条件的关系为“与”，则在同一行输入；若设置条件的关系为“或”，则在不同行输入。

设置完毕，选中工作表中任意空白单元格。单击“数据”|“排序和筛选”|“高级”按钮，弹出“高级筛选”对话框。在“方式”中选择“在原有区域显示筛选结果”，单击“列表区域”右侧的上箭头按钮，选择筛选区域 A2:F18 后，再单击一次下箭头按钮，返回对话框，如图 4–45 所示。

单击“条件区域”右侧的上箭头按钮，选择条件区域 B21:C22，再单击一次下箭头按钮，返回对话框，如图 4–46 所示，单击“确定”按钮。

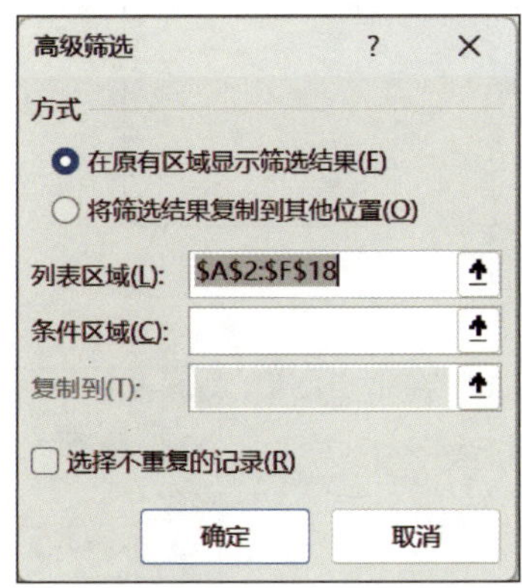

图 4–45　“高级筛选”对话框

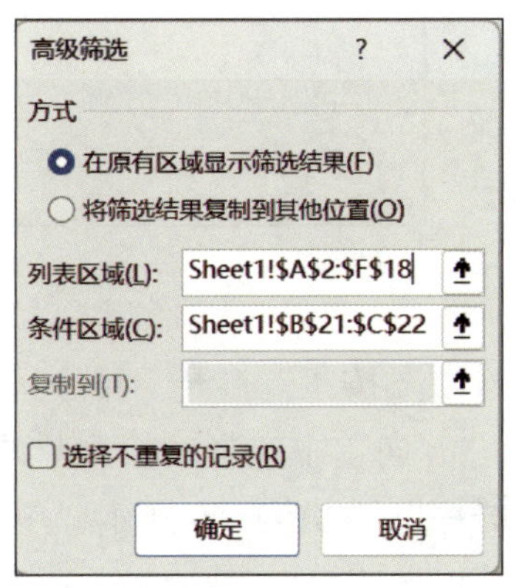

图 4–46　“高级筛选”对话框中的“列表区域”和“条件区域”选择

提示

如果在“方式”中选择“将筛选结果复制到其他位置”，那么还需选择“复制到”区域。选择方法与“列表区域”“条件区域”相同。

完成后，将在工作表中显示结果，如图 4–47 所示。同样，各项内容的位置也没有改变。若要返回，则删除“条件区域”中的内容即可。

2. 数据排序

（1）单列或单行数据的排序。选中数据区域内的任意单元格，单击“数据”|“排序和筛选”|“排序”按钮，或者单击“开始”|“编辑”|“排序和筛选”下拉按钮，在

其下拉菜单中选择“自定义排序”。打开“排序”对话框，如图 4-48 所示。

	A	B	C	D	E	F
1	某品牌四类产品三月份销售表					
2	日期	产品名称	单价	销售数量	金额	销售员
10	第二周	裤子D	90	20	3000	李强
12	第三周	裤子B	120	20	2400	李强
19						
20						
21		销售数量	金额			
22		>15	>2000			
23						

图 4-47　高级筛选后的工作表

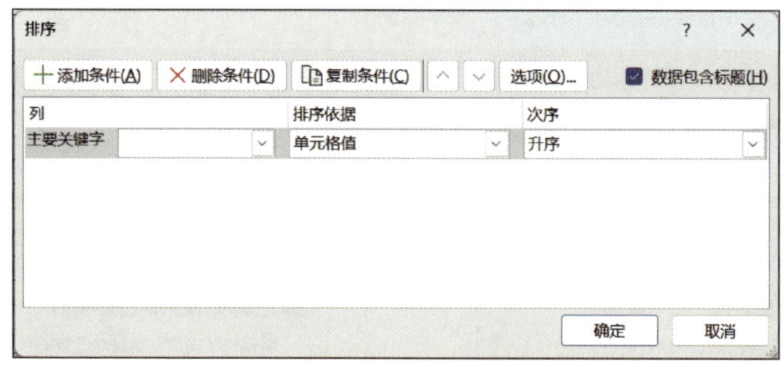

图 4-48　“排序”对话框

单击“选项”按钮，打开“排序选项”对话框。在此对话框中的“方向”中选择“按列排序”，在“方法”中选择“字母排序”，如图 4-49 所示，单击“确定”按钮。

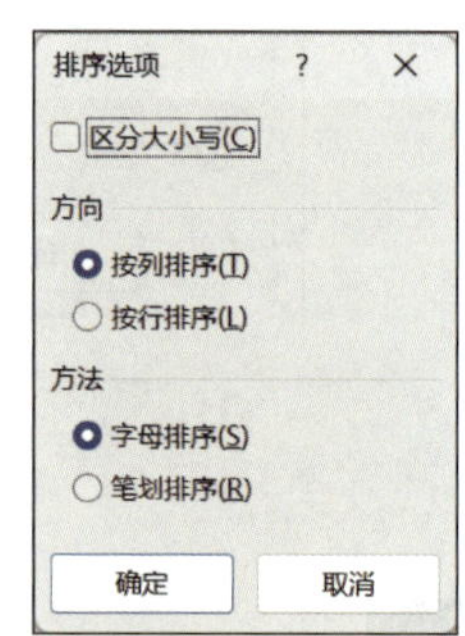

图 4-49　“排序选项”对话框

在“排序”对话框中，需要输入排序的条件。首先在“主要关键字”的下拉列表中选择“金额”、“排序依据”中选择“单元格值”、“次序”中选择“降序”，如图 4-50 所示，单击“确定”按钮，工作表将按照金额大小的降序重新排列，如图 4-51 所示。

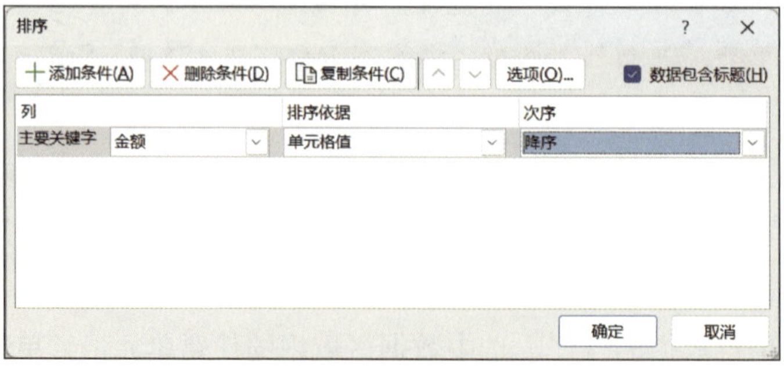

图 4-50　“排序”对话框

	A	B	C	D	E	F
1	某品牌四类产品三月份销售表					
2	日期	产品名称	单价	销售数量	金额	销售员
3	第二周	上衣A	200	15	3000	王宣
4	第二周	裤子D	90	20	3000	李强
5	第三周	上衣A	200	12	2400	王宣
6	第三周	裤子B	120	20	2400	李强
7	第一周	上衣A	200	10	2000	王宣
8	第三周	上衣C	100	20	2000	王宣
9	第一周	裤子D	90	20	1800	李强
10	第二周	裤子B	120	15	1800	李强
11	第四周	上衣A	200	9	1800	王宣
12	第四周	裤子B	120	15	1800	李强
13	第三周	裤子D	90	17	1530	李强
14	第一周	裤子B	120	12	1440	李强
15	第四周	裤子D	90	12	1080	李强
16	第一周	上衣C	100	10	1000	王宣
17	第四周	上衣C	100	10	1000	王宣
18	第二周	上衣C	100	9	900	王宣

图 4-51　按金额大小降序排列的工作表

提示

若要按行排序，则在如图 4-49 所示的对话框中的“方向”中选择“按行排序”。若要“升序”排列，则需在如图 4-50 所示的对话框中的“次序”中选择“升序”。

Excel 可以自动识别出表格标题行并勾选“数据包含标题”复选框，若识别有误，可手动更改。

（2）多列或多行数据的排序。当工作表某列或某行的数据有相同的情况时，如果按单列或单行排序，可能无法满足用户的需求。这时，需要用到多列或多行数据排序。

首先选中数据区域，然后打开如图 4-48 所示的“排序”对话框。按照前面所述的方法设置选项。如首先选中单元格区域 A2:F18，然后把工作表按金额大小降序排列。单击“添加条件”按钮后，在“次要关键字”的下拉列表中选择“单价”、“排序依据”中选择“单元格值”、“次序”中选择“升序”，如图 4-52 所示。

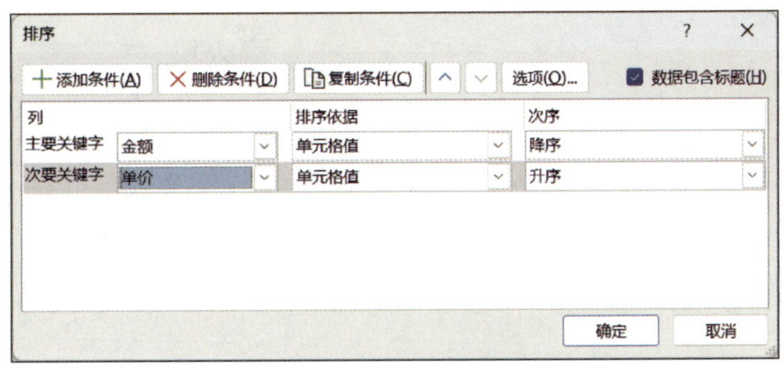

图 4-52　多列数据排序设置

单击“确定”按钮后，数据首先按金额大小降序排列，金额相同时则按单价的升序排列，如图 4–53 所示。

	A	B	C	D	E	F
1	某品牌四类产品三月份销售表					
2	日期	产品名称	单价	销售数量	金额	销售员
3	第二周	裤子D	90	20	3000	李强
4	第二周	上衣A	200	15	3000	王宣
5	第三周	裤子B	120	20	2400	李强
6	第三周	上衣A	200	12	2400	王宣
7	第三周	上衣C	100	20	2000	王宣
8	第一周	上衣A	200	10	2000	王宣
9	第一周	裤子D	90	20	1800	李强
10	第二周	裤子B	120	15	1800	李强
11	第四周	裤子B	120	15	1800	李强
12	第四周	上衣A	200	9	1800	王宣
13	第三周	裤子D	90	17	1530	李强
14	第一周	裤子B	120	12	1440	李强
15	第四周	裤子D	90	12	1080	李强
16	第一周	上衣C	100	10	1000	王宣
17	第四周	上衣C	100	10	1000	王宣
18	第二周	上衣C	100	9	900	王宣

图 4–53　按多列数据排序的工作表

用户可根据需要，继续单击“添加条件”按钮，实现更多列数据的排序。多行数据的排序只需在如图 4–49 所示的“排序选项”对话框中选择“按行排序”，其他操作与多列数据的排序类似。

（3）自定义排序。自定义排序是指工作表数据按照用户自定义的序列进行排序。通常应用在需要按照工作表中具体内容排序的情况，如按照“王宣、李强”的顺序排序，具体操作方法如下：

打开如图 4–48 所示的“排序”对话框，在“主要关键字”中选择“销售员”、“次序”中选择“自定义序列”，如图 4–54 所示。

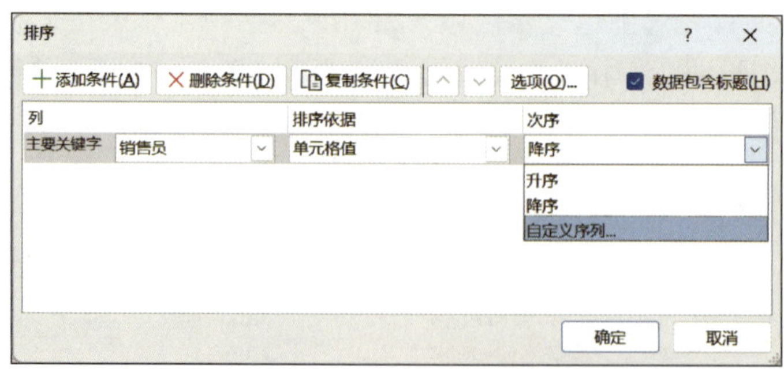

图 4–54　选择“自定义序列”

在弹出的“自定义序列”对话框中，按照项目三编辑自定义序列的方法，编辑添加“王宣、李强”序列，如图 4–55 所示。

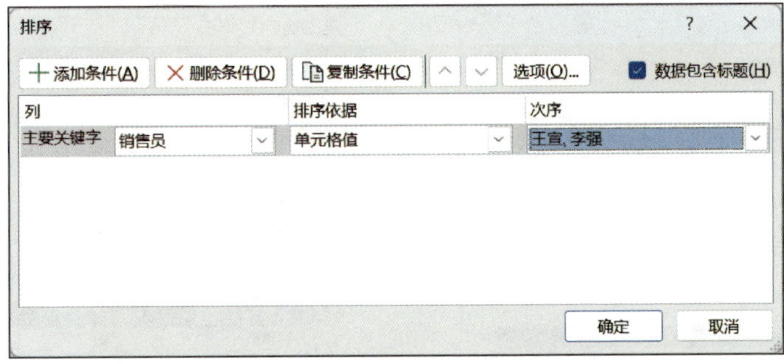

图 4-55　按自定义序列排序

单击“确定”按钮后，工作表即按自定义的序列“王宣、李强”进行排序，如图 4-56 所示。

	A	B	C	D	E	F
1	某品牌四类产品三月份销售表					
2	日期	产品名称	单价	销售数量	金额	销售员
3	第二周	上衣A	200	15	3000	王宣
4	第三周	上衣A	200	12	2400	王宣
5	第三周	上衣C	100	20	2000	王宣
6	第一周	上衣A	200	10	2000	王宣
7	第四周	上衣A	200	9	1800	王宣
8	第一周	上衣C	100	10	1000	王宣
9	第四周	上衣C	100	10	1000	王宣
10	第二周	上衣C	100	9	900	王宣
11	第二周	裤子D	90	20	3000	李强
12	第三周	裤子B	120	20	2400	李强
13	第一周	裤子D	90	20	1800	李强
14	第二周	裤子B	120	15	1800	李强
15	第四周	裤子B	120	15	1800	李强
16	第三周	裤子D	90	17	1530	李强
17	第一周	裤子B	120	12	1440	李强
18	第四周	裤子D	90	12	1080	李强

图 4-56　按自定义序列排序的工作表

3. 数据分类汇总

（1）直接分类汇总。对每周的销售金额进行汇总，首先按“日期”排序，排序完成后，选中工作表数据区域内任意单元格，单击“数据”|“分级显示”|“分类汇总”按钮，打开如图 4-57 所示的对话框。在此对话框中的“分类字段”中选择“日期”，在“汇总方式”中选择“求和”，在“选定汇总项”中选择“金额”，如图 4-58 所示，单击“确定”按钮。分类汇总后的工作表如图 4-59 所示，可以看到在每周最后一行的下方，都会显示这一周金额的总和，这样可以使用户非常直观地看到这一周的销售总额以及这一个月的销售总额。此外，汇总后的工作表左侧出现了分级工具条。通过对它的操作，可以分级显示汇总的结果，如单击左上侧的“2”，则工作表只显示每周及这个月的汇总结果，如图 4-60 所示。

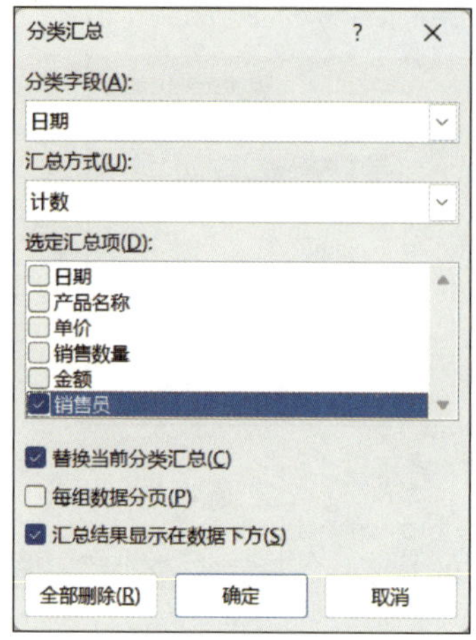

图 4-57 “分类汇总”对话框

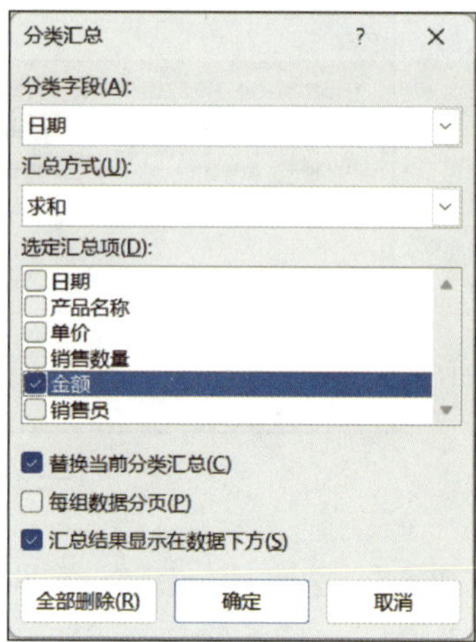

图 4-58 “分类汇总”的设置

	A	B	C	D	E	F
1	某品牌四类产品三月份销售表					
2	日期	产品名称	单价	销售数量	金额	销售员
3	第一周	上衣A	200	10	2000	王宣
4	第一周	上衣C	100	10	1000	王宣
5	第一周	裤子D	90	20	1800	李强
6	第一周	裤子B	120	12	1440	李强
7	**第一周 汇总**				6240	
8	第二周	上衣A	200	15	3000	王宣
9	第二周	上衣C	100	9	900	王宣
10	第二周	裤子D	90	20	3000	李强
11	第二周	裤子B	120	15	1800	李强
12	**第二周 汇总**				8700	
13	第三周	上衣A	200	12	2400	王宣
14	第三周	上衣C	100	20	2000	王宣
15	第三周	裤子B	120	20	2400	李强
16	第三周	裤子D	90	17	1530	李强
17	**第三周 汇总**				8330	
18	第四周	上衣A	200	9	1800	王宣
19	第四周	上衣C	100	10	1000	王宣
20	第四周	裤子B	120	15	1800	李强
21	第四周	裤子D	90	12	1080	李强
22	**第四周 汇总**				5680	
23	**总计**				28950	

图 4-59 按日期对金额汇总的工作表

	A	B	C	D	E	F
1	某品牌四类产品三月份销售表					
2	日期	产品名称	单价	销售数量	金额	销售员
7	**第一周 汇总**				6240	
12	**第二周 汇总**				8700	
17	**第三周 汇总**				8330	
22	**第四周 汇总**				5680	
23	**总计**				28950	

图 4-60 工作表显示每周及这个月的汇总结果

提示

还可以通过单击“+”“–”来达到分级显示的目的。用户可以根据自己的需求，在“分类汇总”对话框中选择需要的“汇总方式”。同时，还可以选定多项进行分类汇总，只需在“选定汇总项”中选择需要汇总的项即可。单击“数据”|“分级显示”|“显示明细数据”或“隐藏明细数据”按钮，可以自动显示或隐藏一组明细数据。

（2）嵌套分类汇总。嵌套分类汇总是对多个选项进行分类汇总的操作。这里要求按“日期”分类，每个日期下再按“销售员”分类。汇总前先按“日期”和“销售员”对表格排序。然后打开“分类汇总”对话框，按“日期”进行分类汇总，操作方法与前述相同。再打开“分类汇总”对话框，在“分类字段”中选择“销售员”，在“汇总方式”中选择“求和”，在“选定汇总项”中选择“金额”，不选择“替换当前分类汇总”，如图 4–61 所示。单击“确定”按钮，工作表如图 4–62 所示。

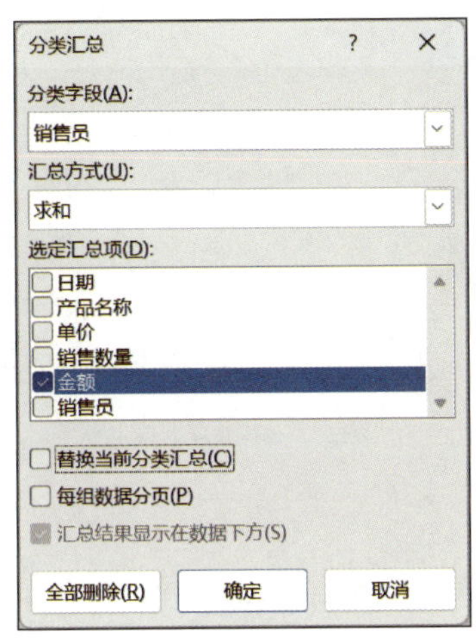

图 4–61 嵌套分类汇总的设置

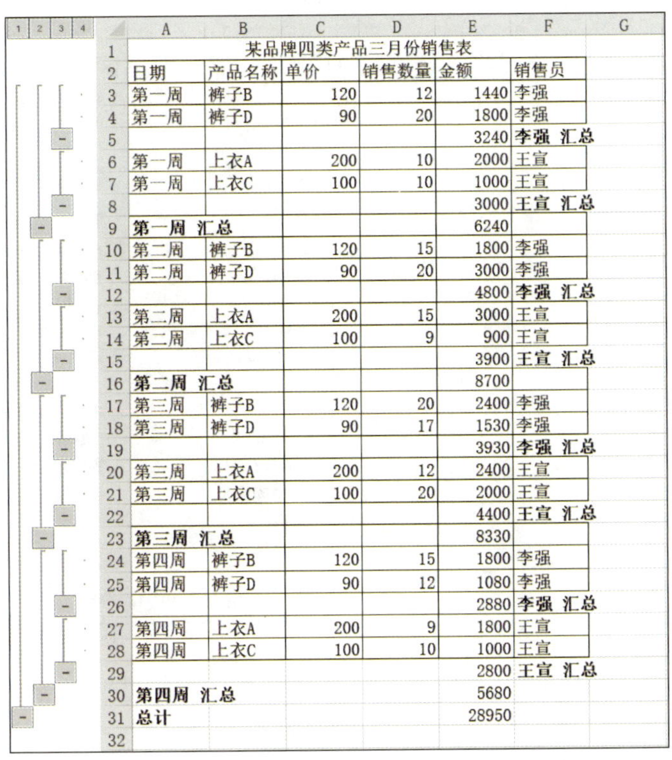

	A	B	C	D	E	F	G
1	某品牌四类产品三月份销售表						
2	日期	产品名称	单价	销售数量	金额	销售员	
3	第一周	裤子B	120	12	1440	李强	
4	第一周	裤子D	90	20	1800	李强	
5					3240	李强 汇总	
6	第一周	上衣A	200	10	2000	王宣	
7	第一周	上衣C	100	10	1000	王宣	
8					3000	王宣 汇总	
9	第一周 汇总				6240		
10	第二周	裤子B	120	15	1800	李强	
11	第二周	裤子D	90	20	3000	李强	
12					4800	李强 汇总	
13	第二周	上衣A	200	15	3000	王宣	
14	第二周	上衣C	100	9	900	王宣	
15					3900	王宣 汇总	
16	第二周 汇总				8700		
17	第三周	裤子B	120	20	2400	李强	
18	第三周	裤子D	90	17	1530	李强	
19					3930	李强 汇总	
20	第三周	上衣A	200	12	2400	王宣	
21	第三周	上衣C	100	20	2000	王宣	
22					4400	王宣 汇总	
23	第三周 汇总				8330		
24	第四周	裤子B	120	15	1800	李强	
25	第四周	裤子D	90	12	1080	李强	
26					2880	李强 汇总	
27	第四周	上衣A	200	9	1800	王宣	
28	第四周	上衣C	100	10	1000	王宣	
29					2800	王宣 汇总	
30	第四周 汇总				5680		
31	总计				28950		
32							

图 4–62 嵌套分类汇总的工作表

提示

若用户想删除分类汇总，则在“分类汇总”对话框中单击“全部删除”按钮即可。

（3）分类汇总的保存。这项操作适用于用户想把汇总结果单独保存的情况，如此处需将按周汇总的结果单独保存，操作如下。

首先利用分级显示功能，单击左上侧的“2”，使工作表只显示汇总结果，如图 4-63 所示。

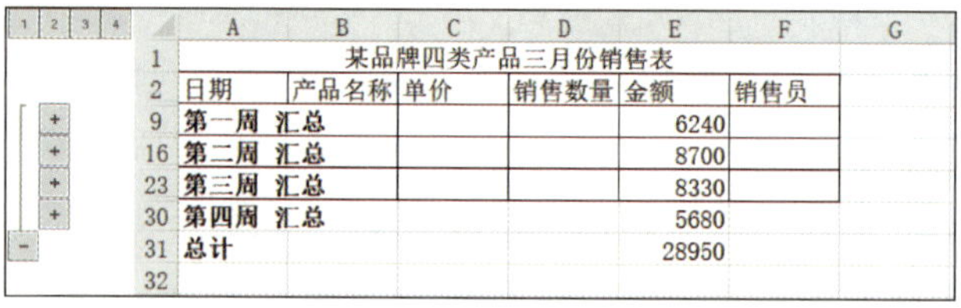

	A	B	C	D	E	F	G
1	某品牌四类产品三月份销售表						
2	日期	产品名称	单价	销售数量	金额	销售员	
9	第一周 汇总				6240		
16	第二周 汇总				8700		
23	第三周 汇总				8330		
30	第四周 汇总				5680		
31	总计				28950		
32							

图 4-63　工作表的汇总结果

选中单元格区域 A1:F31，即全部的数据区域，单击“开始”|“编辑”|“查找和选择”下拉按钮，在其下拉菜单中选择“定位条件”，打开如图 4-64 所示的对话框。

图 4-64　“定位条件”对话框

在此对话框中，选择“可见单元格”，单击“确定”按钮后，直接单击“开始”|“剪贴板”|“复制”按钮，可以看到，数据区域都变为虚框，如图 4-65 所示。

选中要粘贴此数据区域的第一个单元格，单击“开始”|“剪贴板”|“粘贴”按钮，即完成了分类汇总结果的保存，如图 4-66 所示。

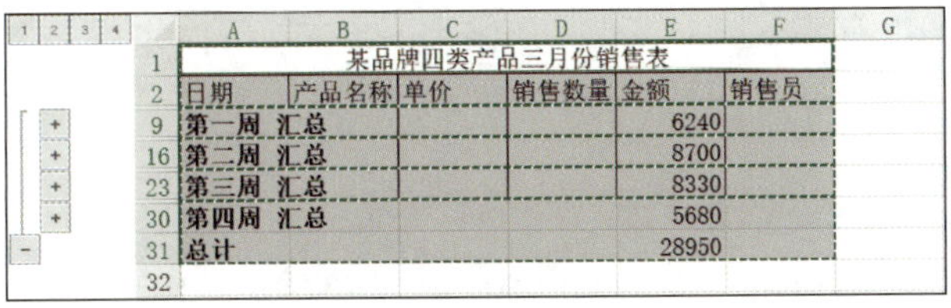

	A	B	C	D	E	F	G
1	某品牌四类产品三月份销售表						
2	日期	产品名称	单价	销售数量	金额	销售员	
9	第一周 汇总				6240		
16	第二周 汇总				8700		
23	第三周 汇总				8330		
30	第四周 汇总				5680		
31	总计				28950		
32							

图 4-65　复制汇总结果

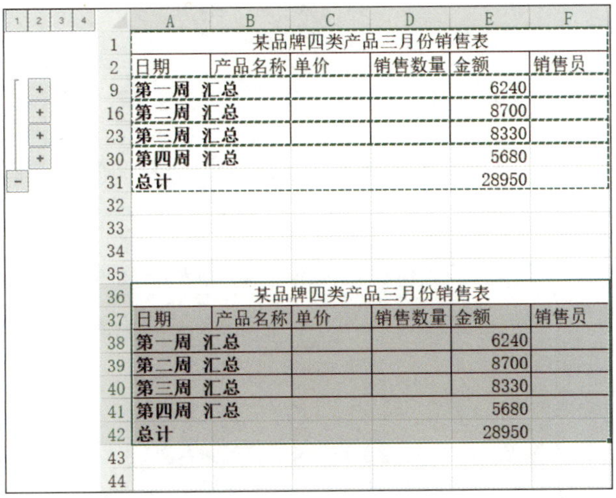

	A	B	C	D	E	F
1	某品牌四类产品三月份销售表					
2	日期	产品名称	单价	销售数量	金额	销售员
9	第一周 汇总				6240	
16	第二周 汇总				8700	
23	第三周 汇总				8330	
30	第四周 汇总				5680	
31	总计				28950	
32						
33						
34						
35						
36	某品牌四类产品三月份销售表					
37	日期	产品名称	单价	销售数量	金额	销售员
38	第一周 汇总				6240	
39	第二周 汇总				8700	
40	第三周 汇总				8330	
41	第四周 汇总				5680	
42	总计				28950	
43						
44						

图 4-66　汇总结果的保存

（4）分级显示。在未对工作表进行汇总时，也可以手动设置实现工作表的分级显示。选中需要建立分组的数据，单击“数据”|“分级显示”|“组合”按钮即可。若要取消，则单击“取消组合”按钮。

教学资源

本项目所需素材可通过技工教育网（http://jg.class.com.cn）下载，位于软件资源包“Excel 2021 基础与应用 / 项目四”中。

巩固练习

1. 对表 3–3“某产品一年的产量、质量以及市场占有率记录表”的工作表按以下要求完成操作。

（1）按照“市场占有率 >10%”且“合格率 >99%”条件来筛选数据，结果如图 4–67 所示。

	A	B	C	D	E
1		某产品一年的产量、质量以及市场占有率记录表			
2	月份	产量（万吨）	合格率	市场占有率	是否达到预期目标
6	四月	2	100%	11%	是
7	五月	2	100%	13%	是
9	七月	2.5	100%	17%	是
10	八月	2.5	100%	19%	否
11	九月	2.5	100%	21%	否
14	十二月	2.5	100%	27%	是
15					

图 4–67 按“市场占有率”和“合格率”筛选

（2）按照“是否达到预期目标”列中“是、否”的顺序来排列工作表，结果如图 4–68 所示。

	A	B	C	D	E
1		某产品一年的产量、质量以及市场占有率记录表			
2	月份	产量（万吨）	合格率	市场占有率	是否达到预期目标
3	二月	2	99%	7%	是
4	四月	2	100%	11%	是
5	五月	2	100%	13%	是
6	六月	2.5	98%	15%	是
7	七月	2.5	100%	17%	是
8	十月	2.5	98%	23%	是
9	十二月	2.5	100%	27%	是
10	一月	2	100%	5%	否
11	三月	2	99%	9%	否
12	八月	2.5	100%	19%	否
13	九月	2.5	100%	21%	否
14	十一月	2.5	99%	25%	否

图 4–68 按“是否达到预期目标”排序

2. 对任务 2 中图 4–37 所示的商品销售表按“日期”进行“销售数量”汇总，结果如图 4–69 所示，操作完成后将汇总结果在新工作簿中单独保存。

	A	B	C	D	E	F
1	某品牌四类产品三月份销售表					
2	日期	产品名称	单价	销售数量	金额	销售员
3	第一周	上衣A	200	10	2000	王宣
4	第一周	裤子B	120	12	1440	李强
5	第一周	上衣C	100	10	1000	王宣
6	第一周	裤子D	90	20	1800	李强
7	**第一周 汇总**			52		
8	第二周	上衣A	200	15	3000	王宣
9	第二周	裤子B	120	15	1800	李强
10	第二周	上衣C	100	9	900	王宣
11	第二周	裤子D	90	20	3000	李强
12	**第二周 汇总**			59		
13	第三周	上衣A	200	12	2400	王宣
14	第三周	裤子B	120	20	2400	李强
15	第三周	上衣C	100	20	2000	王宣
16	第三周	裤子D	90	17	1530	李强
17	**第三周 汇总**			69		
18	第四周	上衣A	200	9	1800	王宣
19	第四周	裤子B	120	15	1800	李强
20	第四周	上衣C	100	10	1000	王宣
21	第四周	裤子D	90	12	1080	李强
22	**第四周 汇总**			46		
23	**总计**			226		

图 4–69 按“日期”进行“销售数量”汇总

项目五
图形和图表插入

在 Excel 2021 中，用户可以很轻松地创建具有专业外观的图形和图表。本项目主要介绍形状、外部图片、艺术字、SmartArt 图形等各种图形、基本图表及数据透视图表的插入、编辑和使用的方法。

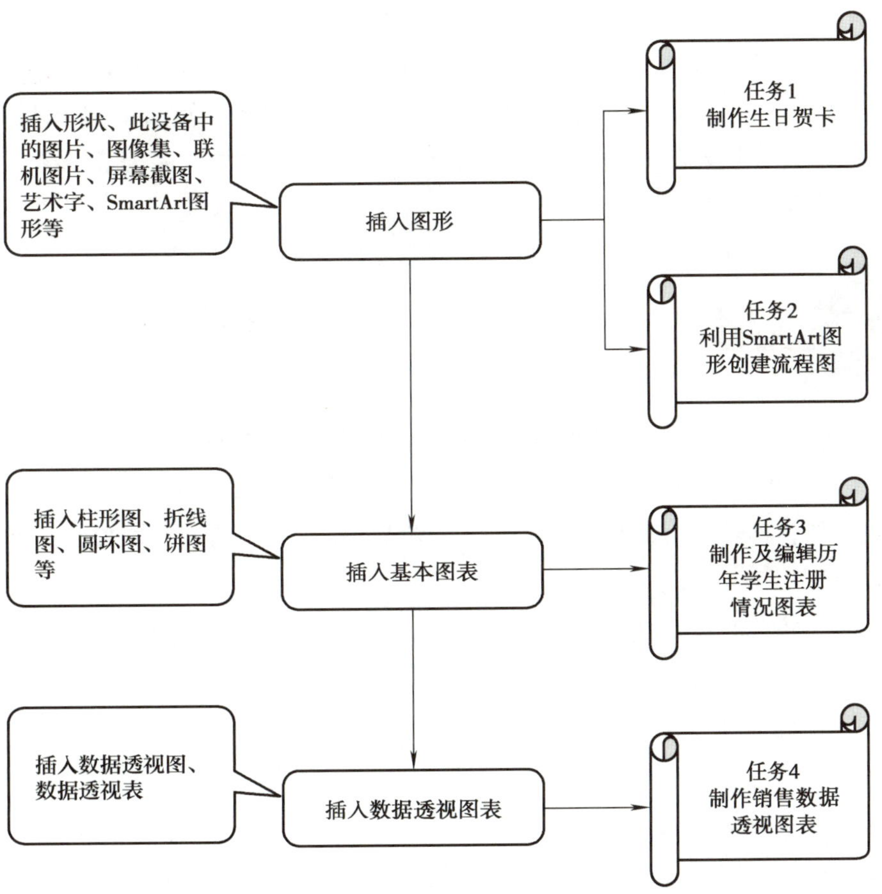

任务1　制作生日贺卡

1. 能描述Excel 2021中图形的基本功能。
2. 能完成形状、此设备中的图片、图像集、联机图片、屏幕截图、艺术字、3D模型等图形的插入、修改和删除等操作。
3. 能在Excel 2021中熟练应用各种图形。

本任务以制作生日贺卡为例，练习Excel 2021中图形（形状、图片、艺术字等）的处理技巧。

制作生日贺卡时，常常需要插入图形。在本任务中，可以从“插入”选项卡中选择“图像集”或“联机图片”来选取与生日相匹配的图片，并编辑其大小。再插入“笑脸”形状和“此设备”图片做背景，并设置各图形的叠放次序。最后插入艺术字，并设置艺术字的样式。

Excel 2021中可以插入的图形对象有形状、此设备中的图片、图像集中的图片、联机图片、屏幕截图、艺术字、3D模型等。

形状包括各种线条、矩形、基本形状、箭头总汇、公式形状、流程图、星与旗帜、标注等。

图像集、联机图片是Excel 2021中“插入”|“插图”|“图片”下拉菜单中包含的两个选项，可以通过网络搜索与关键词相关的图片，并将其插入工作表中。

“插入”|“插图”组中的“图标”提供的是一种具有矢量特性的图像素材，放大后不会因失去图像品质而变模糊。

文本框、艺术字是Excel 2021中“插入”|“文本”组中的选项。文本框用于显示独立于单元格的文字内容。艺术字是一种装饰性的文字，可以使其具有带阴影、扭曲、

旋转、拉伸等效果，而且在工作表中，可以按照预定义的形状创建文字，还可以在“形状格式”选项卡中改变艺术字的效果。

SmartArt 图形是一种便捷、美观的图形图表设计模板，将在下一任务中深入介绍。

1. 新建“生日贺卡”工作簿

启动 Excel 2021，新建空白工作簿，将其保存并命名为“生日贺卡”。

2. 插入形状

单击“插入”|“插图”|“形状”下拉按钮，选中如图 5-1 所示的“基本形状”中的“笑脸”。将鼠标指针移动到工作表中需要绘制图形的位置，鼠标指针变成十字线形状，这时按住 Shift 键和鼠标左键并拖动鼠标，工作表中将显示笑脸的形状。得到满意的效果后，松开 Shift 键和鼠标左键，绘制完毕，如图 5-2 所示。

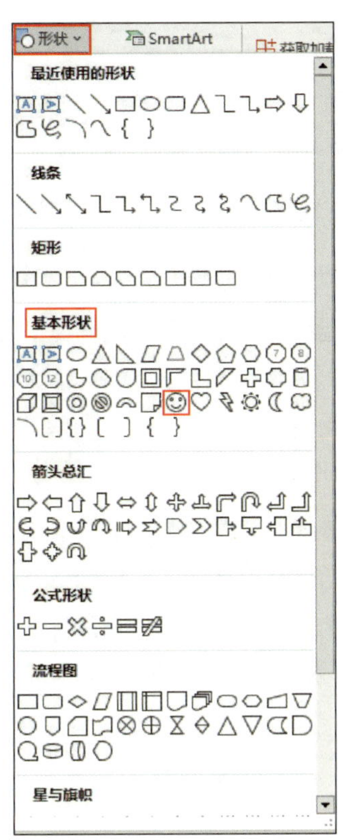

图 5-1　选中“基本形状”中的“笑脸”

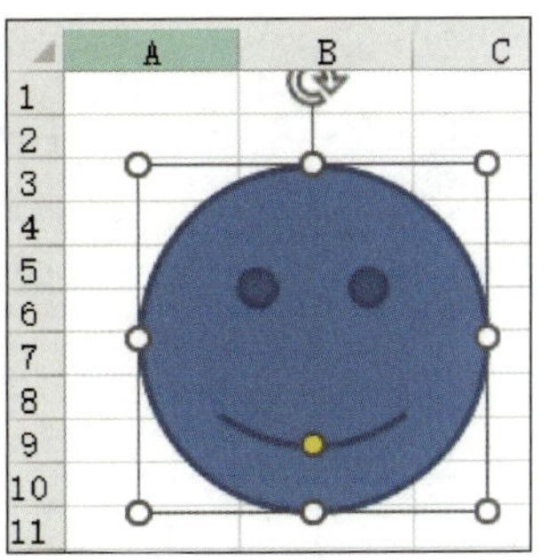

图 5-2　绘制笑脸

提示

若只按住鼠标左键拖动鼠标，则绘制出的笑脸是椭圆形；若按住鼠标左键的同时按住 Shift 键并拖动鼠标，则绘制出的笑脸是圆形。

绘制完毕，若想要调整笑脸的大小，可以用笑脸四周的白色的圆形控制点控制，拖动四角的圆形控制点，可以缩放笑脸的大小；拖动上下及左右的圆形控制点，可以调整笑脸的形状，使其变宽变窄，如图 5-3 所示。调整笑脸的大小时，还可以单击笑脸，在“形状格式”|“大小”组中设置笑脸的高度和宽度，这里设置笑脸的“高度”为“1.9 厘米”、“宽度”为“1.85 厘米”，如图 5-4 所示。

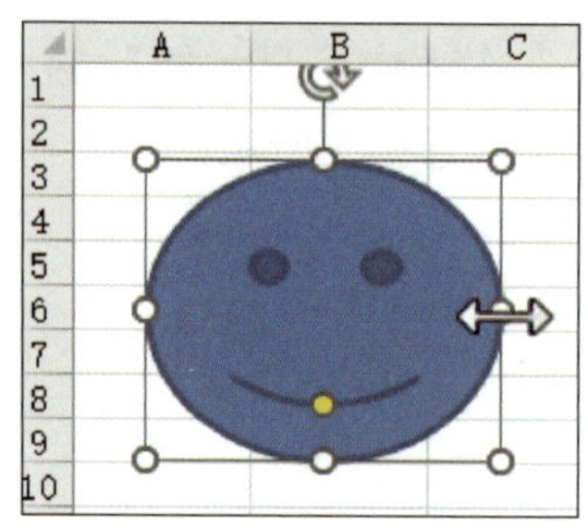

图 5-3　调整笑脸形状

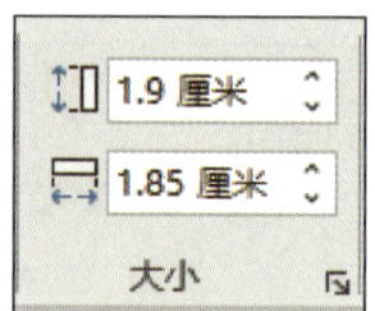

图 5-4　设置笑脸大小

选中插入的笑脸形状，单击“形状格式”|“形状样式”|“其他”下拉按钮，弹出下拉菜单，如图 5-5 所示，并在其中选择与“蛋糕”相配的形状样式。还可以在“形状填充”和“形状轮廓”下拉菜单中选择填充和轮廓的颜色及样式，“形状填充”下拉菜单如图 5-6 所示，在此可以设置形状的填充颜色、图片、渐变和纹理；“形状轮廓”下拉菜单如图 5-7 所示，在此可以设置形状的轮廓颜色、粗细等。

选中笑脸形状，单击“形状格式”|“形状样式”|“形状效果”下拉按钮，在其下拉菜单中选择“发光”并在其子菜单中挑选发光变体的样式，如图 5-8 所示，在“形状效果”下拉菜单中可以设置阴影、映像、发光、柔化边缘、棱台、三维旋转等特殊效果。根据需要，用户可以将鼠标指针放在效果按钮上查看实际效果，满意后单击确认。

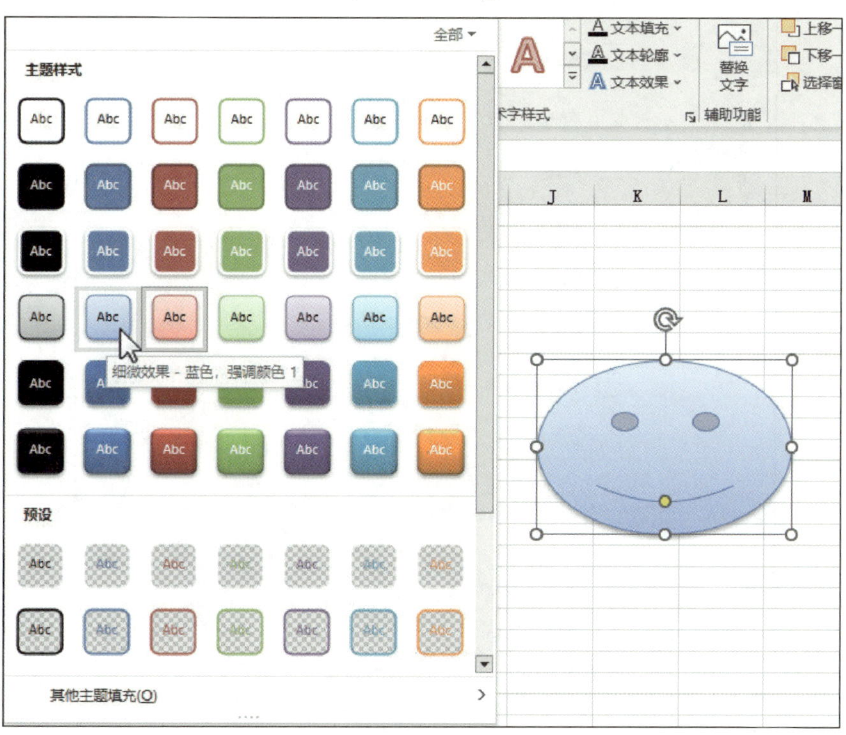

图 5-5 设置形状和线条的外观样式

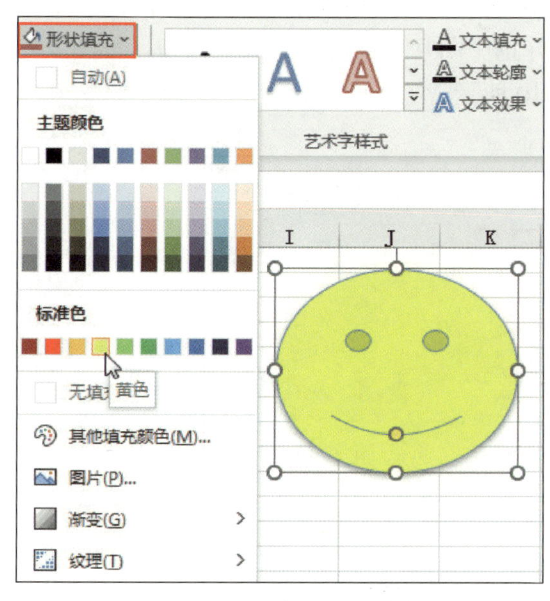

图 5-6 “形状填充”下拉菜单

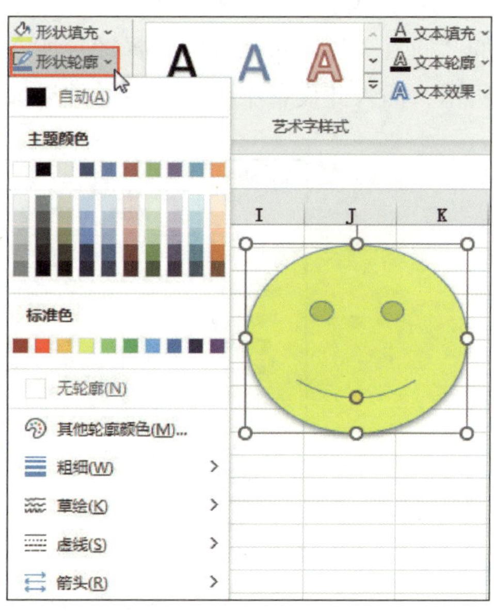

图 5-7 “形状轮廓”下拉菜单

图 5-8 “形状效果”的设置

3. 插入此设备中的图片

选中单元格 B1，在“插入”|“插图”|“图片”下拉菜单中选择“此设备”，在弹出的“插入图片”对话框中选择图片所在路径并选中图片，单击“插入”按钮，如图 5-9 所示，插入此设备中的图片后的效果如图 5-10 所示。

图 5-9 “插入图片”对话框

图 5-10　插入此设备中的图片后的效果

4. 插入外部图片

（1）插入图像集中的图片。选中单元格 C1，在“插入”|“插图”|“图片”下拉菜单中选择“图像集”，弹出如图 5-11 所示的对话框，在搜索框中输入“生日蛋糕”，系统会自动检索出相关图片。将鼠标指针移动到所需要的图片上并将其选中，单击“插入”按钮插入图片，如图 5-12 所示。这时会出现图片下载进度条，如图 5-13 所示，待下载完成即可完成图像集中图片的插入，如图 5-14 所示。用户还可以在单击图片后，在“图片格式”|“大小”组中设置图片的高度和宽度以及对图片进行适当的裁剪，如图 5-15 所示。

图 5-11　“图像集”对话框

图 5-12　选择并插入图像集中的图片

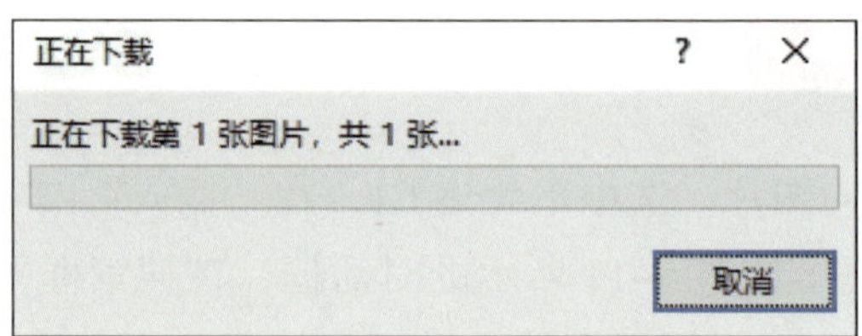

图 5-13　图片下载进度条

图 5-14　插入图像集中图片

图 5-15　设置图片大小

（2）插入联机图片。用同样的方法在“插入”|“插图”|“图片”下拉菜单中选择“联机图片”，弹出“联机图片”对话框，在搜索框中输入“生日蛋糕”，按 Enter 键即可检索出相关图片，如图 5-16 所示。选中需要的图片，单击“插入”按钮，待图片

下载完成即可将联机图片插入，适当调节图片的位置、大小、样式，效果如图 5-17 所示。

图 5-16 “联机图片”对话框

图 5-17 插入联机图片

提示

在移动图片的同时按住 Ctrl 键，可对图片进行复制。

提示

在裁剪或者缩放图片的过程中，若同时按住 Ctrl 键，则可实现以图片中心为基准点的裁剪或者缩放。

若想要调整图片的叠放次序，如要将插入的此设备中的图片移至底层，可选中插入的图片，其四周会出现白色控制点，单击鼠标右键，在弹出的快捷菜单中选择“置于底层”|“置于底层”，如图 5-18 所示。调整图片叠放次序后的效果如图 5-19 所示。

图 5-18　调整图片叠放次序过程

图 5-19　调整图片叠放次序后的效果

5. 插入艺术字

选中图片附近的单元格，在“插入”|“文本”|“艺术字”下拉菜单中选择一种文字效果，如图 5-20 所示。工作表中出现如图 5-21 所示的艺术字文本框，在该文本框中输入文字“生日快乐”，效果如图 5-22 所示。

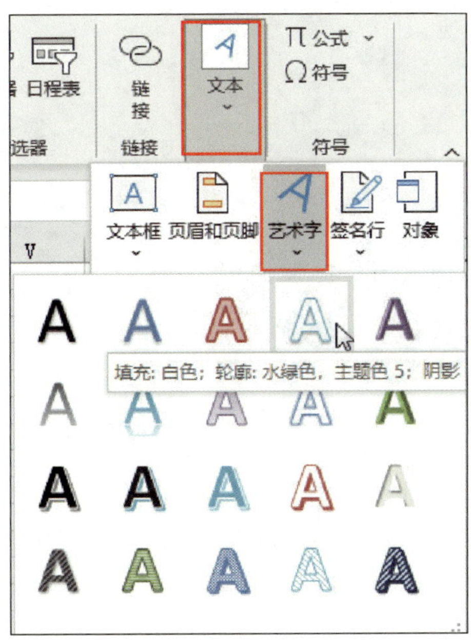

图 5-20 “艺术字”下拉菜单

图 5-21 艺术字文本框

图 5-22　输入艺术字文本

若插入的艺术字过大，则可调整其字号，如此处可以选中“生日快乐”文本框，在“开始”|“字体”组中将“字号”设置为“40”，如图 5-23 所示。若还需要修改艺术字，则可以单击文本框，在“形状格式”|“艺术字样式”组中进行修改。

图 5-23　设置艺术字大小

最终制作完成的生日贺卡如图 5-24 所示。

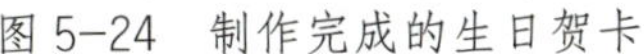
图 5-24　制作完成的生日贺卡

发挥自己的创意，制作一张精美的新年贺卡。

任务 2　利用 SmartArt 图形创建流程图

1. 能描述 Excel 2021 中 SmartArt 图形的基本功能。
2. 能在 Excel 2021 中熟练使用 SmartArt 图形。

在本任务中，利用精美的 SmartArt 图形制作一个关于学生入学后的流程图，具体内容为：“报到”→“注册”→“选课”→“上课学习”→“预约考试”→“考试”→“综合成绩合格，获得学分”，生动地表现出学生入学后的过程。

SmartArt 图形是自 Excel 2007 以来新添加的功能，提供了种类繁多的流程图样式，可以方便地创建结构图、流程图等。SmartArt 图形是信息和观点的视觉表示形式，可以通过从多种不同布局中进行选择来创建所需要的 SmartArt 图形，从而快速、轻松、有效地传达信息。

在使用时，可尝试不同类型的 SmartArt 图形，各种图形类型及其用途见表 5-1。

表 5-1　SmartArt 图形类型及其用途

图形类型	用途
列表	显示非有序信息块或分组信息块
流程	显示行进过程，或者任务、流程、工作流中的顺序步骤
循环	表示阶段、任务或事件的连续序列
层次结构	显示组织中的分层信息或上下级关系
关系	比较或表示两个观点之间的关系
矩阵	以象限的方式显示部分与整体的关系
棱锥图	显示比例关系、互连关系或层次关系
图片	显示以图片表示的构思

1. 新建“流程图”工作簿

启动 Excel 2021，新建空白工作簿，将其保存并命名为“流程图”。

2. 选择 SmartArt 图形

单击“插入”|“插图”|“SmartArt”按钮，弹出“选择 SmartArt 图形”对话框，在“流程”中选择“基本蛇形流程”，如图 5–25 所示。在右侧的预览说明中有对“基本蛇形流程”的用途简介，供用户进行选择。单击“确定”按钮，此时工作表中出现如图 5–26 所示的界面。

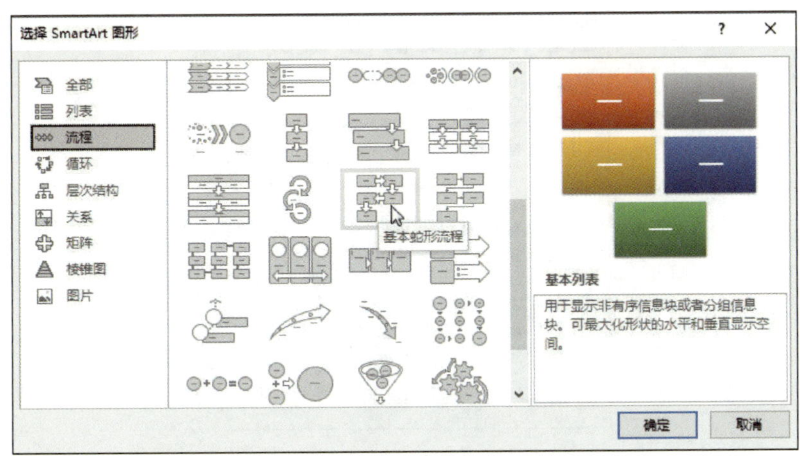

图 5–25　“选择 SmartArt 图形”对话框

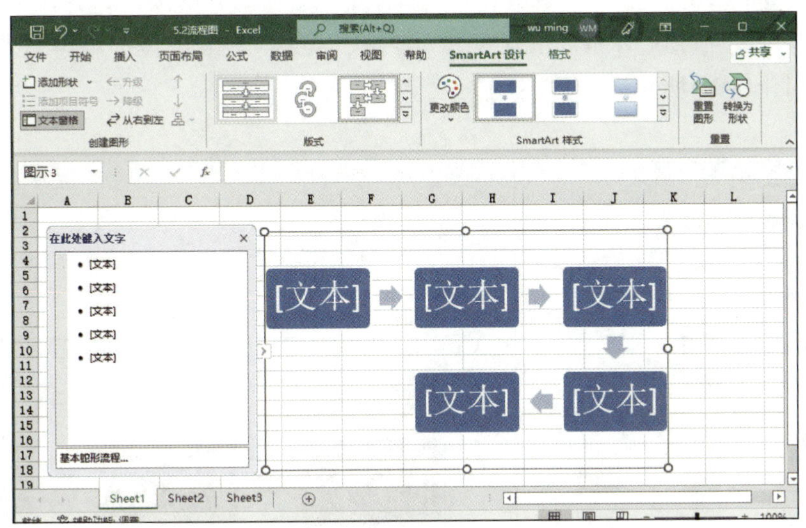

图 5–26　插入 SmartArt 图形

3. 更改 SmartArt 样式

选中 SmartArt 图形，单击“SmartArt 设计”|“SmartArt 样式”|“更改颜色”下拉按钮，其下拉菜单如图 5–27 所示，在其中有“主题颜色（主色）”“彩色”等配色方案，选择一种合适的配色方案即可。

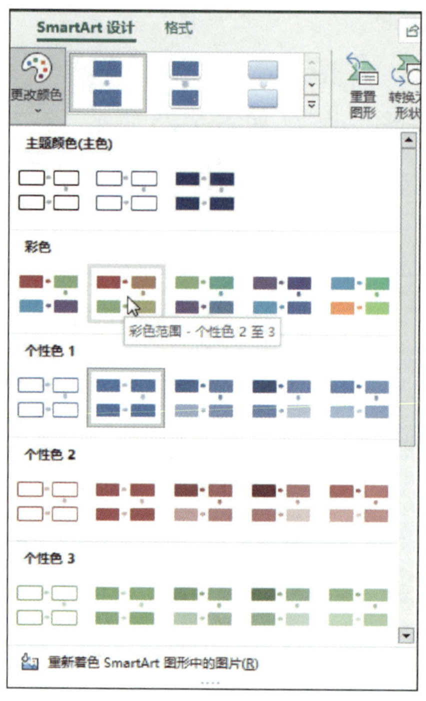

图 5-27 “更改颜色”下拉菜单

单击“SmartArt 设计”|“SmartArt 样式”|“其他”下拉按钮，弹出如图 5-28 所示的“文档的最佳匹配对象”和“三维”样式，同样单击选择一种样式即可。更改后的样式如图 5-29 所示。

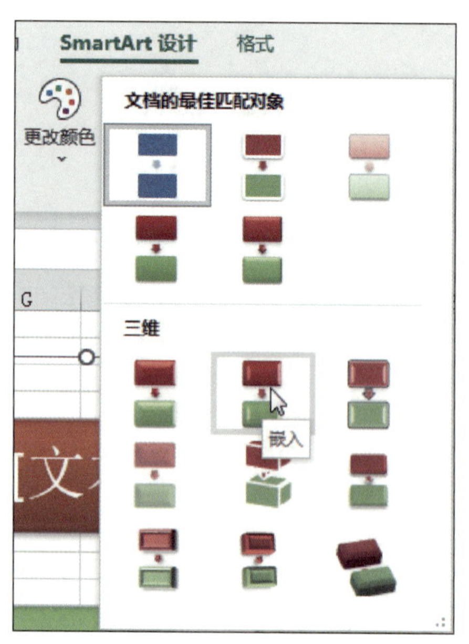

图 5-28 更改 SmartArt 样式

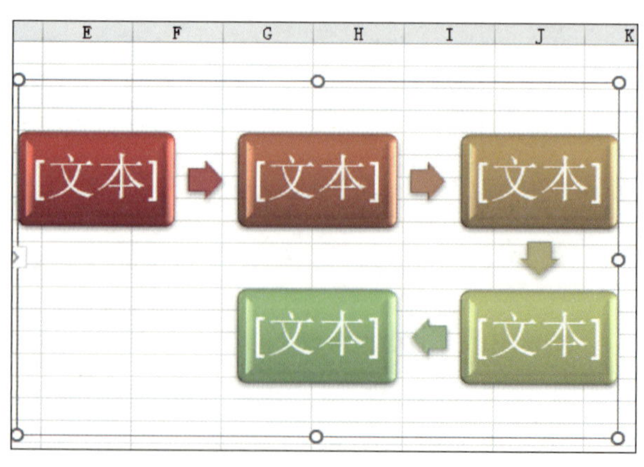

图 5-29 更改后的样式

4. 添加并修改文字

如果想要在一个“文本”中添加文字，只需单击此形状，出现如图 5-30 所示的光标，在插入点位置输入文字即可。

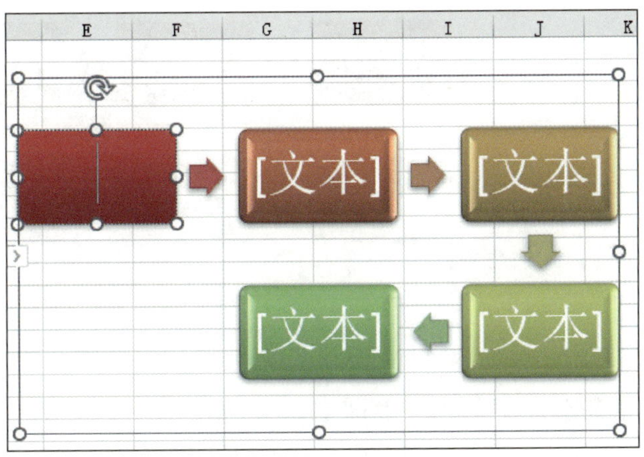

图 5-30　在插入点位置输入文字

选中 SmartArt 图形，单击“SmartArt 设计”|“创建图形”|“文本窗格”按钮，如图 5-31 所示。通过此按钮可以显示或隐藏文本窗格，文本窗格可以帮助用户在 SmartArt 图形中快速输入和组织文本。显示文本窗格后，在“在此处键入文字”窗格中，单击每一级的文本输入框即可输入文字，在前三级中输入学生入学后的流程“报到”“注册”“选课”，如图 5-32 所示。

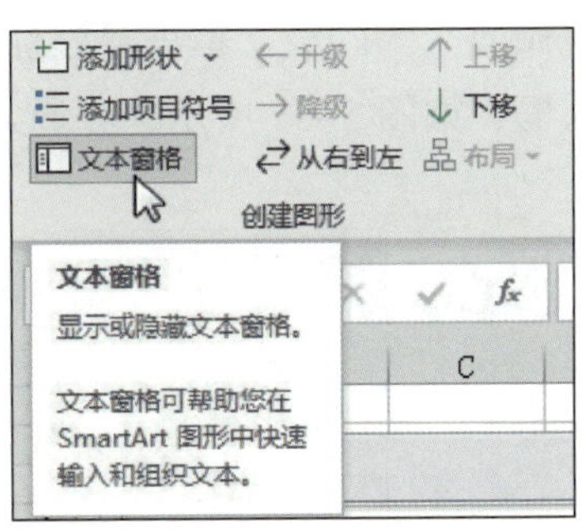

图 5-31　单击“文本窗格”按钮

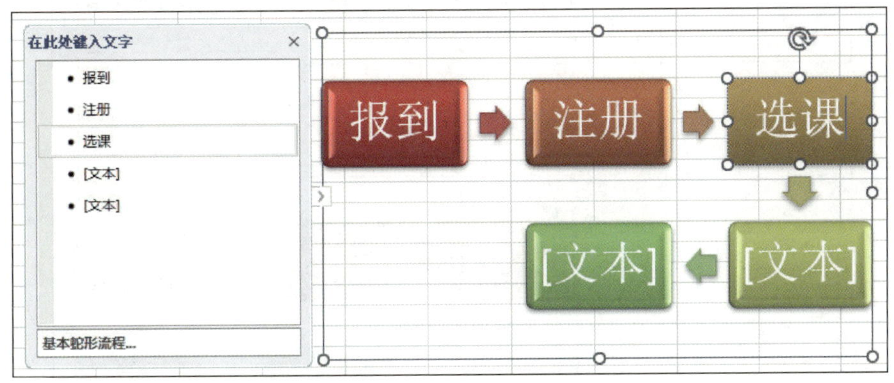

图 5-32　利用文本窗格输入文字

在“在此处键入文字”窗格中输入文字时，若需要添加同级的文本或形状，则在输入一项后按 Enter 键，即可在输入的文本框后面添加新的形状文本框，如图 5-33 所示。

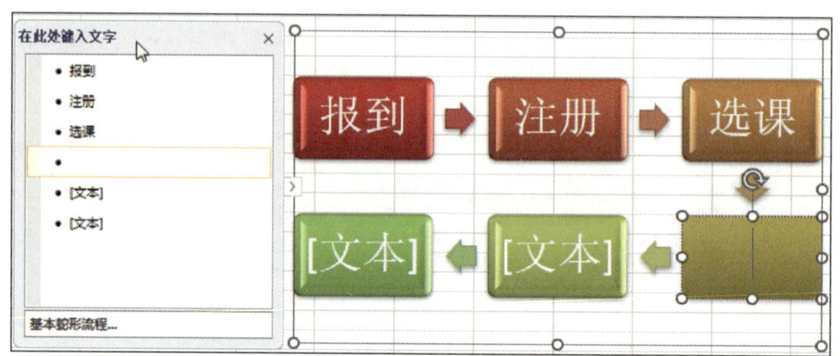

图 5-33　添加新的形状文本框

在新添加的形状文本框中输入“上课学习”，如图 5-34 所示，在下一个同级形状文本框中输入“平时作业”，如图 5-35 所示。若想要使“平时作业”变成“上课学习”的下级文本，则要在文本输入框中输入完成后按 Tab 键，如图 5-36 所示。若还有“平时作业”的同级文本需要添加，仍然在输入“平时作业”后按 Enter 键即可生成文本输入框，如图 5-37 所示，和通常输入文本时一样，按 Backspace 键即可删除。

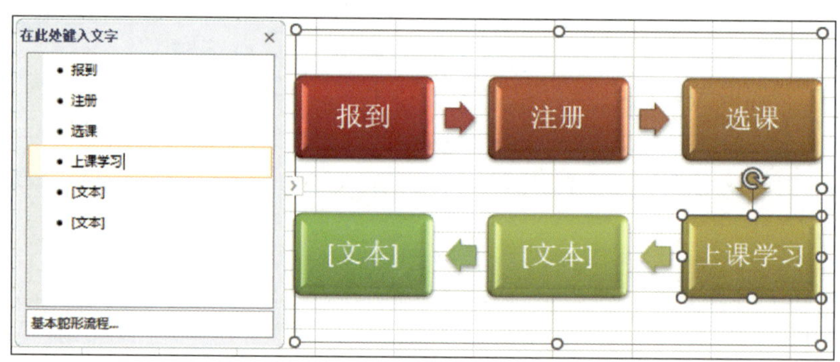

图 5-34　输入文字“上课学习”

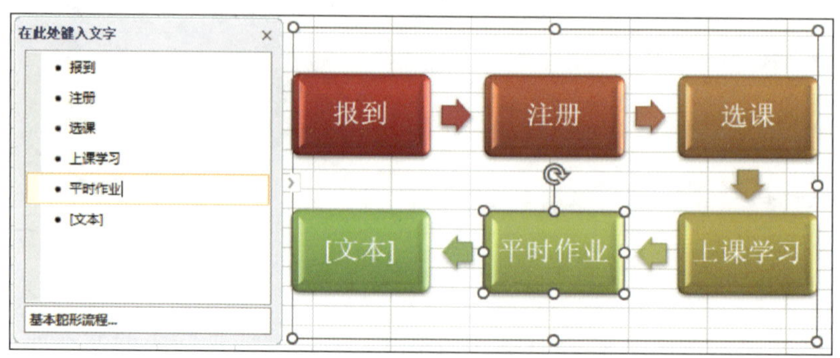

图 5-35　输入文字“平时作业”

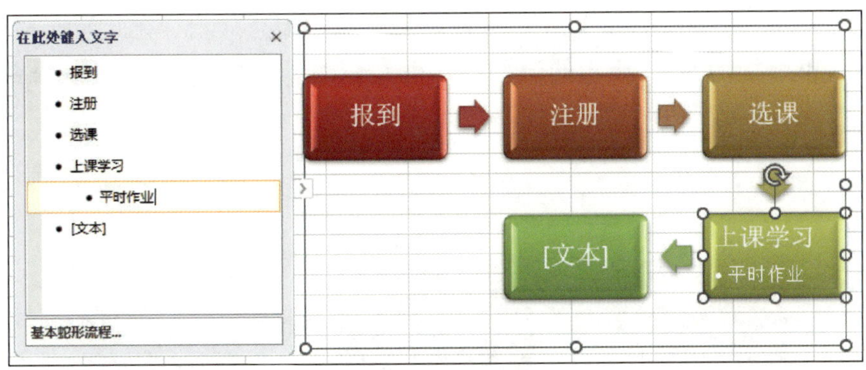

图 5-36　下级文本的输入

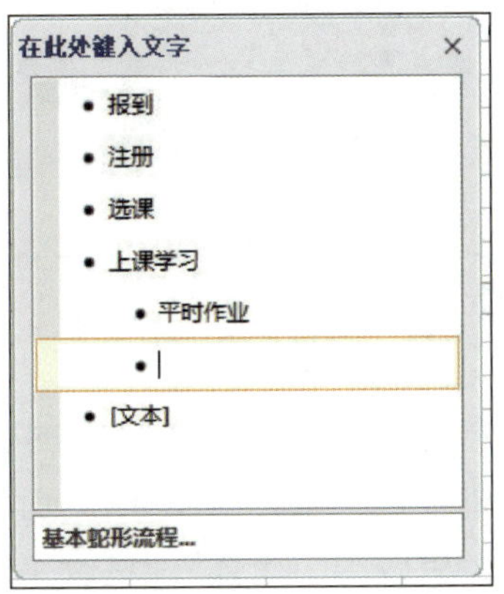

图 5-37　添加“平时作业”的同级文本

在其余的两个文本输入框中输入“考试”和“综合成绩合格，获得学分”，如图 5-38 所示。

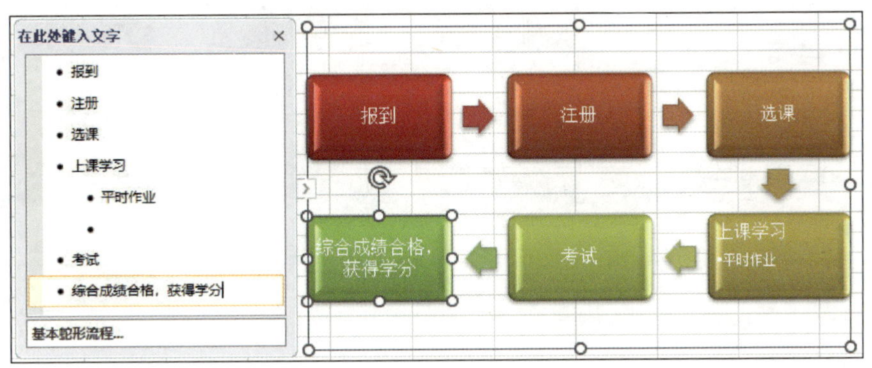

图 5-38　输入文字后的效果

若要隐藏文本窗格，则在输入文字后，单击“在此处键入文字”窗格右上角的“关闭”按钮（或者选中 SmartArt 图形，单击“SmartArt 设计”|“创建图形”|“文本窗

格”按钮）即可，隐藏后的效果如图 5–39 所示。若想要再显示“在此处键入文字”窗格，则可以单击如图 5–39 所示的流程图图框左侧的扩展按钮（或者选中 SmartArt 图形，单击“SmartArt 设计”|“创建图形”|“文本窗格”按钮）。

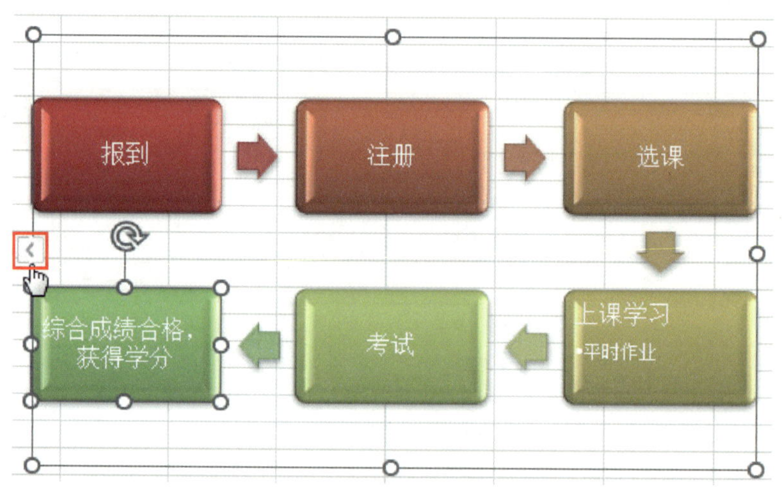

图 5–39 隐藏文本窗格

在“在此处键入文字”窗格中，也可以修改文字的字体等内容，用鼠标在此窗格中选中所有文字，同时形状也都被选中了，如图 5–40 所示。在弹出的浮动工具栏中单击“加粗”按钮，并将“字体”更改为“楷体”（更改字体等内容还可以在“开始”选项卡中完成），如图 5–41 所示。

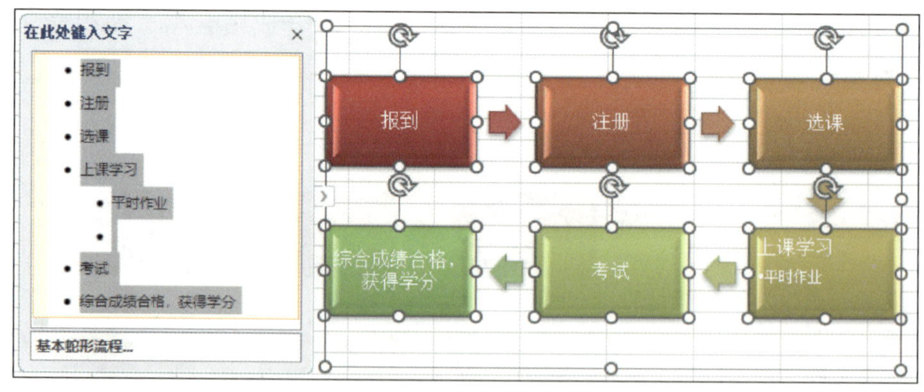

图 5–40 选中文字

5. 添加形状

若发现还需要在“上课学习”后插入一个程序，则可以选中形状文本框“上课学习”，在“SmartArt 设计”|“创建图形”|“添加形状”下拉菜单中选择“在后面添加形状”，如图 5–42 所示，添加后的效果如图 5–43 所示。

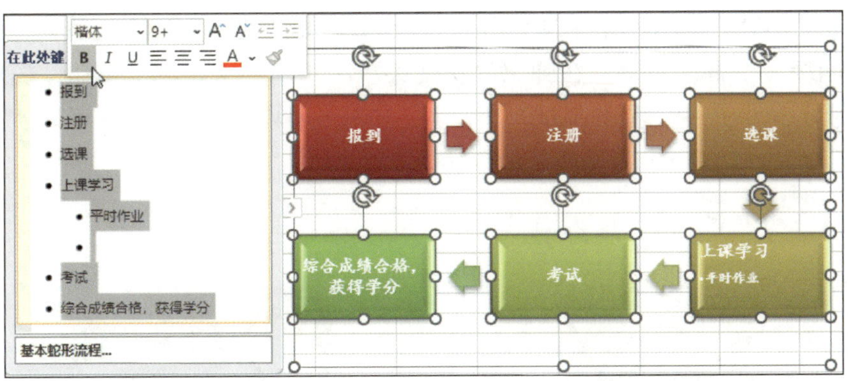

图 5-41 更改文字字体等内容

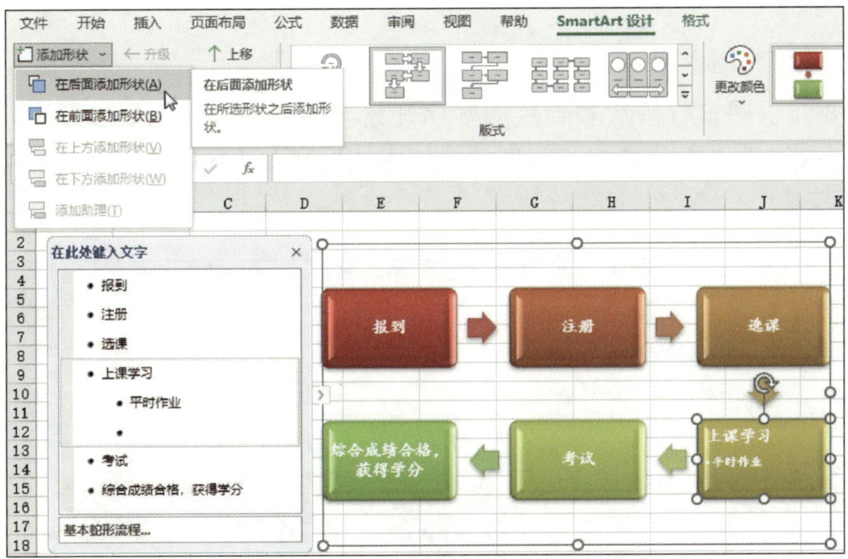

图 5-42 “添加形状”下拉菜单

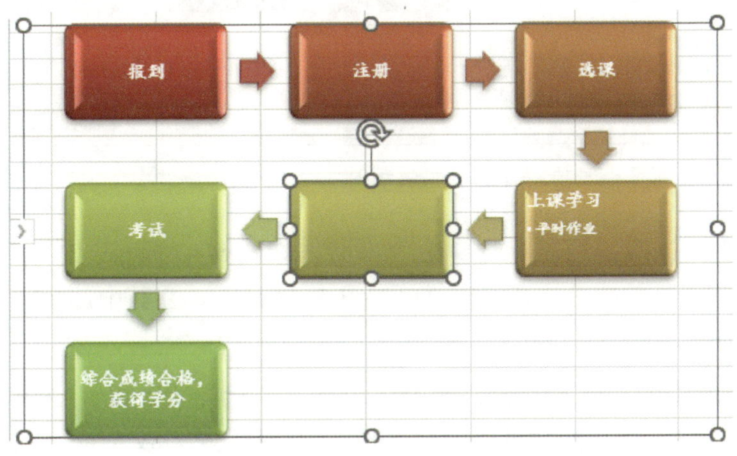

图 5-43 添加形状的效果

在添加的形状中输入文本“预约考试”，若字体和其他的文本不一致，这时可以先选中其他同级文本框的文字，在弹出的快捷菜单中单击“格式刷”按钮，随后用变成格式刷形状的鼠标选中“预约考试”4 个字，如图 5-44 所示。这样就可以实现文本格式的统一了，图 5-45 所示为修改后的字体。

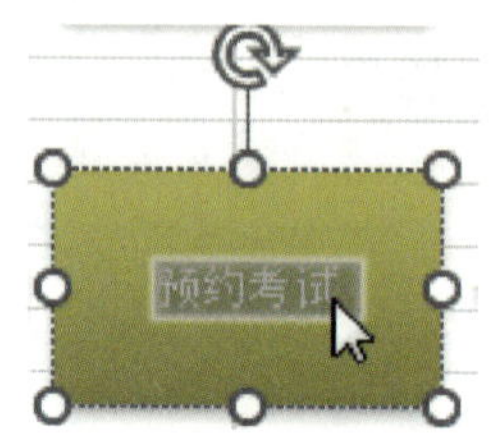

图 5-44 格式刷的使用

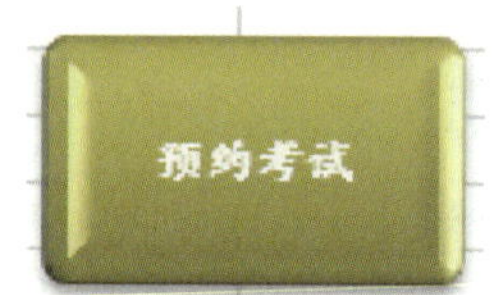

图 5-45 文本格式统一的效果

6. 更改流程图方向

现需要流程图首行按从右到左的顺序开始，再单击“SmartArt 设计”|“创建图形”|“从右到左”按钮，这时流程图就由原来从左到右的顺序改为从右到左的顺序，如图 5-46 所示。

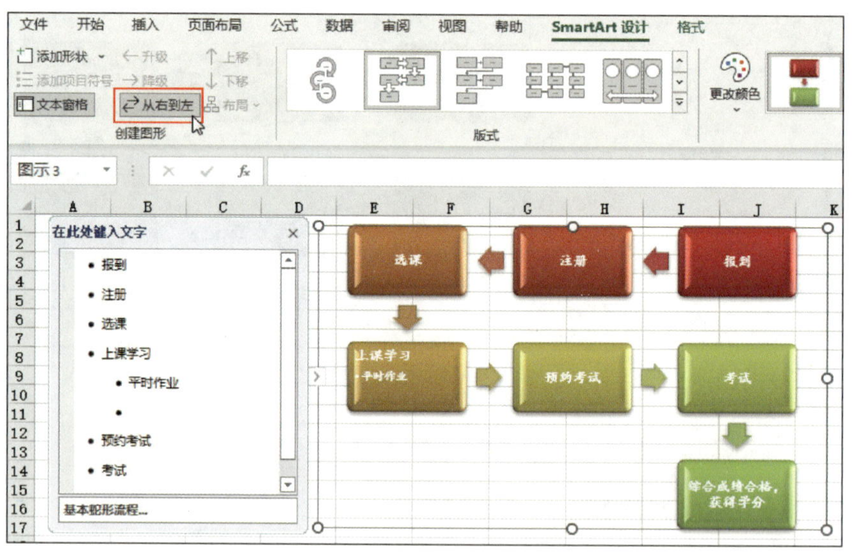

图 5-46 流程图方向的改变

按住 Ctrl 键的同时，用鼠标选中七个形状，如图 5-47 所示。单击“格式”|“形状”|“更改形状”下拉按钮，其下拉菜单如图 5-48 所示，在其中选择需要更改的形状“矩形：剪去单角”。

如图 5-49 所示的“格式”选项卡中还包括“形状样式”组、“艺术字样式”组、“排列”组和“大小”组，用户可以根据需要更改形状样式、文字样式以及它们的排列和大小等内容。

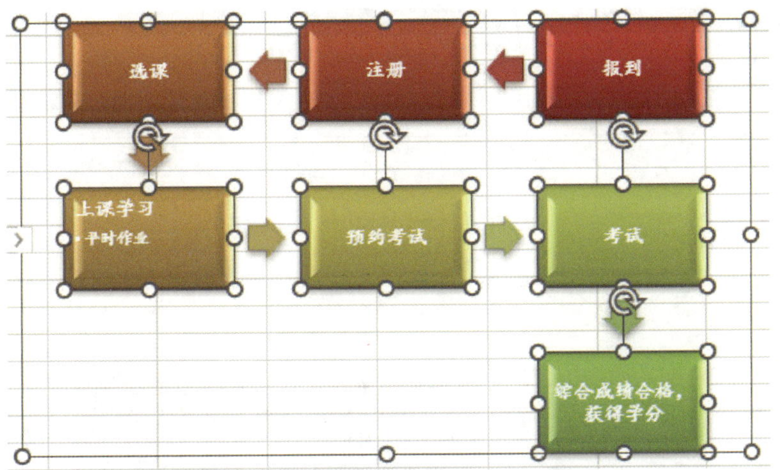

图 5-47　形状的选中

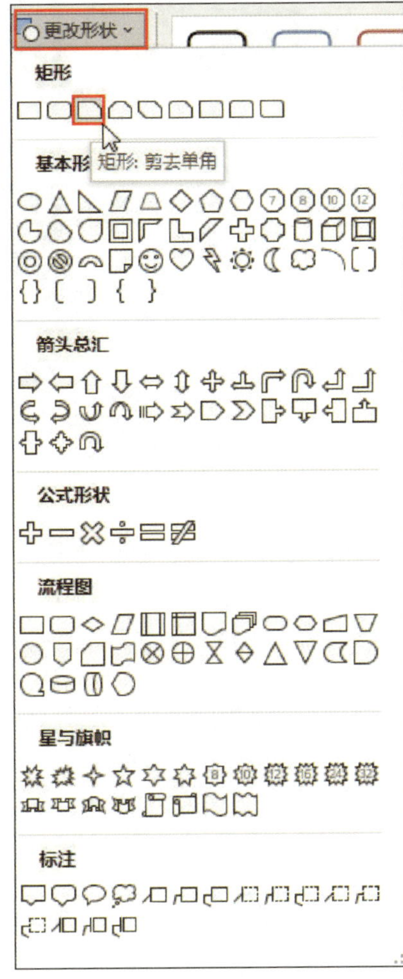

图 5-48　“更改形状”下拉菜单

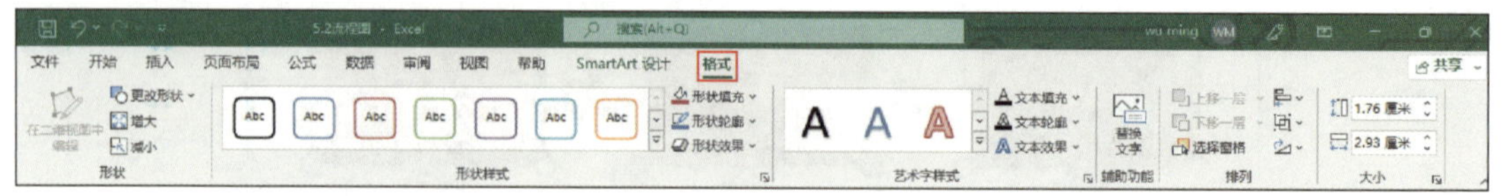

图 5-49 “格式”选项卡

7. 保存流程图

最终制作好的流程图如图 5-50 所示，将其保存即可。

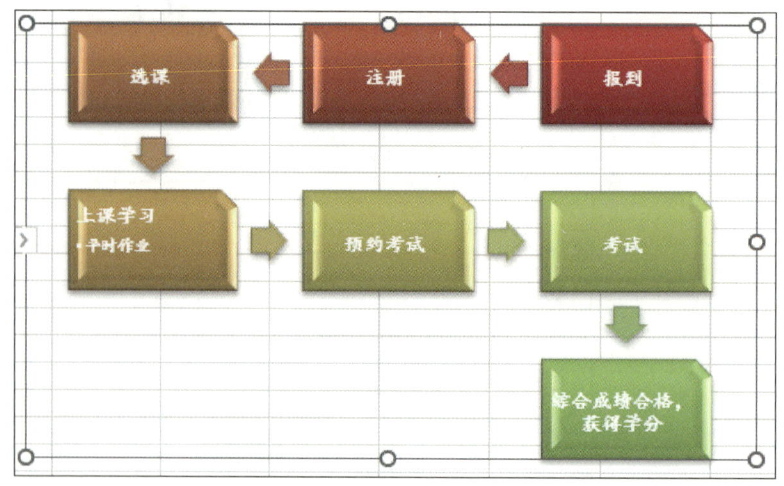

图 5-50 最终制作好的流程图

1. 使用 SmartArt 图形，创建一个流程图：“绘制图形”→“输入文字”→“确定位置”→“编辑格式”→“完成”。

2. 使用 SmartArt 图形，创建一个如图 5-51 所示的组织结构图。

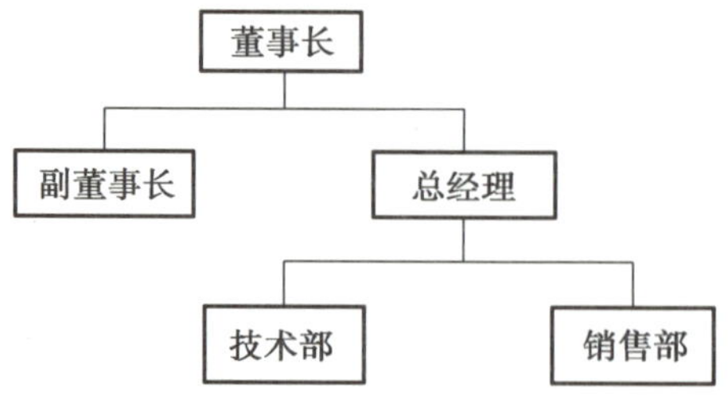

图 5-51 组织结构图

任务 3　制作及编辑历年学生注册情况图表

学习目标

1. 能描述 Excel 2021 中柱形图、折线图、环形图和饼图等基本图表的特点和用途。
2. 能在 Excel 2021 中熟练使用各种图表。

本任务的内容是制作及编辑历年学生注册情况图表。首先在 Excel 2021 中制作一个表格，见表 5–2，然后利用 Excel 2021 的图表功能，用柱形图对比男女生两组数据在各年的变化情况，并对其进行各种编辑，从而更直观、清晰地表示出数据的变化情况。

表 5–2　历年学生注册情况

	男生	女生
2018 年	200	190
2019 年	180	176
2020 年	234	199
2021 年	233	198

利用 Excel 2021 中“插入”|“图表”组，可以创建各种类型的图表，帮助用户以有意义的方式来显示数据。不同的图表类型可表述不同的含义，在创建图表之前，必须熟悉这些图表的类型及其用途。

Excel 2021 可插入的图表类型主要有柱形图与条形图、折线图与面积图、饼图与圆环图、层次结构图表、统计图表、散点图与气泡图、瀑布图、组合图、地图、数据透视图等，需要创建或更改现有图表时，还可以在各种图表的子类型中选择。

1. 柱形图与条形图

柱形图用于显示一段时间内的数据变化或显示各项之间的比较情况，工作表的列或行中的数据可以绘制到柱形图中。在柱形图中，通常沿水平轴组织类别，沿垂直轴组织数值。

条形图用于显示各项之间的比较情况，当轴标签过长以及显示的数值是持续型的时候，可使用条形图。柱形图与条形图的图表子类型如图 5-52 所示。

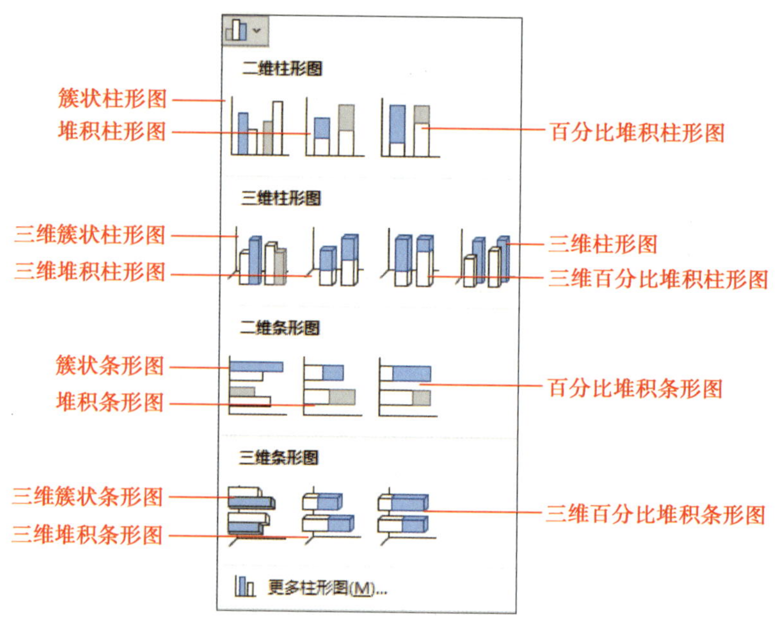

图 5-52　柱形图与条形图的图表子类型

柱形图与条形图的图表子类型及功能见表 5-3。

表 5-3　柱形图与条形图的图表子类型及功能

子类型	功能
簇状柱形图	簇状柱形图以二维柱形显示值
堆积柱形图	堆积柱形图以二维堆积柱形显示值
百分比堆积柱形图	百分比堆积柱形图以表示百分比的二维堆积柱形显示值
三维簇状柱形图	三维簇状柱形图以三维形式显示柱形，但是不使用第三个数值轴（竖坐标轴）
三维堆积柱形图	三维堆积柱形图以三维形式显示堆积柱形，但是不使用竖坐标轴。在有多个数据系列并希望强调总计值时可使用此图表
三维百分比堆积柱形图	三维百分比堆积柱形图以三维形式显示柱形，但是不使用竖坐标轴。如果具有两个或更多个数据系列，并且要强调每个值占整体的百分比，尤其是当各类别的总数相同时，可使用此图表
三维柱形图	三维柱形图使用三个可以修改的坐标轴（水平轴、垂直轴和竖坐标轴），并沿水平轴和竖坐标轴比较数据点。希望比较同时跨类别和数据系列的数据时可使用此图表

续表

子类型	功能
簇状条形图	簇状条形图以二维形式显示条形
堆积条形图	堆积条形图以二维条形显示单个系列与整体的关系
百分比堆积条形图	百分比堆积条形图显示二维条形，这些条形跨类别比较每个值占总计的百分比
三维簇状条形图	三维簇状条形图以三维形式显示条形，不使用竖坐标轴
三维堆积条形图	三维堆积条形图以三维形式显示条形，不使用竖坐标轴
三维百分比堆积条形图	三维百分比堆积条形图以三维形式显示条形，不使用竖坐标轴

2. 折线图与面积图

折线图可以显示随时间（根据常用比例设置）而变化的连续数据，因此非常适用于显示在相等时间间隔下数据的趋势，在折线图中，类别数据沿水平轴均匀分布，所有值数据沿垂直轴均匀分布。如果分类标签是文本并且代表均匀分布的数值（如月、季度或财政年度），则应该使用折线图。

面积图强调数据随时间而变化的程度，也可用于引起人们对总值变化趋势的注意，例如，表示随时间而变化的利润的数据可以绘制在面积图中，以强调总利润。通过显示所绘制的值的总和，面积图还可以显示部分与整体的关系。

折线图与面积图的图表子类型如图 5-53 所示。

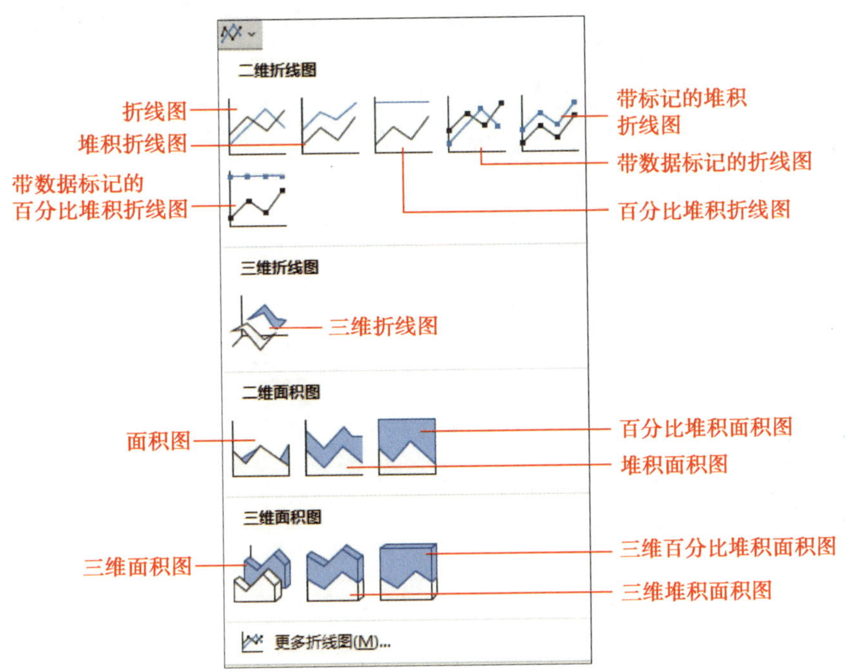

图 5-53　折线图与面积图的图表子类型

折线图与面积图的图表子类型及功能见表 5-4。

表 5-4 折线图与面积图的图表子类型及功能

子类型	功能
折线图	折线图在显示时可带有标记以指示各个数据值，也可以不带标记，可显示每个值随时间或均匀分布的类别而变化的趋势，特别适用于有多个数据点，并且这些数据点的出现顺序非常重要时
堆积折线图	堆积折线图在显示时可带有标记以指示各个数据值，也可以不带标记，可显示每个值所占大小随时间或均匀分布的类别而变化的趋势
百分比堆积折线图	百分比堆积折线图在显示时可带有标记以指示各个数据值，也可以不带标记，可显示每个值所占的百分比随时间或均匀分布的类别而变化的趋势
带数据标记的折线图	带数据标记的折线图显示每个值随时间或均匀分布的类别而变化的趋势，一般用于数据点较少的情况
带标记的堆积折线图	带标记的堆积折线图显示每个值所占大小随时间或均匀分布的类别而变化的趋势
带数据标记的百分比堆积折线图	带数据标记的百分比堆积折线图显示每个值所占的百分比随时间或均匀分布的类别而变化的趋势
三维折线图	三维折线图将每个数据行或数据列显示为一个三维条带。三维折线图具有可修改水平轴、垂直轴和竖坐标轴的功能
面积图	面积图用于显示值随时间或其他类别数据而变化的趋势
堆积面积图	堆积面积图以二维形式显示每个值所占大小随时间或其他类别数据而变化的趋势
百分比堆积面积图	百分比堆积面积图显示每个值所占百分比随时间或其他类别数据而变化的趋势
三维面积图	三维面积图使用三个坐标轴显示数据随时间或其他类别数据而变化的趋势
三维堆积面积图	三维堆积面积图以三维形式显示每个值所占大小随时间或其他类别数据而变化的趋势。但只以三维形式显示面积，并不使用竖坐标轴
三维百分比堆积面积图	三维百分比堆积面积图以三维形式显示每个值所占百分比随时间或其他类别数据而变化的趋势。但只以三维形式显示面积，并不使用竖坐标轴

3. 饼图与圆环图

饼图显示一个数据系列中各扇区的大小与各扇区总和的比例，饼图中的数据点显示为占整个饼图的百分比。仅排列在工作表的一列或一行中的数据可以绘制到饼图中。在以下情况可以使用饼图：

（1）仅有一个要绘制的数据系列。

（2）要绘制的数值没有负值。

（3）要绘制的数值没有零值。

（4）类别数目不超过 7 个。

（5）各类别分别代表整个饼图的一部分。

仅可以将排列在工作表的同一列或同一行中的数据绘制为圆环图。像饼图一样，圆环图也显示部分与整体的关系，但圆环图可以包含多个数据系列。

饼图与圆环图的图表子类型如图 5–54 所示。

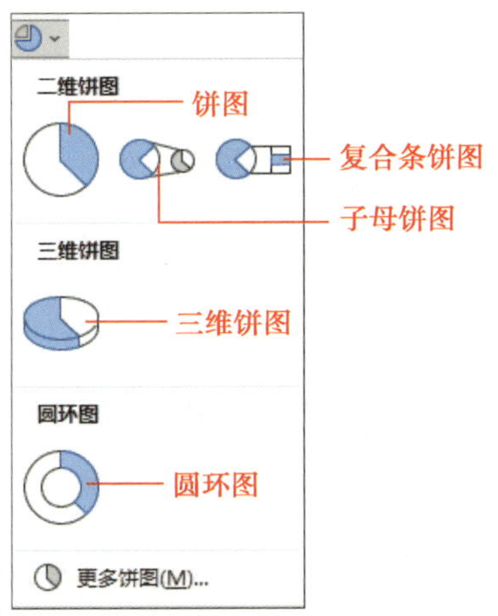

图 5–54　饼图与圆环图的图表子类型

饼图与圆环图的图表子类型及功能见表 5–5。

表 5–5　饼图与圆环图的图表子类型及功能

子类型	功能
饼图	饼图以二维形式显示每个值占总和的比例。可以手动拉出饼图的部分扇区以起强调作用
子母饼图	子母饼图可将一些较小的值拉出，显示为次饼图，从而使其更易于区分
复合条饼图	复合条饼图可将一些较小的值拉出，显示为堆积条形图，从而使其更易于区分
三维饼图	三维饼图以三维形式显示每个值占总和的比例。可以手动拉出饼图的部分扇区以起强调作用
圆环图	圆环图以圆环的形式显示数据，其中每个圆环分别代表一个数据系列。如果在数据标签中显示百分比，则所有圆环的总和为 100%

4. 层次结构图表

树状图提供数据的分层视图，方便比较分类的不同级别。树状图按颜色和接近度显示类别，并可以轻松显示大量数据，而其他图表类型难以做到。当层次结构内存在空（空白）单元格时可以绘制树状图，树状图非常适合比较层次结构内的比例。

旭日图又称太阳爆发图，非常适合显示分层数据，并且可以在层次结构中存在空（空白）单元格时绘制。层次结构的每个级别均通过一个环或圆形表示，最内层的圆表示层次结构的顶级。不含任何分层数据（一个级别的类别）的旭日图与圆环图类似，但具有多个级别的类别的旭日图可显示外环与内环的关系。层次结构图表类型如图 5-55 所示，层次结构图表类型及功能见表 5-6。

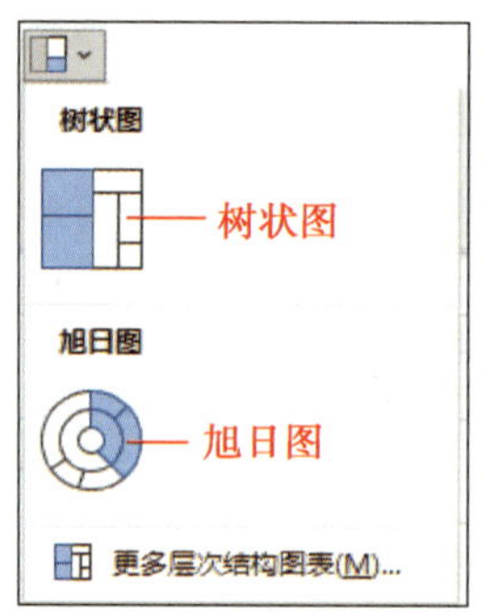

图 5-55　层次结构图表类型

表 5-6　层次结构图表类型及功能

类型	功能
树状图	树状图按颜色和接近度显示类别，并可以轻松显示大量数据，而其他图表类型难以做到。在数据按层次结构组织并具有较少类别时适用
旭日图	旭日图层次结构的每个级别均通过一个环或圆形表示，最内层的圆表示层次结构的顶级。具有多个级别的类别的旭日图显示外环与内环的关系。在数据按层次结构组织并具有较多类别时适用

5. 统计图表

直方图又称频率分布图，是一种显示数据分布情况（不同数据出现的频率）的柱形图。图表中的每一列称为箱，可以更改以便进一步分析数据。

箱形图显示数据到四分位点的分布，突出显示平均值和离群值。箱形图可能具有可垂直延长的名为“须线”的线条。这些线条指示超出四分位点上限和下限的变化程度，处于这些线条或虚线之外的任何点都被视为离群值。当有多个数据集以某种方式彼此相关时，可使用这种图表类型。

统计图表类型如图 5-56 所示，统计图表类型及功能见表 5-7。

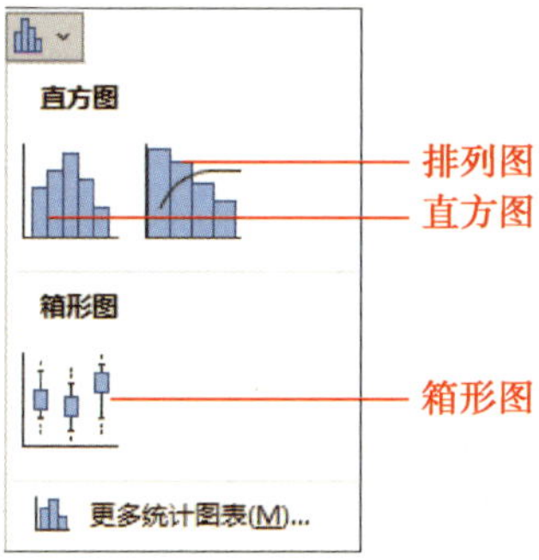

图 5-56　统计图表类型

表 5-7　统计图表类型及功能

类型	功能
直方图	直方图显示按储料箱划分的数据的分布
排列图	排列图是经过排序的直方图，其中同时包含按降序排列的条形和用于表示累积百分比的线条
箱形图	当有多个数据集以某种方式彼此相关时，可使用这种图表类型

6. 散点图与气泡图

散点图显示若干数据系列中各数值之间的关系，即为数据点在直角坐标系平面上的分布图，散点图有两个值轴，沿水平轴（*X* 轴）方向显示一组数值数据，沿垂直轴（*Y* 轴）方向显示另一组数值数据。散点图将这些数值合并到单一数据点，并以不均匀间隔或簇显示。散点图通常用于显示和比较数值，如科学数据、统计数据和工程数据。在以下情况可以使用散点图：

（1）要更改水平轴的刻度。

（2）要将轴的刻度转换为对数刻度。

（3）水平轴的数值不是均匀分布的。

（4）水平轴上有许多数据点。

（5）要有效地显示包含成对或成组数值集的工作表数据，并调整散点图的独立刻度以显示关于成组数值的详细信息。

（6）要显示大型数据集之间的相似性而非数据点之间的区别。

（7）要在不考虑时间的情况下比较大量数据点，散点图中包含的数据越多，所进行比较的效果越好。

要在工作表中排列使用散点图的数据，应将 x 值放在一行或一列，在相邻的行或列中输入对应的 y 值。

气泡图与散点图非常相似，这种图表增加第三个值来指定所显示的气泡的大小，以便表示数据系统中的数据点。

散点图与气泡图的图表子类型如图 5–57 所示。

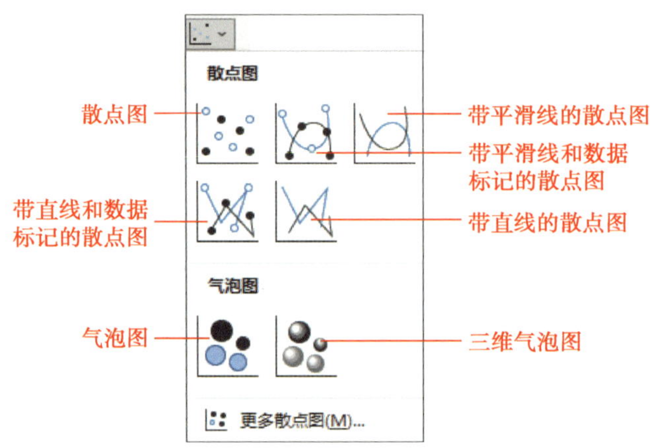

图 5–57　散点图与气泡图的图表子类型

散点图与气泡图的图表子类型及功能见表 5–8。

表 5–8　散点图与气泡图的图表子类型及功能

子类型	功能
散点图	散点图用于显示数据点和比较数值，但是无连接线
带平滑线和数据标记的散点图	带平滑线和数据标记的散点图显示用于连接数据点的平滑曲线。默认显示的平滑线带标记，如果有多个数据点，可使用不带标记的平滑线
带平滑线的散点图	带平滑线的散点图显示用于连接数据点的平滑曲线。默认显示的平滑线是不带标记的
带直线和数据标记的散点图	带直线和数据标记的散点图显示数据点之间的直连接线。默认显示的直线是带数据标记的
带直线的散点图	带直线的散点图显示数据点之间的直连接线。默认显示的直线是不带数据标记的，如果有多个数据点，可使用不带标记的平滑线
气泡图	气泡图用于比较至少三组值或三对数据，并以二维形式显示气泡（不使用竖坐标轴）。第三个值指定气泡标记的大小
三维气泡图	三维气泡图以三维形式显示气泡图

7. 瀑布图、漏斗图、股价图、曲面图与雷达图

（1）瀑布图显示加上或减去值时的财务数据累计汇总。在理解一系列正值和负值

对初始值的影响时，这种图表非常有用。列采用彩色编码，可以快速将正数与负数区分开来。

（2）漏斗图显示流程中多个阶段的值。例如，可以使用漏斗图来显示销售管道中每个阶段的销售潜在客户数。通常情况下，值逐渐减小，从而使条形图呈现出漏斗形状。

（3）以特定顺序排列在工作表的列或行中的数据可以绘制为股价图。顾名思义，股价图可以显示股价的波动。不过这种图表也可以显示其他数据（如日降雨量和每年温度）的波动。必须按正确的顺序组织数据才能创建股价图。

（4）在工作表中以列或行的形式排列的数据可以绘制为曲面图。如果希望得到两组数据间的最佳组合，曲面图将很有用。例如在地形图上，颜色和图案表示具有相同取值范围的地区。当类别和数据系列都是数值时，可以创建曲面图。

（5）在工作表中以列或行的形式排列的数据可以绘制为雷达图。雷达图用于比较若干数据系列的聚合值。

瀑布图、漏斗图、股价图、曲面图与雷达图的图表子类型如图 5-58 所示，瀑布图、漏斗图、股价图、曲面图与雷达图的图表子类型及功能见表 5-9。

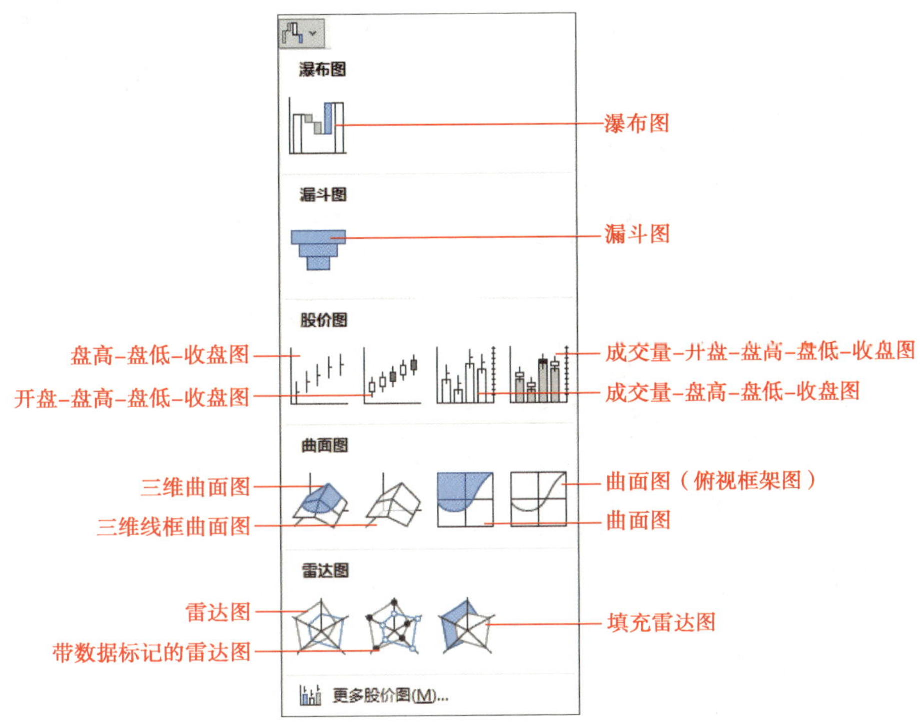

图 5-58 瀑布图、漏斗图、股价图、曲面图与雷达图的图表子类型

表 5-9　瀑布图、漏斗图、股价图、曲面图与雷达图的图表子类型及功能

子类型	功能
瀑布图	瀑布图显示加上或减去值时的数据累计汇总
漏斗图	漏斗图显示流程中多个阶段的值。通常情况下，值逐渐减小，从而使条形图呈现出漏斗形状
盘高 - 盘低 - 收盘图	盘高 - 盘低 - 收盘图用来显示股票价格。这种股价图按照以下顺序使用三个值系列：盘高、盘低和收盘股价
开盘 - 盘高 - 盘低 - 收盘图	开盘 - 盘高 - 盘低 - 收盘图按照以下顺序使用四个值系列：开盘、盘高、盘低和收盘股价
成交量 - 盘高 - 盘低 - 收盘图	成交量 - 盘高 - 盘低 - 收盘图按照以下顺序使用四个值系列：成交量和盘高、盘低、收盘股价。它在计算成交量时使用了两个值轴：一个用于成交量的列，另一个用于股票价格的列
成交量 - 开盘 - 盘高 - 盘低 - 收盘图	成交量 - 开盘 - 盘高 - 盘低 - 收盘图按照以下顺序使用五个值系列：成交量和开盘、盘高、盘低、收盘股价
三维曲面图	三维曲面图显示数据的三维视图，可以将其想象为三维柱形图上展开的橡胶板。它通常用于显示大量数据之间的关系，其他图表可能很难显示这种关系。曲面图中的颜色带不表示数据系列而表示值之间的差别
三维线框曲面图	曲面不带颜色的三维曲面图称为三维线框曲面图。这种图表只显示线条，不容易理解，但是绘制大型数据集的速度比三维曲面图快得多
曲面图	曲面图是从俯视的角度看到的曲面图，与二维地形图相似。在俯视图中，色带表示特定范围的值。分布图中的线条连接等值的内插点
曲面图（俯视框架图）	曲面图（俯视框架图）也是从俯视的角度看到的曲面图。这种图表只显示线条，不在曲面上显示色带
雷达图	雷达图显示值相对于中心点的变化
带数据标记的雷达图	带数据标记的雷达图显示值相对于中心点的变化，其中可以显示各个数据点的标记
填充雷达图	在填充雷达图中，数据系列覆盖的区域填充有颜色

8. 图表的结构

为了详细地了解图表，必须先认识图表的结构。图表由图表区域和区域中的对象组成，区域中的对象包括图表标题、图例、值轴和类别轴等，如图 5-59 所示。

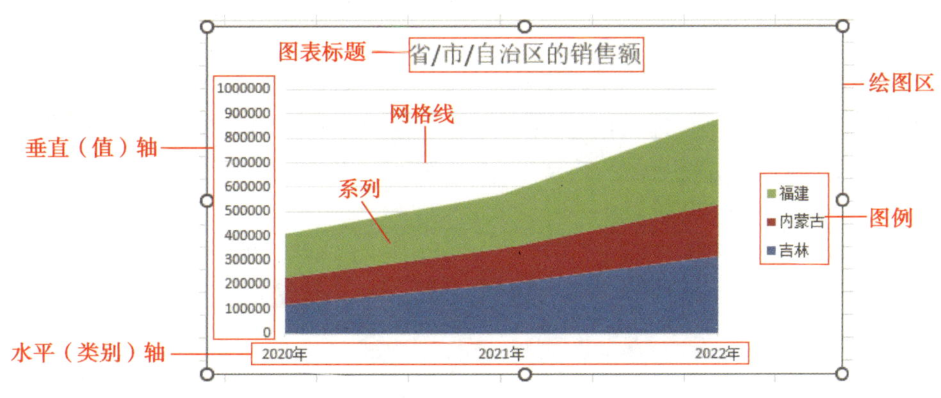

图 5-59　图表示例

图表区包括整个图表的全部元素。

图表标题是说明性的文本，自动与坐标轴对齐或者在图表顶部居中。

绘图区在二维图表区中是指通过轴来界定的区域，包括所有的数据系列；在三维图表中，绘图区包括所有的数据系列、类别名、刻度线标志和坐标轴标题。

网格线是在图表中方便察看和计算数据的线条，从坐标轴刻度线上延伸并且穿过绘图区。

系列是在图表中绘制的相关数据点，这些数据源自数据表的行或列，每个数据系列都具有唯一的颜色或图案，并在图表的图例中表示。可以在图表中绘制一个或者多个数据系列，但是饼图只有一个数据系列。

坐标轴（包括值轴和类别轴）用于界定图表绘图区，是度量的参照框架。*Y* 轴通常作为值轴包含带有刻度的数据；*X* 轴通常作为类别轴包含类别名称。在坐标轴上还可以添加标题。

图例用于标志图表中的数据系列或分类制定的图案或者颜色，在界面上表现为一个方框。

1. 创建“历年学生注册情况”工作簿

启动 Excel 2021，新建空白工作簿，将其保存并命名为“历年学生注册情况”。

2. 输入工作表的数据

在工作表中输入如图 5-60 所示的数据。

	A	B	C
1		男生	女生
2	2018年	200	190
3	2019年	180	176
4	2020年	234	199
5	2021年	233	198

图 5-60　输入历年学生注册情况数据

3. 创建图表

选中输入的数据，单击“插入”|“图表”|“插入柱形图或条形图”下拉按钮，在其下拉菜单中选择一个用户需要的子类型，这里选择“三维簇状柱形图”，如图 5-61 所示。插入图表后的效果如图 5-62 所示，这时生成了“图表设计”和“格式”选项卡。

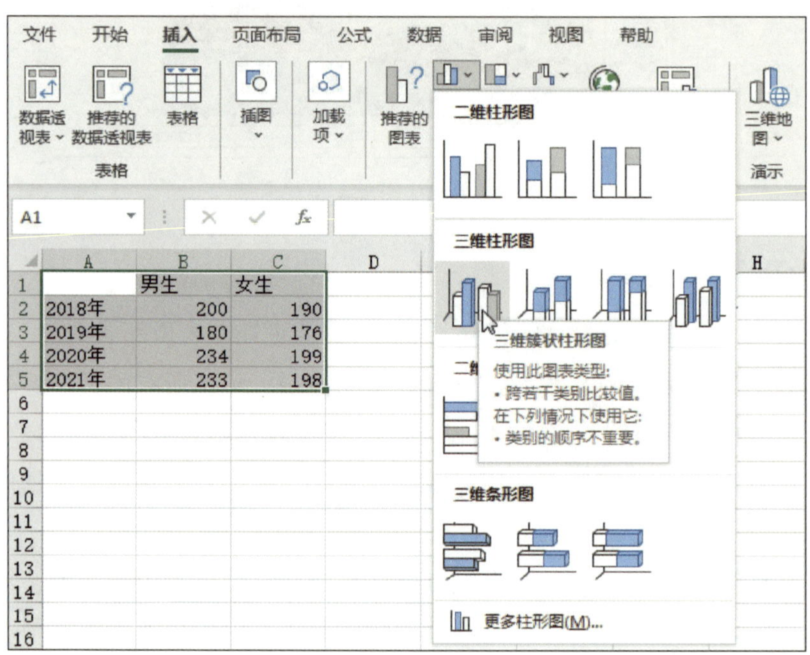

图 5-61 选择“三维簇状柱形图”

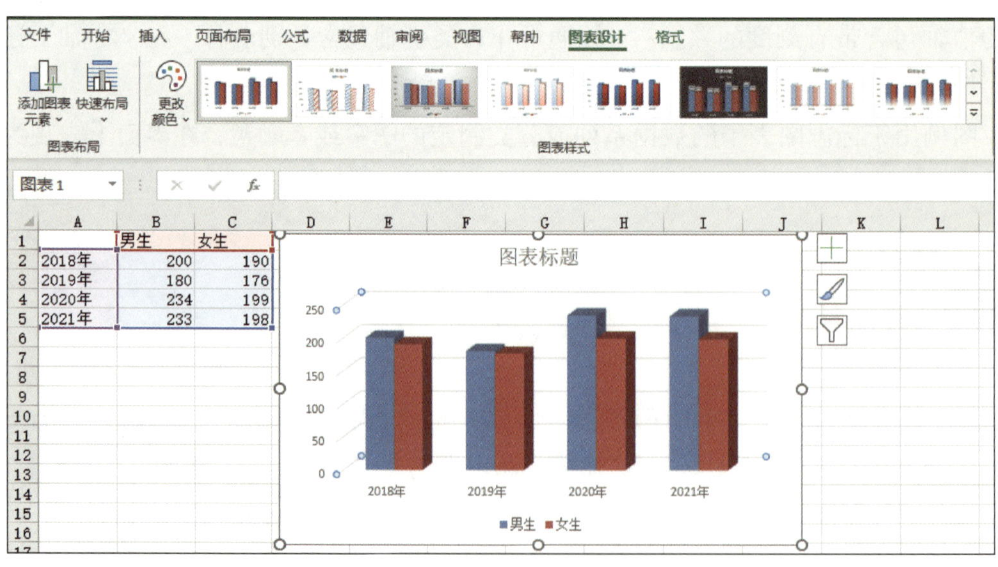

图 5-62 插入图表后的效果

4. 图表区域的修饰

单击“格式”|“当前所选内容”|“图表元素”框的下拉按钮，在其下拉列表中选择“图表区”（或者单击图表区），则图表区被选中，如图 5-63 所示。

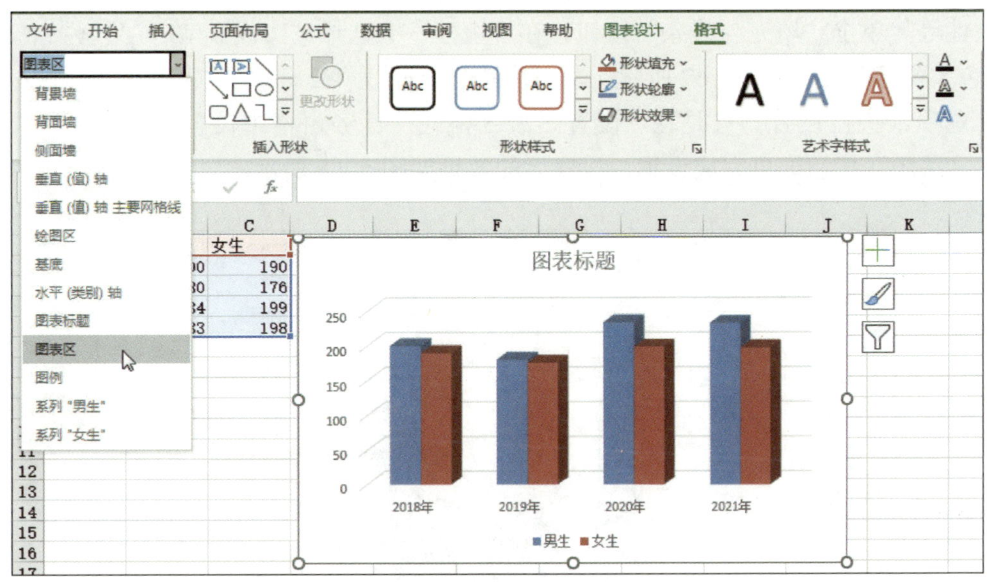

图 5-63　选中图表区

选中图表区后，单击“格式”|“形状样式”|“形状填充”下拉按钮，在其下拉菜单中选择一种合适的颜色或者图案，其效果如图 5-64 所示。

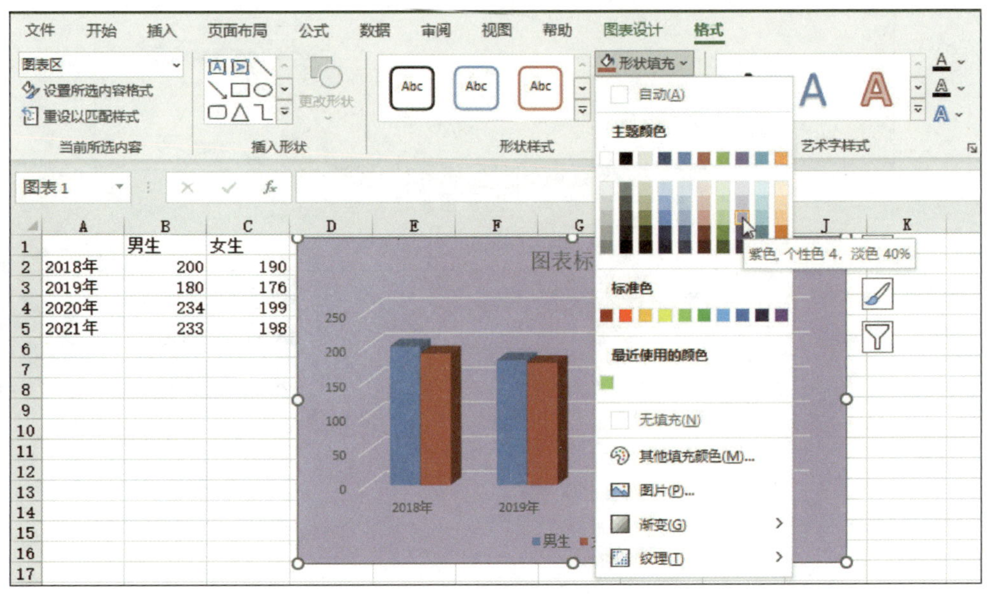

图 5-64　设定图表区的形状填充

在图表区单击鼠标右键，在弹出的快捷菜单中选择“设置图表区域格式”，如图 5-65 所示。弹出“设置图表区格式”任务窗格，在其中可以选择“图表选项”的三个子选项：“填充与线条”“效果”“大小与属性”，如图 5-66 所示，通过这三个子选项可以对图表区设置填充、边框、阴影、发光、柔化边缘、三维格式、三维旋转、大小及属性等。单击“填充与线条”按钮，在“边框”中选择“实线”，在“颜色”中选择“黑色，文字 1”，如图 5-67 所示，将“宽度”修改为“2 磅”。这些也可以通过“格式”选项卡进行设置，只是在“设置图表区格式”任务窗格中设置更为方便、快捷，单击“关闭”按钮即可完成设置，设置后的效果如图 5-68 所示。

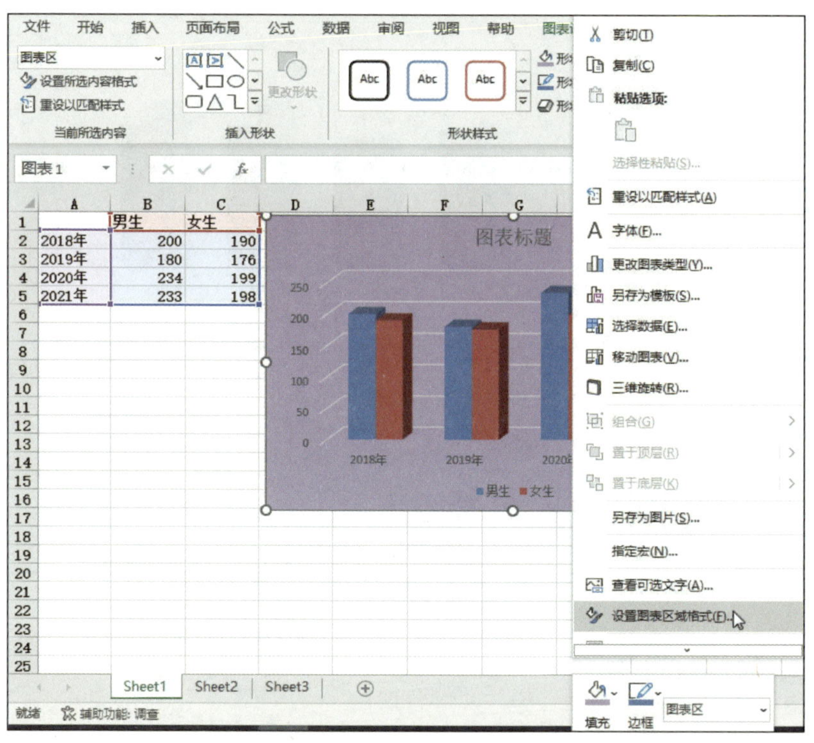

图 5-65 选择“设置图表区域格式”

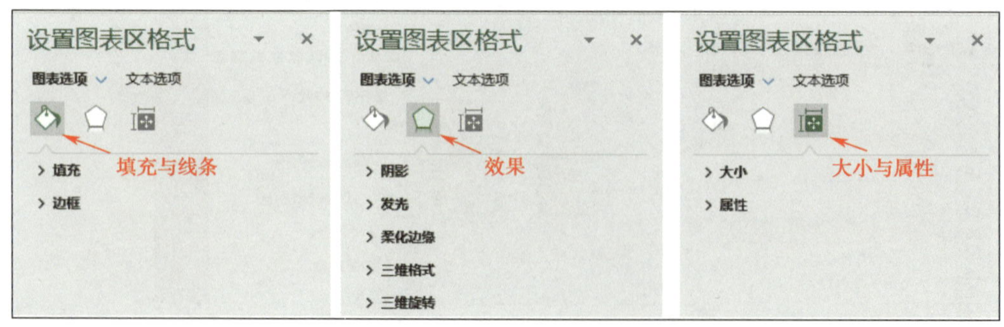

图 5-66 “图表选项”的子选项

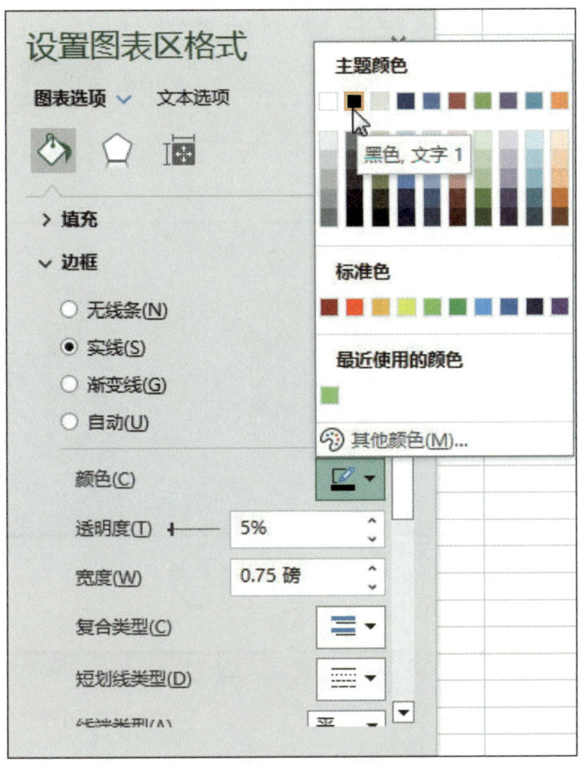

图 5-67　在“设置图表区格式”任务窗格中设置边框、颜色

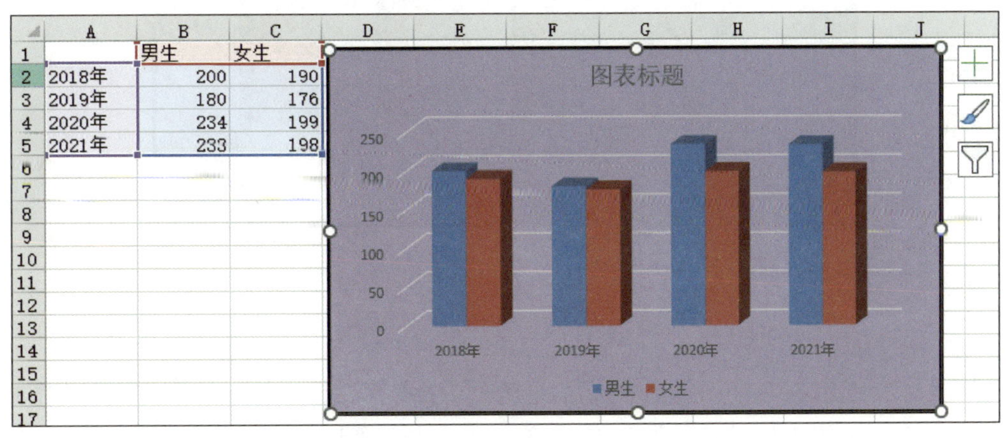

图 5-68　图表区格式设置后的效果

5. 添加图表标题

想要添加图表标题，只需单击“图表设计”|“图表布局”|“添加图表元素”下拉按钮，在其下拉菜单中选择“图表标题”下的选项，可以设置图表标题，如图 5-69 所示。在图表上的“图表标题”区输入“历年学生注册情况”，完成图表标题的重命名，如图 5-70 所示。

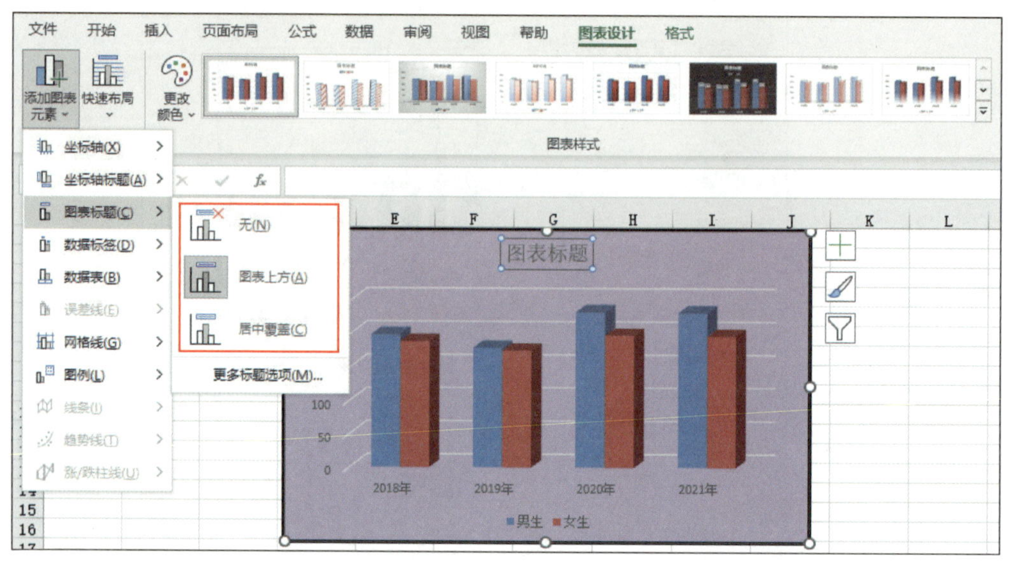

图 5-69　设置图表标题

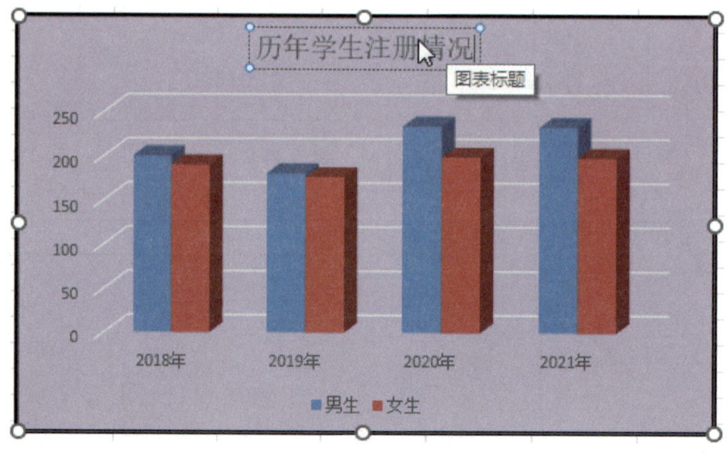

图 5-70　输入图表标题

6. 修饰图表的坐标轴

用鼠标右键单击垂直（值）轴，在快捷菜单中选择“设置坐标轴格式”，如图 5-71 所示。弹出“设置坐标轴格式”任务窗格，在其中“坐标轴选项”中可以选择以下四个子选项：“填充与线条”“效果”“大小与属性”“坐标轴选项”，如图 5-72 所示。通过此四个子选项可以对坐标轴设置填充、线条、阴影、发光、柔化边缘、三维格式、对齐方式、坐标轴选项、刻度线、标签、数字等。选择任务窗格中“坐标轴选项”子选项中的“坐标轴选项”，设置“边界”的“最大值”为“500”，如图 5-73 所示。关闭任务窗格，完成设置，设置坐标轴格式后的效果如图 5-74 所示。

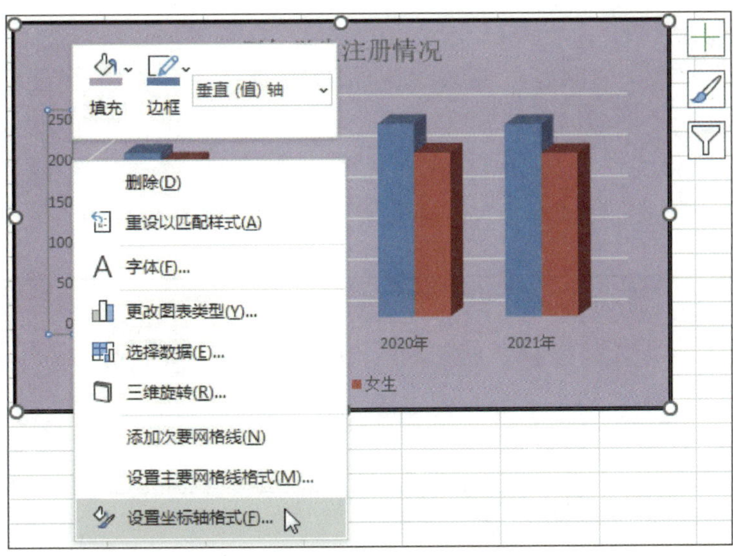

图 5-71　选择“设置坐标轴格式”

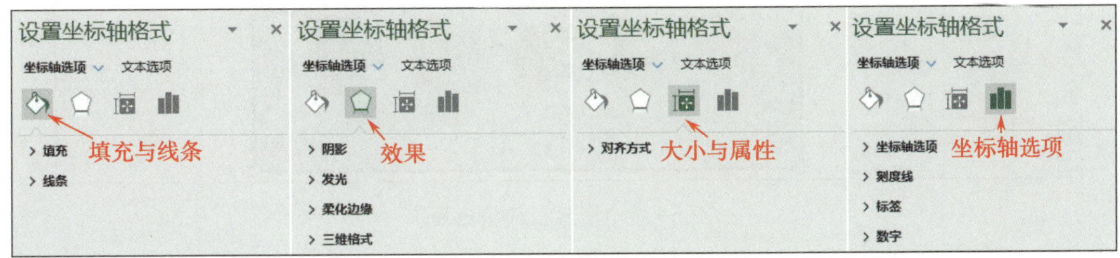

图 5-72　“坐标轴选项”的子选项

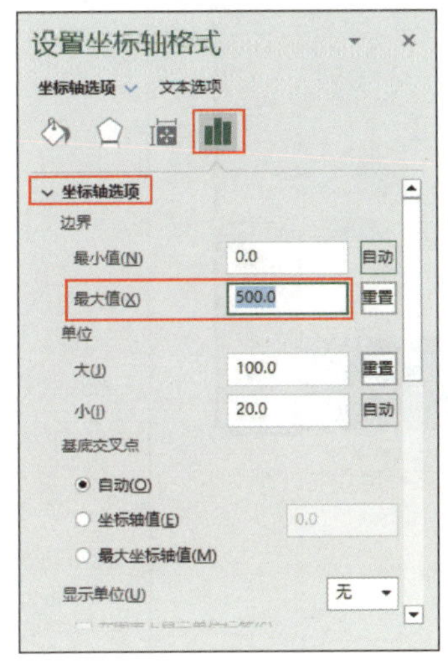

图 5-73　设置“边界”

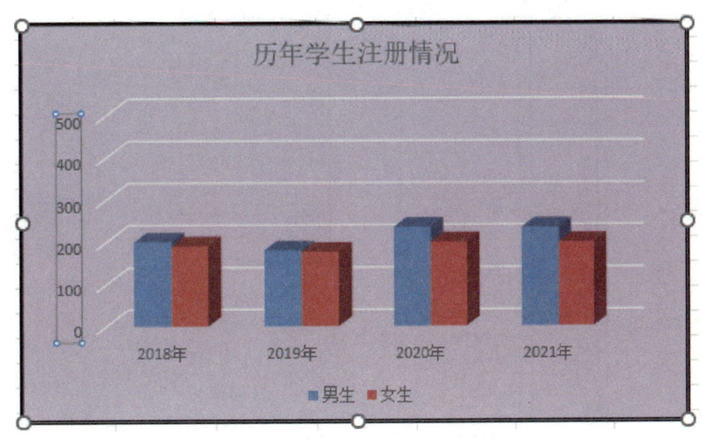

图 5-74　设置坐标轴格式后的效果

7. 修饰坐标轴标题

单击“图表设计”|“图表布局”|“添加图表元素”下拉按钮，在其下拉菜单中选择“坐标轴标题”|“主要纵坐标轴”，如图 5-75 所示。双击“坐标轴标题”区，弹出“设置坐标轴标题格式”任务窗格，在“对齐方式”中设置“文字方向”为“竖排”，如图 5-76 所示。在“坐标轴标题”区中输入“人数”，如图 5-77 所示。

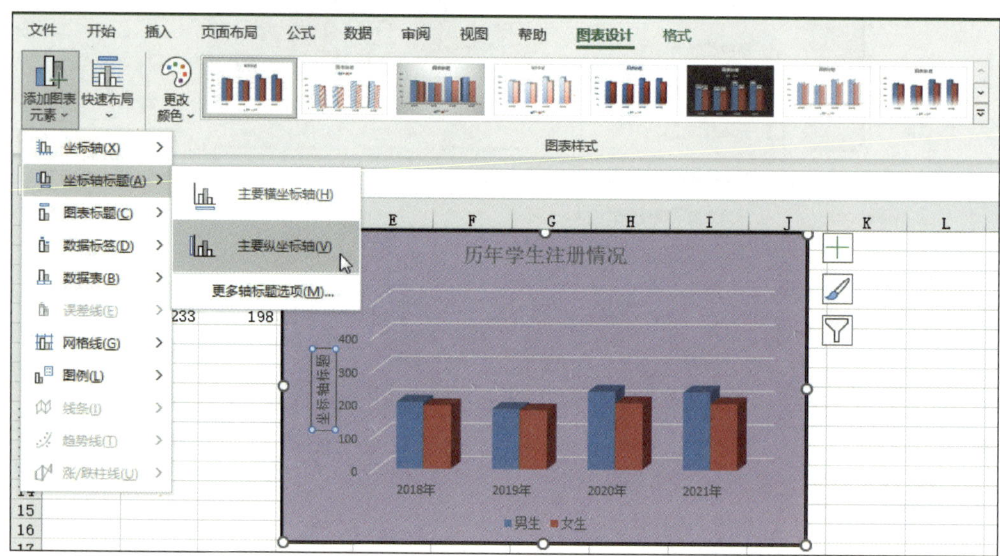

图 5-75　设置坐标轴标题

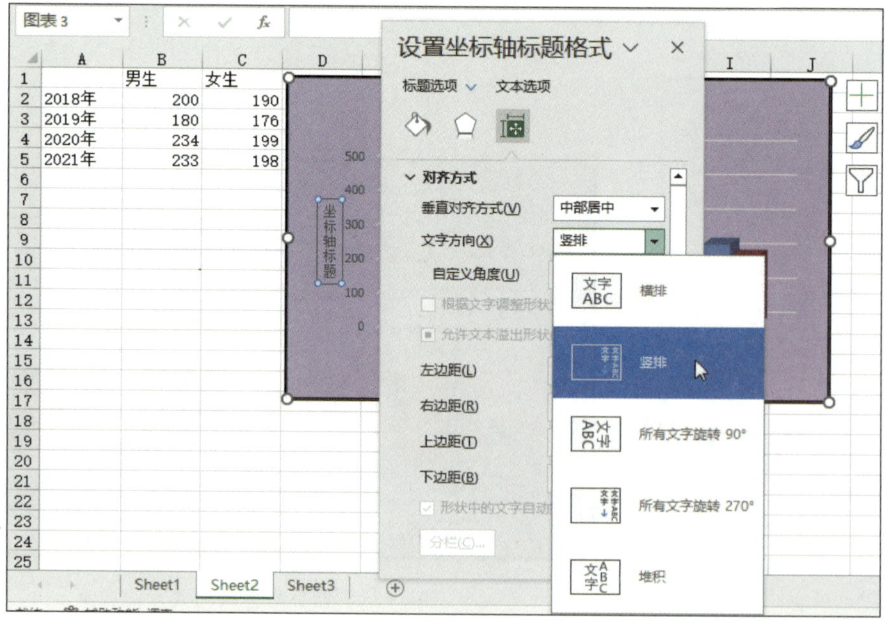

图 5-76　设置坐标轴标题文字方向

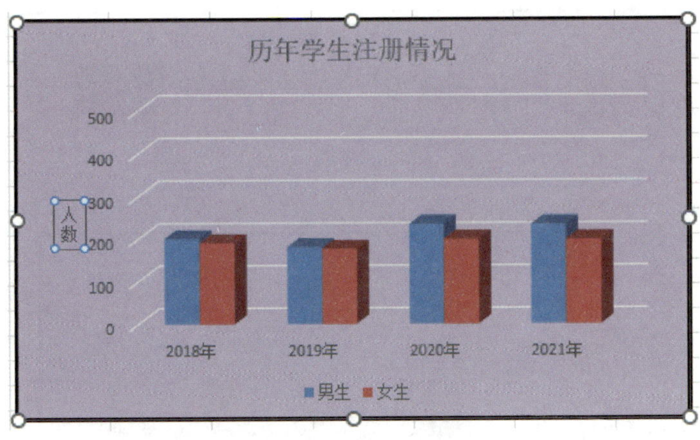

图 5-77　设置坐标轴标题后的效果

8. 修饰图例

单击“图表设计”|“图表布局”|“添加图表元素”下拉按钮，在其下拉菜单中选择“图例”下的选项，可以设置图例，如图 5-78 所示。

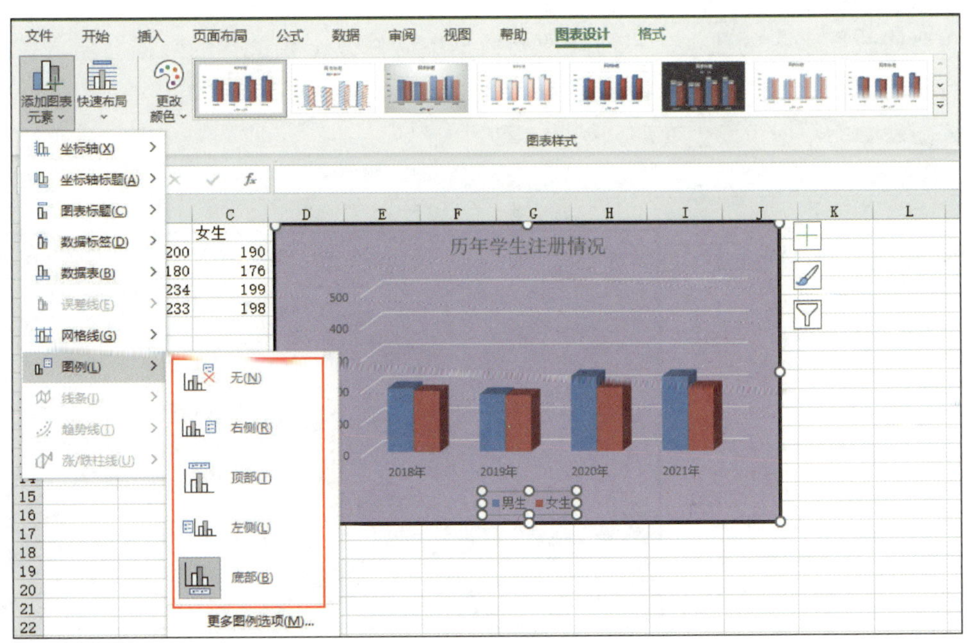

图 5-78　设置图例

9. 设置在图表中显示数据表

单击“图表设计”|“图表布局”|“添加图表元素”下拉按钮，在其下拉菜单中选择“数据表”|“显示图例项标示”，拖动绘图区与图例至适当位置，设置在图表中显示数据表及图例项标示后的效果如图 5-79 所示。

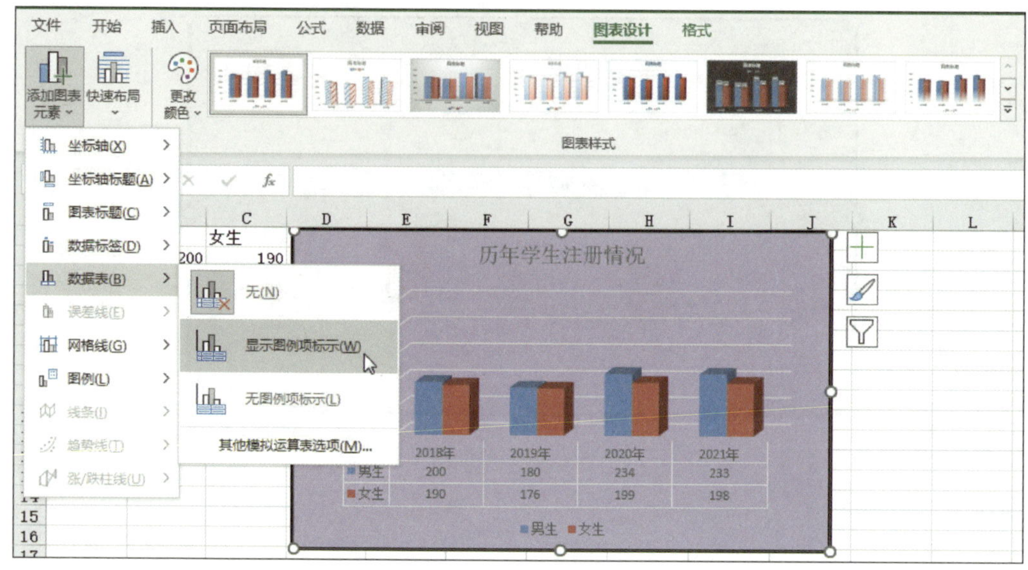

图 5-79　设置在图表中显示数据表及图例项标示后的效果

10. 修改图表中的数据

想要修改图表中的数据，只需在原始数据中做修改，相链接的数据会随之在图表中进行改动。在原始数据表中将单元格 C2 的数据由“190”改为“230”，按 Enter 键确认后，图表中的数据也发生变动，如图 5-80 所示。

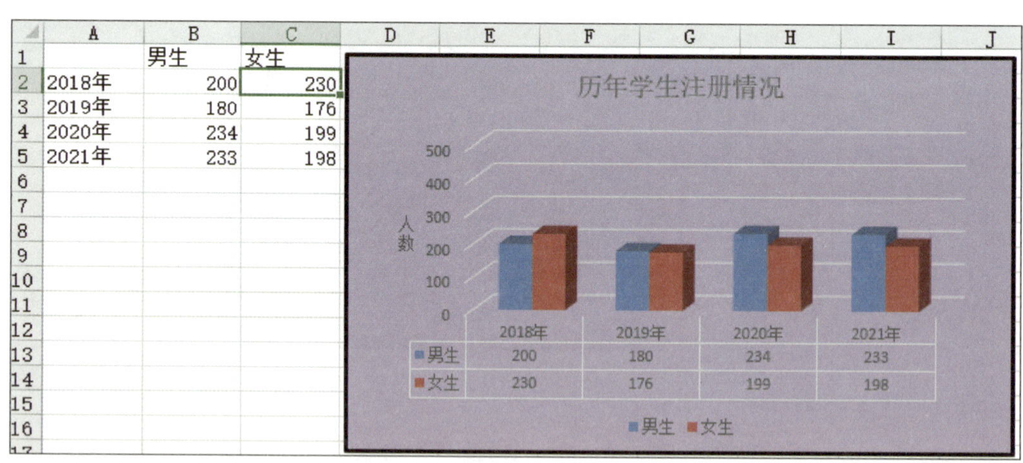

图 5-80　修改后图表中的数据

11. 更改图表类型

选中图表，单击“图表设计”|“类型”|“更改图表类型”按钮，弹出如图 5-81 所示的“更改图表类型”对话框。在对话框中选择“柱形图”中的“簇状柱形图”，单击“确定”按钮。

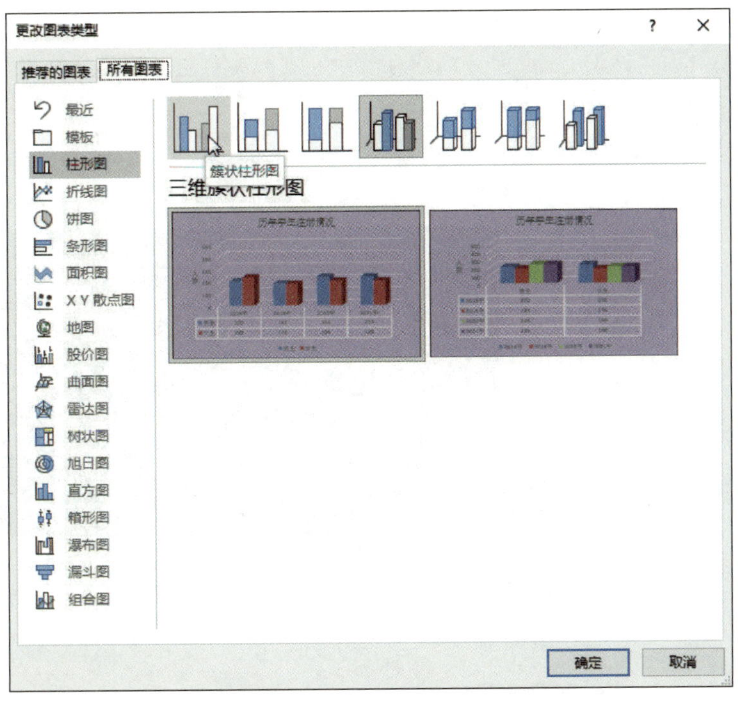

图 5-81　“更改图表类型”对话框

12. 更改图表样式

选中图表，在“图表设计”|“图表样式”组中选择用户需要的样式如“样式 8”，如图 5-82 所示。

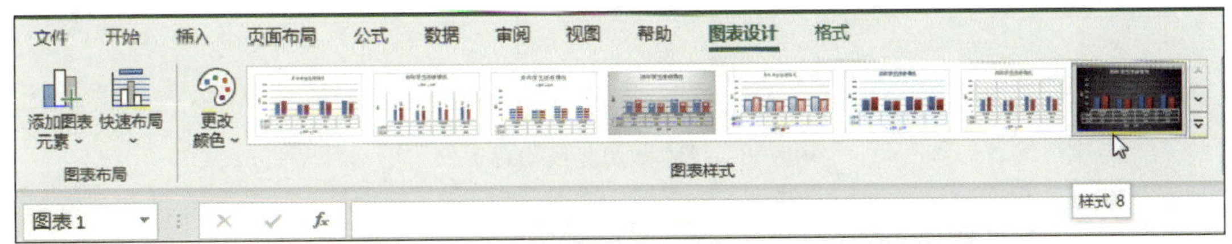

图 5-82　更改图表样式

13. 添加趋势线

选中图表，单击“图表设计”|“图表布局”|“添加图表元素”下拉按钮，在其下拉菜单中选择“趋势线”|“线性”，如图 5-83 所示，在弹出的“添加趋势线”对话框（见图 5-84）中选中“男生”后单击“确定”按钮，即可生成如图 5-85 所示的趋势线。

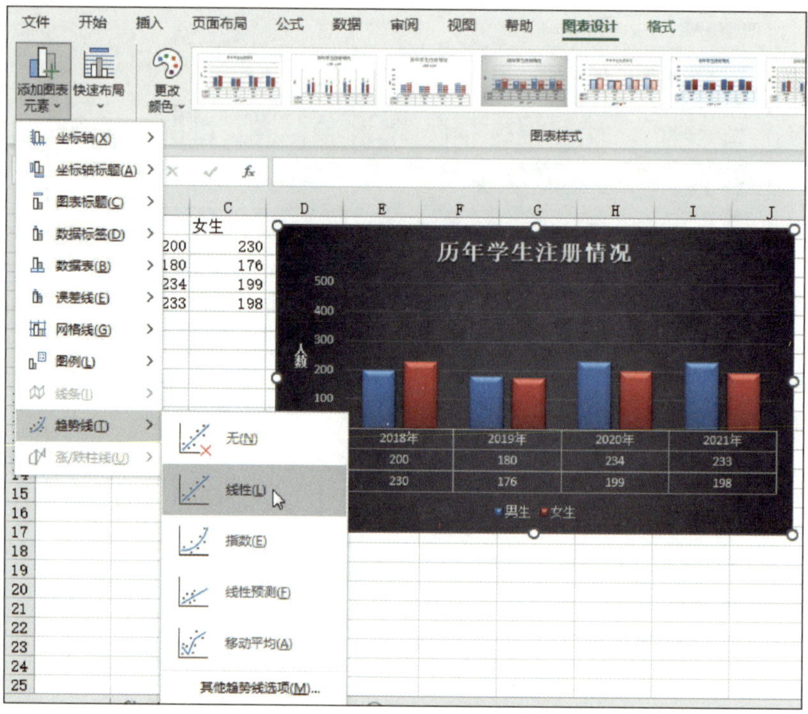

图 5-83 选择“趋势线”

图 5-84 “添加趋势线”对话框

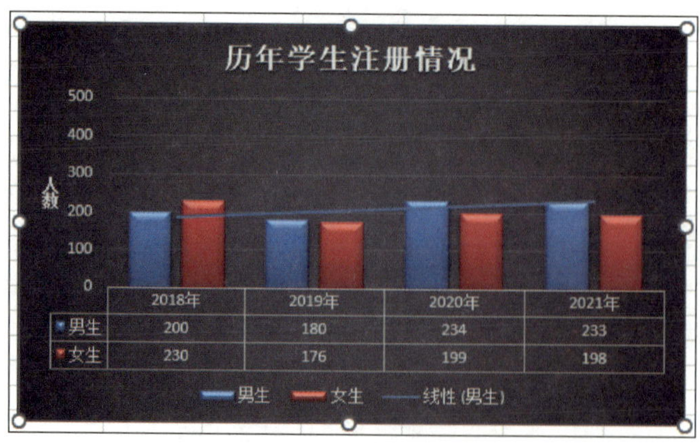

图 5-85 添加趋势线的效果

图表制作完成后，还可以将其选中并进行复制、删除等操作。最后保存工作簿即可完成任务。

在 Excel 2021 中将表 5-10 绘制成三维饼形图，并设置其样式。

表 5-10　运动会获奖情况

等次	人数
金牌	25
银牌	45
铜牌	103

任务 4　制作销售数据透视图表

1. 能描述 Excel 2021 中透视图和透视表的基本功能。
2. 能完成透视图和透视表的创建与使用。

通过数据透视表和透视图可以交互地分析 Excel 报表，本任务利用项目四任务 2 中的图 4-37 所示的商品销售表制作一个透视图表，并利用透视表和透视图分析销售报表。

1. 数据透视表

数据透视表是一种可以快速汇总大量数据的交互式、交叉制表的 Excel 报表，用于对多种来源（包括 Excel 的外部）的数据（如数据库记录）进行汇总和分析，尤其是对于记录多、结构复杂的工作表更加方便。使用数据透视表可以深入分析数值型数据，并且可以发现一些预计不到的数据问题。

数据透视表主要有以下用途：

（1）以多种方式查询大量数据。

（2）对数值型数据进行分类汇总和聚合，按分类和子分类对数据进行汇总，并进行自定义计算。

（3）展开或折叠要关注结果的数据级别，查看感兴趣区域摘要数据的明细。

（4）通过行、列的调整查看源数据的不同汇总。

（5）对最有用和最关注的数据子集进行筛选、排序、分组和有条件地设置格式，使用户能够关注所需的信息。

（6）获取简明、有吸引力并且带有批注的联机报表或打印报表。

如果要分析相关的汇总值，尤其是在要合计较大的数字列表并对每个数字进行多种比较时，通常使用数据透视表。

2. 数据透视图

数据透视图是一种提供交互式数据分析的图表，它与数据透视表相似。用户可以更改数据透视图，查看不同级别的明细数据，或者通过拖动字段和显示或隐藏字段中的项来重新组织图表的布局。在创建数据透视图时，Excel 会根据同样的数据创建一个相关联的数据透视表，因此可以根据相关联的报表创建一个新的报表，对数据透视图的更改将影响相关联的数据透视表；反之亦然。

1. 打开工作簿

启动 Excel 2021，打开项目四任务 2 中的工作簿“某品牌四类产品三月份销售表”。

2. 新建数据透视表

选中单元格 G2，在“插入”|“表格”|“数据透视表”下拉菜单中选择“表格和区域”，如图 5-86 所示。这时弹出“来自表格或区域的数据透视表”对话框，在“现有工作表”中选择的“表 / 区域”如图 5-87 所示。单击“确定”按钮，得到新建的“数据透视表 1”，如图 5-88 所示。

3. 设置数据透视表的格式

在新建的数据透视表的右侧是“数据透视表字段”任务窗格，单击右上角的“工具”下拉按钮，在其下拉菜单中可以设置字段节和区域节的排列形式，如图 5-89 所示。

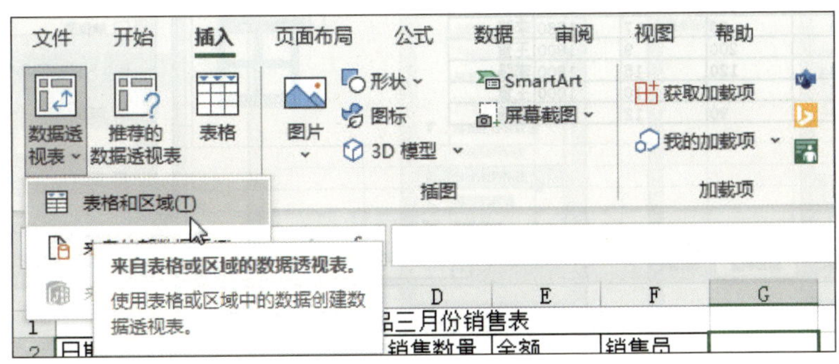

图 5-86　选择“表格和区域”

A2

	A	B	C	D	E	F
1	某品牌四类产品三月份销售表					
2	日期	产品名称	单价	销售数量	金额	销售员
3	第一周	上衣A	200	10	2000	王宣
4	第一周	裤子B	120	12	1440	李强
5	第一周	上衣C	100	10	1000	王宣
6	第一周	裤子D	90	20	1800	李强
7	第二周	上衣A	200	15	3000	王宣
8	第二周	裤子B	120	15	1800	李强
9	第二周	上衣C	100	9	900	王宣
10	第二周	裤子D	90	20	3000	李强
11	第三周	上衣A	200	12	2400	王宣
12	第三周	裤子B	120	20	2400	李强
13	第三周	上衣C	100	20	2000	王宣
14	第三周	裤子D	90	17	1530	李强
15	第四周	上衣A	200	9	1800	王宣
16	第四周	裤子B	120	15	1800	李强
17	第四周	上衣C	100	10	1000	王宣
18	第四周	裤子D	90	12	1080	李强

来自表格或区域的数据透视表

选择表格或区域

表/区域(T): Sheet2!$A$2:$F$18

选择放置数据透视表的位置

○ 新工作表(N)

◉ 现有工作表(E)

位置(L): Sheet2!$G$2

选择是否想要分析多个表

☐ 将此数据添加到数据模型(M)

确定　取消

图 5-87　“来自表格或区域的数据透视表”对话框

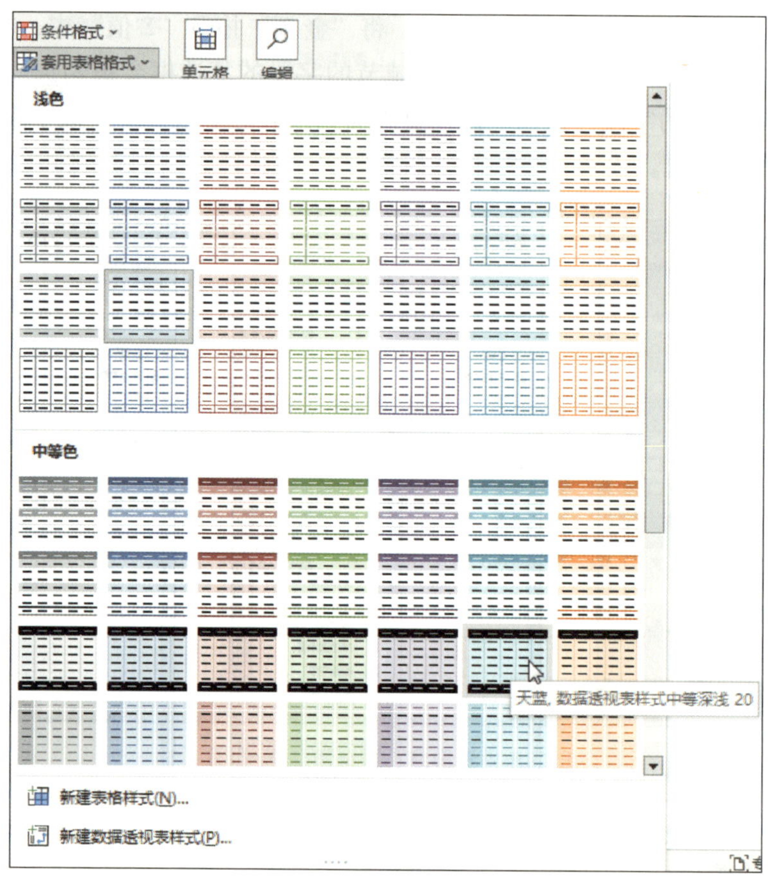

图 5-94　设置数据透视表样式

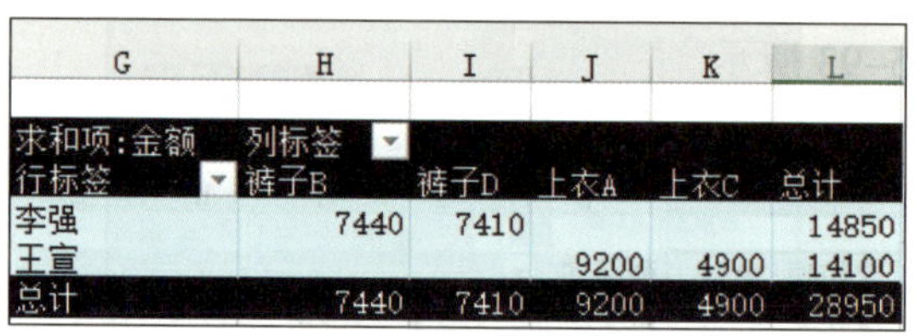

G	H	I	J	K	L
求和项:金额	列标签				
行标签	裤子B	裤子D	上衣A	上衣C	总计
李强	7440	7410			14850
王宣			9200	4900	14100
总计	7440	7410	9200	4900	28950

图 5-95　套用表格格式的数据透视表

提示

选中数据透视表后，还可以在“设计”|“数据透视表样式”组中，根据需要调整透视表的样式。

5. 更新数据

若数据透视表数据源（某品牌四类产品三月份销售表）的数据进行了更改，则可

以在数据透视表中选中任意单元格，选择“数据透视表分析”|“数据”|“刷新”下拉菜单中的任意选项，对数据透视表中的数据进行更新，如图 5-96 所示。

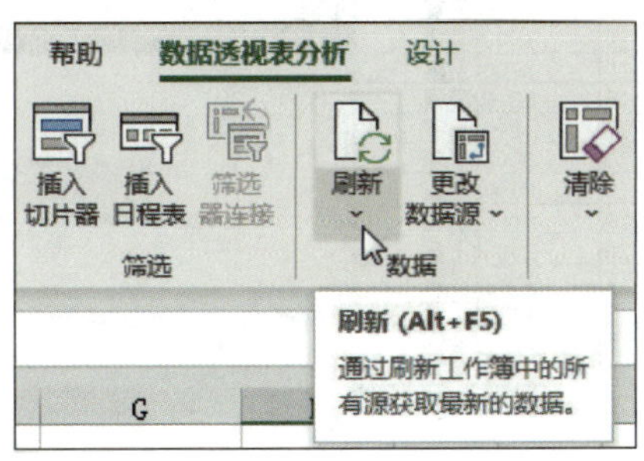

图 5-96　设置数据透视表的数据更新

6. 插入数据透视图

选中数据透视表中的任意单元格，单击“数据透视表分析”|“工具”|“数据透视图”按钮，在弹出的“插入图表”对话框中选择合适的图表类型，如此处选择“条形图”中的“三维簇状条形图”，如图 5-97 所示。单击“确定”按钮，即可生成如图 5-98 所示的数据透视图。

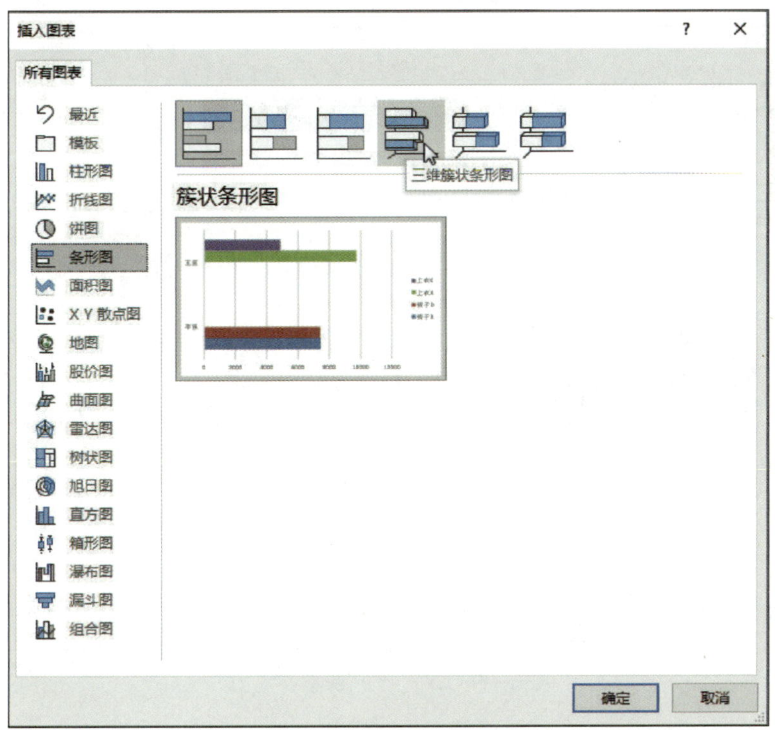

图 5-97　“插入图表”对话框

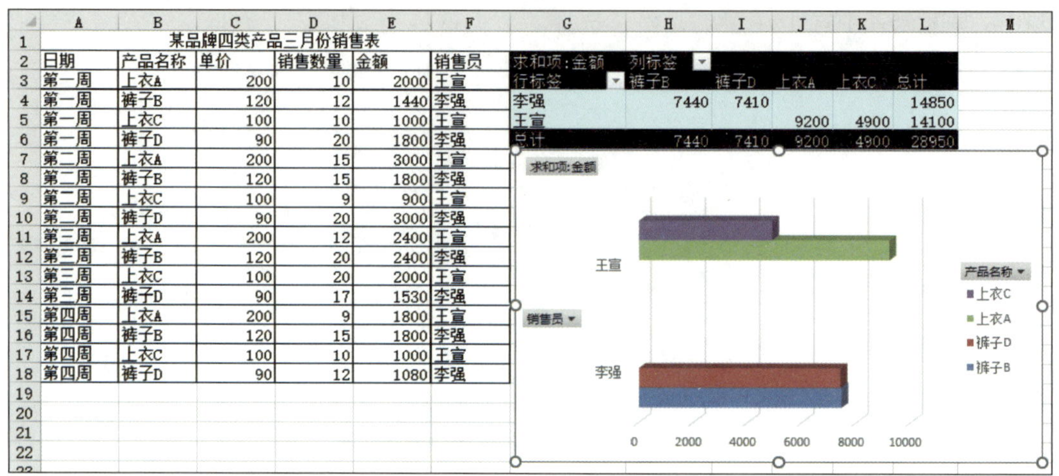

日期	产品名称	单价	销售数量	金额	销售员
第一周	上衣A	200	10	2000	王宣
第一周	裤子B	120	12	1440	李强
第一周	上衣C	100	10	1000	王宣
第一周	裤子D	90	20	1800	李强
第二周	上衣A	200	15	3000	王宣
第二周	裤子B	120	15	1800	李强
第二周	上衣C	100	9	900	王宣
第二周	裤子D	90	20	3000	李强
第三周	上衣A	200	12	2400	王宣
第三周	裤子B	120	20	2400	李强
第三周	上衣C	100	20	2000	王宣
第三周	裤子D	90	17	1530	李强
第四周	上衣A	200	9	1800	王宣
第四周	裤子B	120	15	1800	李强
第四周	上衣C	100	10	1000	王宣
第四周	裤子D	90	12	1080	李强

求和项:金额	列标签				
行标签	裤子B	裤子D	上衣A	上衣C	总计
李强	7440	7410			14850
王宣			9200	4900	14100
总计	7440	7410	9200	4900	28950

图 5-98 插入的数据透视图

选中数据透视图，单击“数据透视图分析”|“显示/隐藏”|“字段列表”按钮，弹出“数据透视图字段”任务窗格，可以筛选数据透视图上的活动字段，如在字段节中的“销售员”菜单中只勾选“李强”复选框，确定后得到如图 5-99 所示的筛选后的数据透视图。

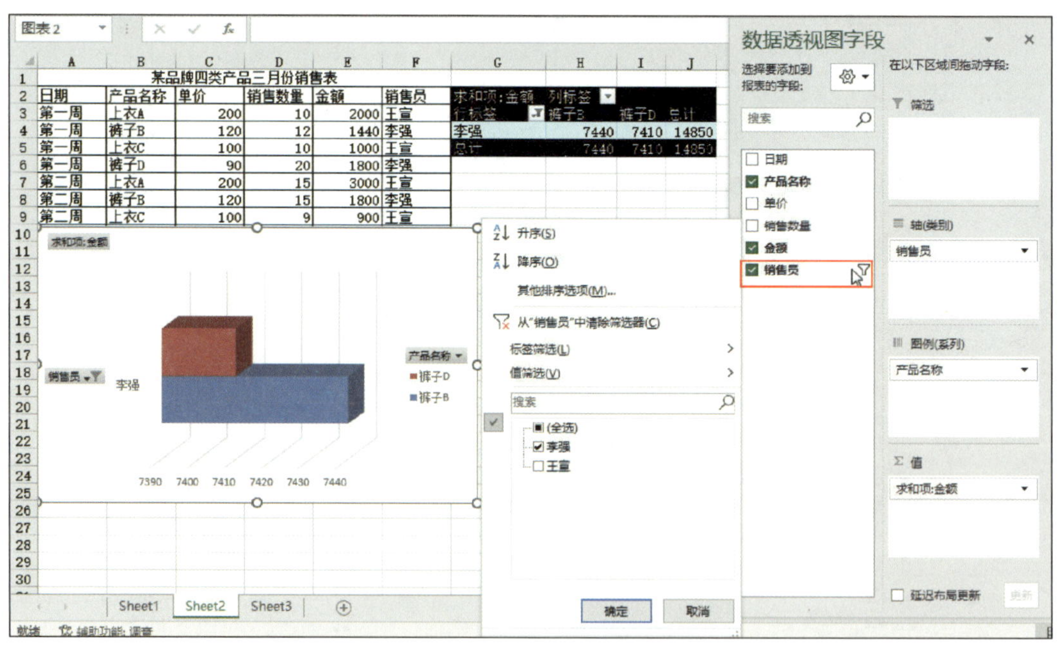

图 5-99 筛选后的数据透视图

7. 输入图表标题

在图 5-98 所示的图表中输入图表标题，选中数据透视图，单击“设计”|“图表布

局”|“快速布局”下拉按钮，在其下拉菜单中选择“布局 3”，如图 5-100 所示。在设置布局后的图表中，输入图表标题“个人销售情况”，如图 5-101 所示。

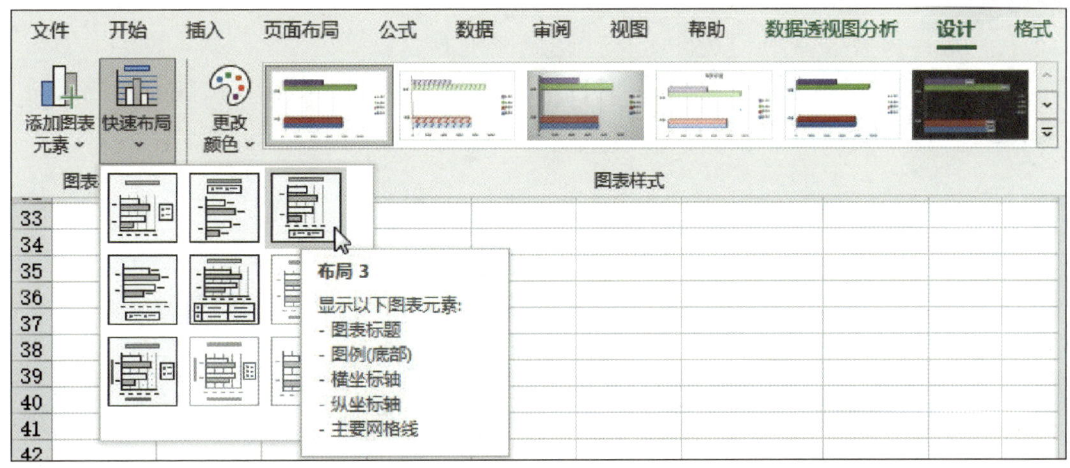

图 5-100　“快速布局”下拉菜单

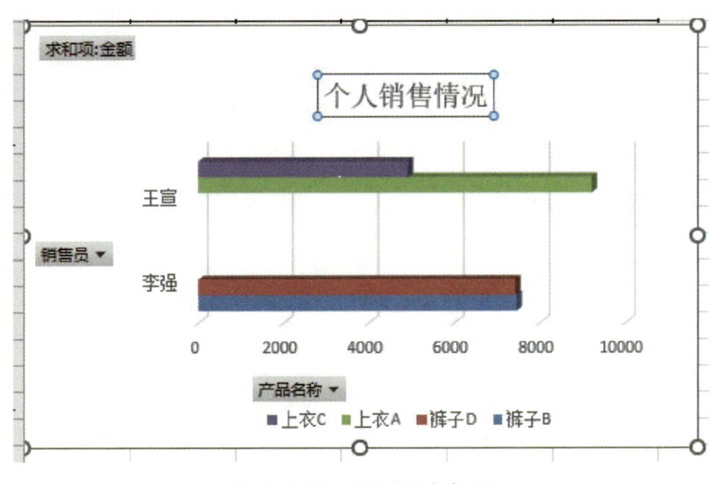

图 5-101　添加图表标题

8. 保存

最后保存工作簿。

教学资源

本项目所需素材可通过技工教育网（http://jg.class.com.cn）下载，位于软件资源包“Excel 2021 基础与应用 / 项目五”中。

将项目四任务 2 中的“某品牌四类产品三月份销售表”制作成透视表和透视图，其中透视图使用三维堆积柱形图。

项目六
打印及其他操作

通常在打印工作表之前，还需对工作表进行一些设置，如设置页面的大小、打印方向以及打印的数据等。本项目主要介绍在打印工作表前，对其进行打印设置的操作方法。

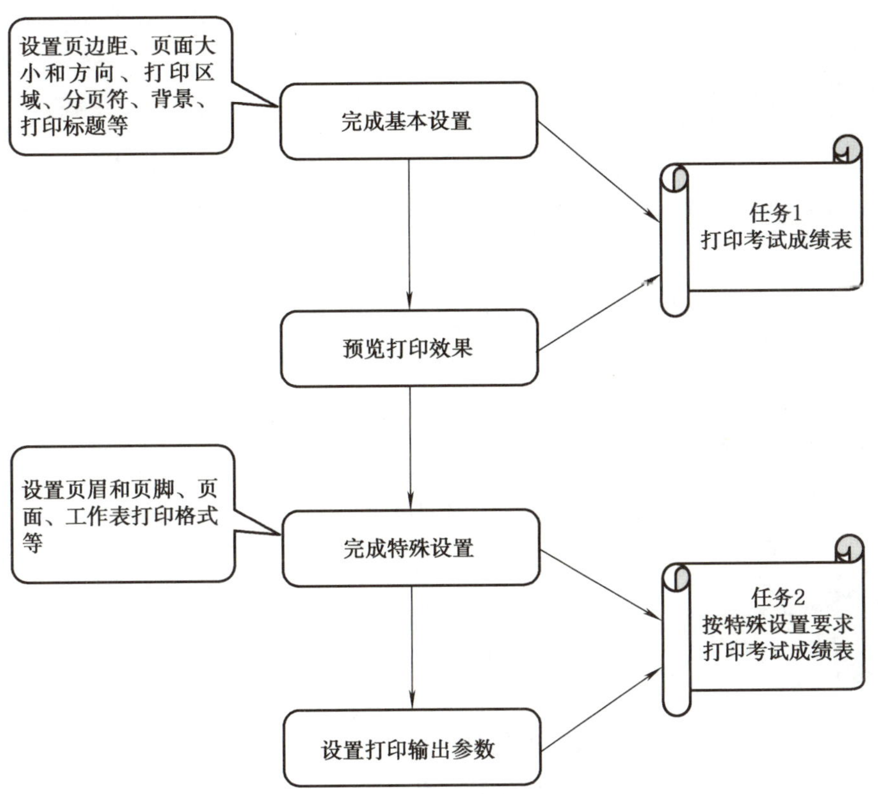

任务 1 打印考试成绩表

1. 能描述工作表打印页面基本设置的含义。

2. 能完成工作表打印页面的基本设置，并能合理运用打印中的一些技巧性操作方法。

本任务是对项目一任务 4 中制作的“高三（2）班期中考试成绩表”进行打印参数的设置，包括页边距、页面大小和方向、分页符等，完成工作表打印的基本设置。

打印页面的基本设置包括页边距、页面大小和方向、打印区域、分页符、打印标题、背景等设置。

通过打印区域设置可以只打印选定的部分区域，而不是整个工作表。

通过分页符设置，用户可以选择分页的位置，从而可以根据需要分页打印工作表。

通过打印标题设置可以实现分页打印工作表时，工作表的表头标题在各页均显示，而不是只在第一页显示，这有助于用户观察工作表。

这三项设置是在 Excel 打印时较为常用的设置。

1. 页边距、页面大小和方向的设置

打开“高三（2）班期中考试成绩表”工作簿，单击“页面布局”|“页面设置”|“页边距”下拉按钮，在如图 6-1 所示的下拉菜单中可以选择“常规”“宽”“窄”三种预设的页边距方案。

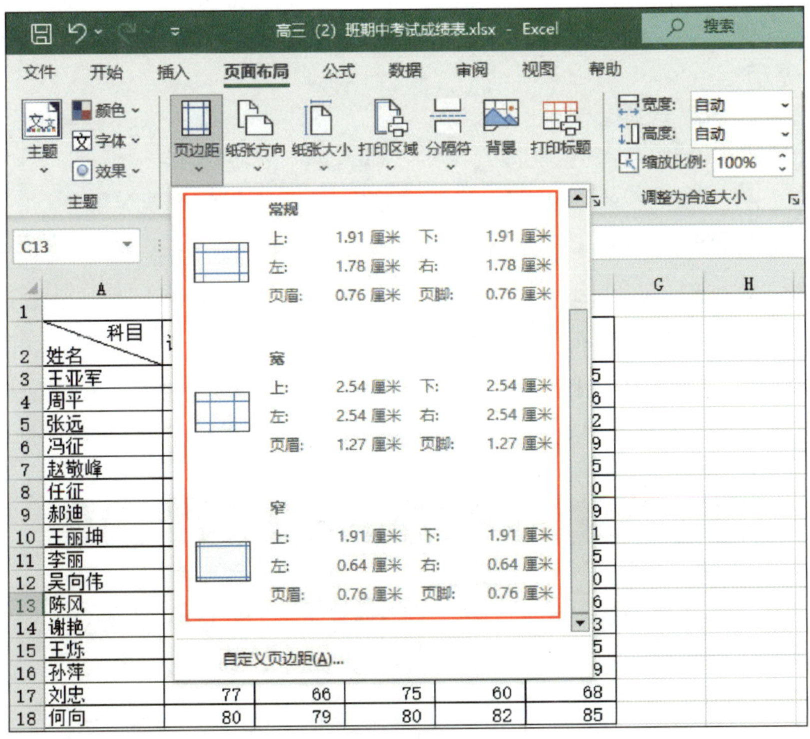

图 6-1　“页边距”下拉菜单

选择“自定义页边距”，在弹出的对话框中的“页边距”选项卡中可以设置自定义的页边距，这里设置的页边距值如图 6-2 所示。

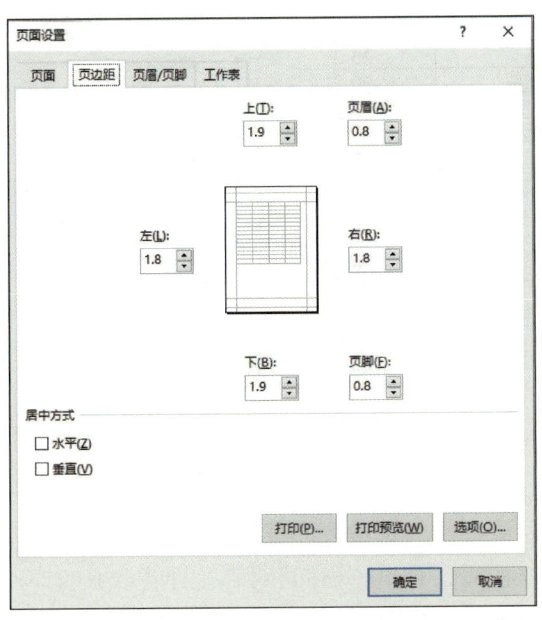

图 6-2　“页边距”选项卡

提示

单击“打印预览”按钮，再单击“显示边距”按钮，可以利用鼠标拖动的方式来对页边距进行设置。

打印时，需要根据需求或打印纸的实际情况来设置页面的大小，也就是纸张的大小。单击“页面布局”|“页面设置”|“纸张大小”下拉按钮，在弹出的如图 6–3 所示的下拉菜单中选择所需的纸张大小，最为常用的纸张是 A4。如果需要其他格式的页面大小，也可选择“其他纸张大小”，在其对话框中设置即可。

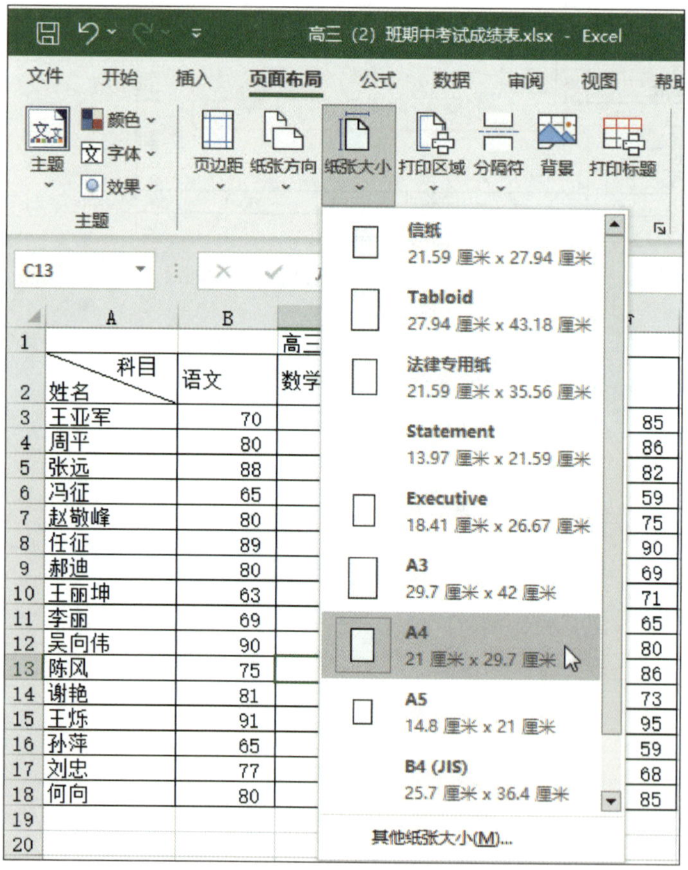

图 6-3 “纸张大小”下拉菜单

根据需求，还可以对打印的页面方向进行设置。同样单击“页面布局”|“页面设置”|“纸张方向”下拉按钮，弹出“横向”和“纵向”两个选项，根据需要选择即可，这里选择“纵向”，如图 6–4 所示。

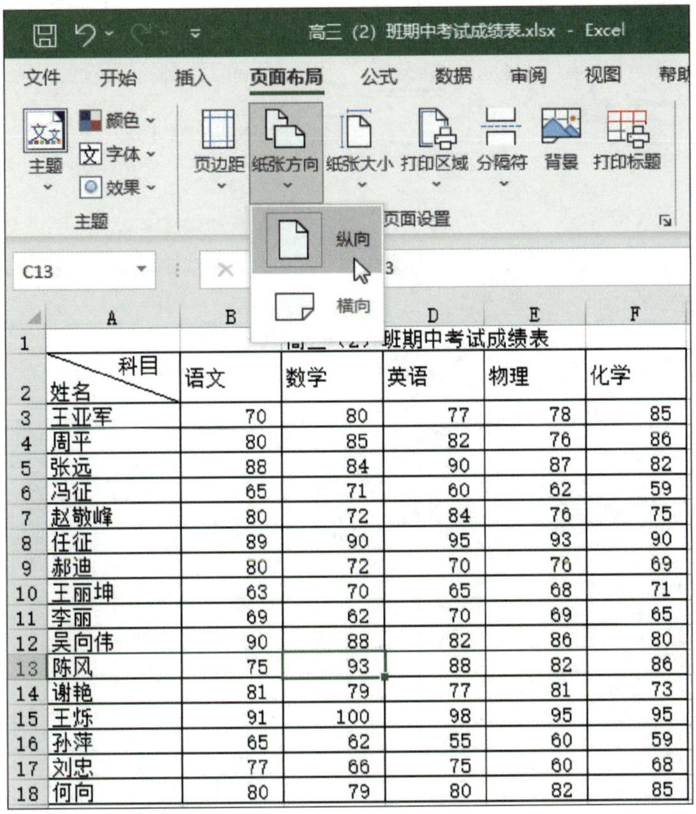

姓名＼科目	语文	数学	英语	物理	化学
王亚军	70	80	77	78	85
周平	80	85	82	76	86
张远	88	84	90	87	82
冯征	65	71	60	62	59
赵敬峰	80	72	84	76	75
任征	89	90	95	93	90
郝迪	80	72	70	76	69
王丽坤	63	70	65	68	71
李丽	69	62	70	69	65
吴向伟	90	88	82	86	80
陈风	75	93	88	82	86
谢艳	81	79	77	81	73
王烁	91	100	98	95	95
孙萍	65	62	55	60	59
刘忠	77	66	75	60	68
何向	80	79	80	82	85

图 6-4　“纸张方向”下拉菜单

2. 打印区域的设置

如果不需要打印整个工作表，可以通过此项设置来完成，如只需打印单元格区域 A1:F9。首先选中单元格区域 A1:F9，单击“页面布局”|“页面设置”|“打印区域”下拉按钮，在其下拉菜单中选择“设置打印区域”，如图 6–5 所示。可以看到此区域边框出现了灰色实线框，图 6–6 所示就是打印区域设置前后的效果。若要取消打印区域的设置，则在如图 6–5 所示的下拉菜单中选择“取消打印区域”。

3. 分页符的设置

在打印数据量很大的工作表时，Excel 会自动插入分页符，但是用户也可以在自己需要的位置设置分页符，使打印工作表时在自己指定的位置分页。选中插入分页符的行或列中的任意单元格，如 A6。单击“页面布局”|“页面设置”|“分隔符”下拉按钮，在其下拉菜单中选择“插入分页符”，如图 6–7 所示，即完成了分页符的设置。若需删除，则在下拉菜单中选择“删除分页符”；若需重新设置，则在下拉菜单中选择“重设所有分页符”。

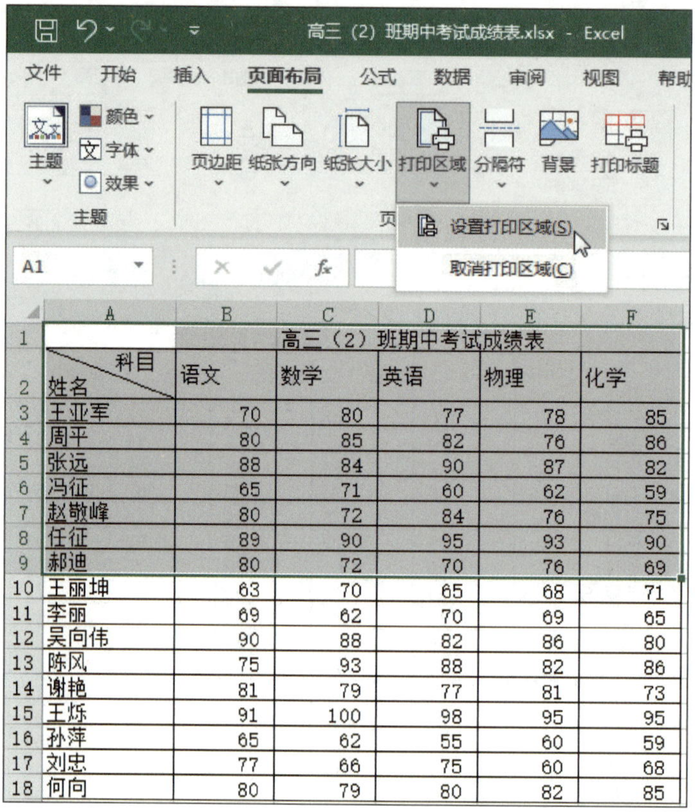

高三（2）班期中考试成绩表.xlsx - Excel

文件 开始 插入 页面布局 公式 数据 审阅 视图 帮助

主题 颜色 字体 效果 页边距 纸张方向 纸张大小 打印区域 分隔符 背景 打印标题

设置打印区域(S)
取消打印区域(C)

A1

	A	B	C	D	E	F
1		高三（2）班期中考试成绩表				
2	科目 姓名	语文	数学	英语	物理	化学
3	王亚军	70	80	77	78	85
4	周平	80	85	82	76	86
5	张远	88	84	90	87	82
6	冯征	65	71	60	62	59
7	赵敬峰	80	72	84	76	75
8	任征	89	90	95	93	90
9	郝迪	80	72	70	76	69
10	王丽坤	63	70	65	68	71
11	李丽	69	62	70	69	65
12	吴向伟	90	88	82	86	80
13	陈风	75	93	88	82	86
14	谢艳	81	79	77	81	73
15	王烁	91	100	98	95	95
16	孙萍	65	62	55	60	59
17	刘忠	77	66	75	60	68
18	何向	80	79	80	82	85

图 6-5 “打印区域”下拉菜单

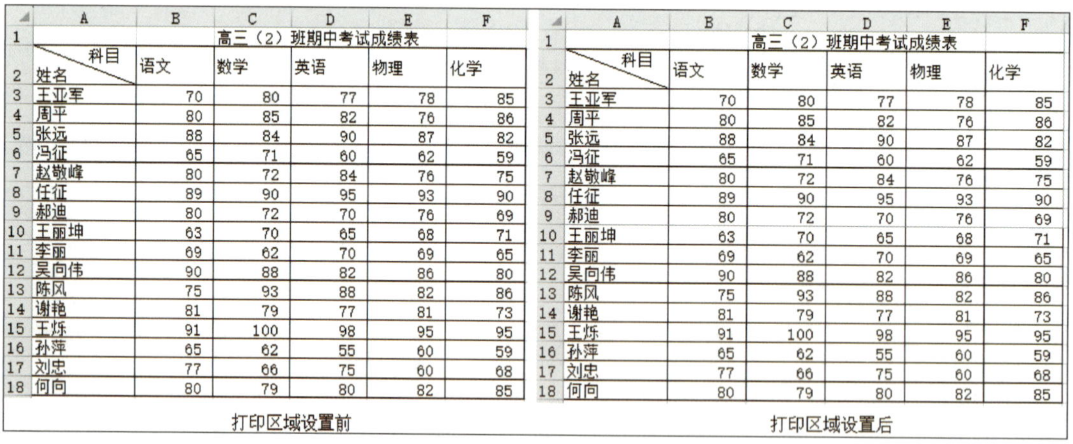

	A	B	C	D	E	F
1		高三（2）班期中考试成绩表				
2	科目 姓名	语文	数学	英语	物理	化学
3	王亚军	70	80	77	78	85
4	周平	80	85	82	76	86
5	张远	88	84	90	87	82
6	冯征	65	71	60	62	59
7	赵敬峰	80	72	84	76	75
8	任征	89	90	95	93	90
9	郝迪	80	72	70	76	69
10	王丽坤	63	70	65	68	71
11	李丽	69	62	70	69	65
12	吴向伟	90	88	82	86	80
13	陈风	75	93	88	82	86
14	谢艳	81	79	77	81	73
15	王烁	91	100	98	95	95
16	孙萍	65	62	55	60	59
17	刘忠	77	66	75	60	68
18	何向	80	79	80	82	85

打印区域设置前

	A	B	C	D	E	F
1		高三（2）班期中考试成绩表				
2	科目 姓名	语文	数学	英语	物理	化学
3	王亚军	70	80	77	78	85
4	周平	80	85	82	76	86
5	张远	88	84	90	87	82
6	冯征	65	71	60	62	59
7	赵敬峰	80	72	84	76	75
8	任征	89	90	95	93	90
9	郝迪	80	72	70	76	69
10	王丽坤	63	70	65	68	71
11	李丽	69	62	70	69	65
12	吴向伟	90	88	82	86	80
13	陈风	75	93	88	82	86
14	谢艳	81	79	77	81	73
15	王烁	91	100	98	95	95
16	孙萍	65	62	55	60	59
17	刘忠	77	66	75	60	68
18	何向	80	79	80	82	85

打印区域设置后

图 6-6 打印区域设置前后的效果

高三（2）班期中考试成绩表

科目 姓名	语文	数学	英语	物理	化学
王亚军	70	80	77	78	85
周平	80	85	82	76	86
张远	88	84	90	87	82
冯征	65	71	60	62	59
赵敬峰	80	72	84	76	75
任征	89	90	95	93	90
郝迪	80	72	70	76	69
王丽坤	63	70	65	68	71
李丽	69	62	70	69	65
吴向伟	90	88	82	86	80
陈风	75	93	88	82	86
谢艳	81	79	77	81	73
王烁	91	100	98	95	95
孙萍	65	62	55	60	59
刘忠	77	66	75	60	68
何向	80	79	80	82	85

图 6-7　“分隔符”下拉菜单

提示

还可以通过“视图”选项卡来对分页符的位置进行调整。单击“视图”|“工作簿视图”|“分页预览”按钮，工作表则按分页的格式显示出来。若需移动分页符，则把分页线拖动到指定的位置；若需删除分页符，则把分页线拖动到屏幕以外；若需插入分页符，则选定插入位置的下一行单元格，单击鼠标右键，选择“插入分页符”即可。单击“视图”|“工作簿视图”|“普通”按钮即可回到原来的显示格式。

4. 背景的设置

选中整个工作表，单击“页面布局”|“页面设置”|“背景”按钮，打开如图 6–8 所示的对话框（可以从本机和网络中选择图片作为背景插入）。在需设置背景的相应位置选择背景图片后，单击“插入”按钮，即可完成背景的设置，如图 6–9 所示。

插入图片

从文件　浏览 ›

必应图像搜索　搜索必应

OneDrive - 个人　浏览 ›

图 6-8　工作表背景设置对话框

	A	B	C	D	E	F	G	H
1	高三（2）班期中考试成绩表							
2	科目 姓名	语文	数学	英语	物理	化学		
3	王亚军	70	80	77	78	85		
4	周平	80	85	82	76	86		
5	张远	88	84	90	87	82		
6	冯征	65	71	60	62	59		
7	赵敏峰	80	72	84	76	75		
8	任征	89	90	95	93	90		
9	郝迪	80	72	70	76	69		
10	王丽坤	63	70	65	68	71		
11	李丽	69	62	70	69	65		
12	吴向伟	90	88	82	86	80		
13	陈风	75	93	88	82	86		
14	谢艳	81	79	77	81	73		
15	王烁	91	100	98	95	95		
16	孙萍	65	62	55	60	59		
17	刘忠	77	66	75	60	68		
18	何向	80	79	80	82	85		
19								
20								

图 6-9　背景设置完成后的工作表

5. 打印标题的设置

当打印多页工作表时，往往需要在每页都打印表头的标题，如此例中，需要在各页中重复展示科目名称所在的第 2 行。首先单击“页面布局”|“页面设置”|“打印标题”按钮，弹出“页面设置”对话框。在此对话框中的“工作表”选项卡中，单击“打印标题”栏的“顶端标题行”右侧的上箭头按钮，选择所需打印的标题所在的第 2 行，如图 6-10 所示。再单击下箭头按钮，回到“页面设置”对话框，如图 6-11 所示，单击“确定”按钮即可。

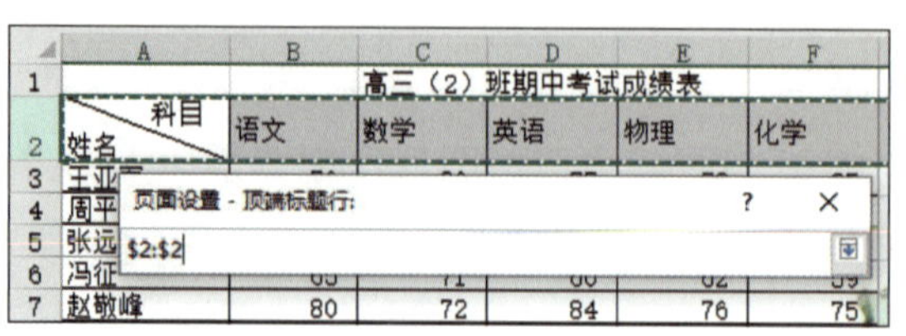

图 6-10　选择所需打印的标题

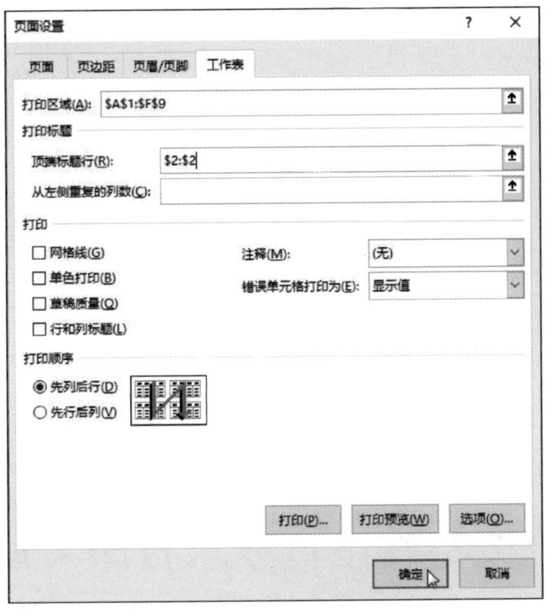

图 6-11　打印标题设置完成

若需打印左端标题列，则需设置“页面设置”对话框中的“从左侧重复的列数”，设置方法与前面一致。

6. 打印及预览

打开所要打印的工作表，单击“文件”|“打印”，在右侧展开的“打印”窗口中（见图 6-12），可设置打印时的一些参数，在右侧还可显示预览效果。

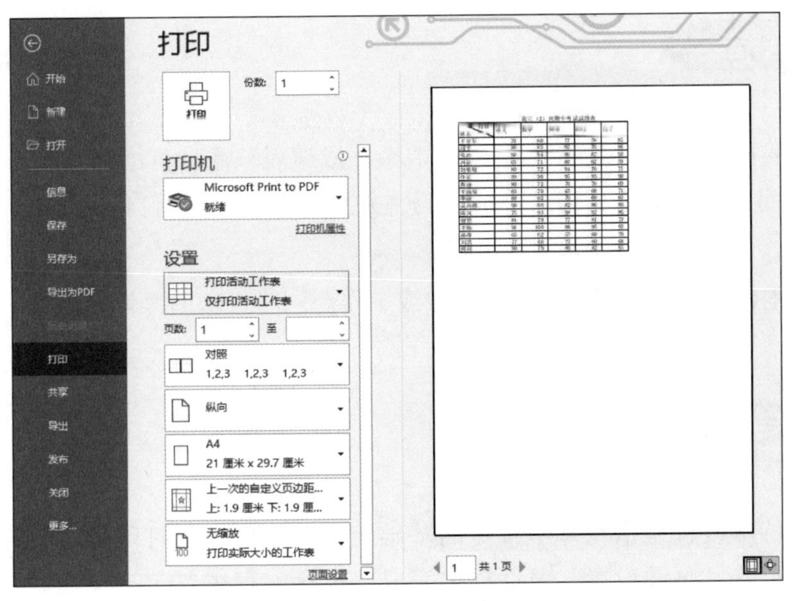

图 6-12　“打印”窗口

把项目三中完成的“个人通讯录”工作表设置为 B5 纸张、横向打印，设置页面边距为“宽”。在第 4 行单元格上方插入分页符，并且在两页分别打印标题。

任务 2　按特殊设置要求打印考试成绩表

1. 能描述打印页面特殊设置的种类及各项含义。
2. 能完成各项特殊设置的操作。
3. 能完成打印输出设置的操作。

本任务的内容是为“高三（2）班期中考试成绩表”添加页眉和页脚，在左上角页眉处添加日期，在右下角页脚处添加页码，并且对工作表进行打印批注、行和列标题等的设置。

同时在本任务中还将练习多个工作表或工作簿同时打印的操作方法。

页面的特殊设置是指在基本设置的基础上，对工作表的打印进行更详细的设置。这些操作可以在“页面设置”对话框中完成。设置内容主要包括页眉和页脚的设置、页面的设置、工作表的设置。

而打印输出的设置是指对打印的参数进行最后的设置，从而完成打印操作。

1. 页眉和页脚的设置

打开“高三（2）班期中考试成绩表”工作簿，单击“页面布局”|“页面设置”组中的扩展按钮，打开“页面设置”对话框，并单击“页眉 / 页脚”选项卡，如图 6–13 所示。

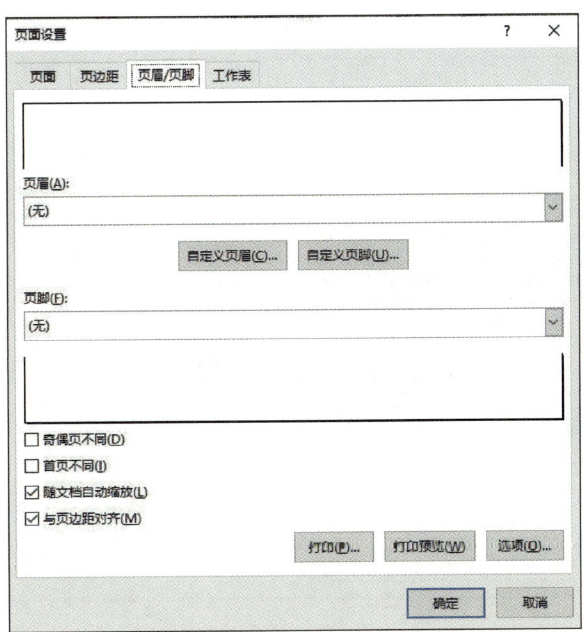

图 6–13 “页面设置”对话框

对于页眉的设置，可以单击“页眉”下拉列表框来选择格式，也可以自定义页眉，单击“自定义页眉”按钮，弹出如图 6–14 所示的对话框。

可以对页眉的左、中、右部三个区域分别进行设置，而且可以利用图标选项进行快速的插入，各个图标的含义如下。A：格式文本；：插入页码；：插入页数；：插入日期；：插入时间；：插入文件路径；：插入文件名；：插入数据表名称；：插入图片；：设置图片格式。

在本任务中，把“左部”设置为日期、“中部”设置为文件名、“右部”不设置。设置完成后单击“确定”按钮，如图 6–15 所示。

页脚的设置与页眉设置的操作一致，只需在页脚的选项卡中完成即可，在此设置为如图 6–16 所示的格式。

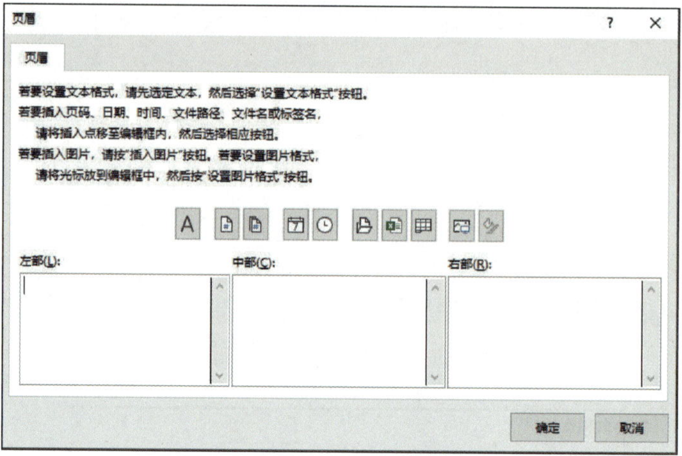

图 6-14 “页眉”对话框

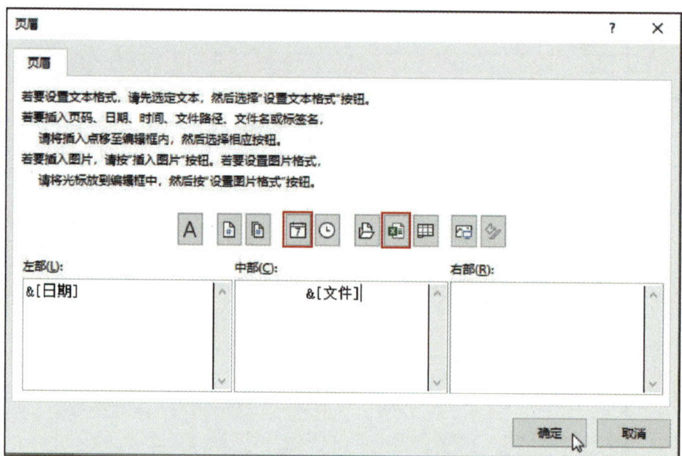

图 6-15 页眉设置

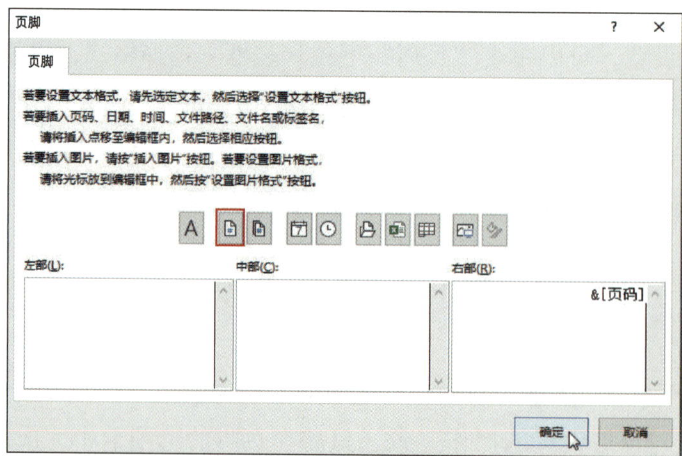

图 6-16 页脚设置

在如图 6–13 所示的对话框中，可以通过勾选“奇偶页不同”“首页不同”复选框对不同页面进行页眉和页脚的设置。

2. 页面的设置

打开“页面设置”对话框，单击“页面”选项卡。在此选项卡下，除了可以设置页面方向以及纸张大小，还可以进行缩放打印的设置，如图 6–17 所示。

图 6–17　缩放打印设置

所谓缩放打印就是缩小或放大打印的比例，这项设置尤其适用于在 Excel 默认按多页打印工作表，但实际需要在一页打印的情况。在如图 6–17 所示的对话框中的“缩放比例”中输入比例值，或者在“调整为”中选择页数，单击“确定”按钮即可。

提示

此项设置还可以在“页面布局”|“调整为合适大小”组中进行操作。

3. 工作表的设置

在“页面设置”对话框中，单击“工作表”选项卡。在此选项卡下，除了可以进行打印区域、打印标题的设置，还可进行其他特殊的打印设置，如图 6–18 所示。

若勾选“网格线”复选框，则打印出工作表中用于区分单元格的网格线。

若勾选“单色打印”复选框，则工作表以黑白的形式打印，不打印设置的颜色和图案。

若勾选“草稿质量”复选框，则不打印图形和边框等。

若勾选“行和列标题”复选框，则可以打印出 Excel 中的行号、列标。此项操作还可以通过勾选“页面布局”|“工作表选项”|“标题”|“打印”复选框来完成。此任务中勾选“单色打印”“行和列标题”复选框。

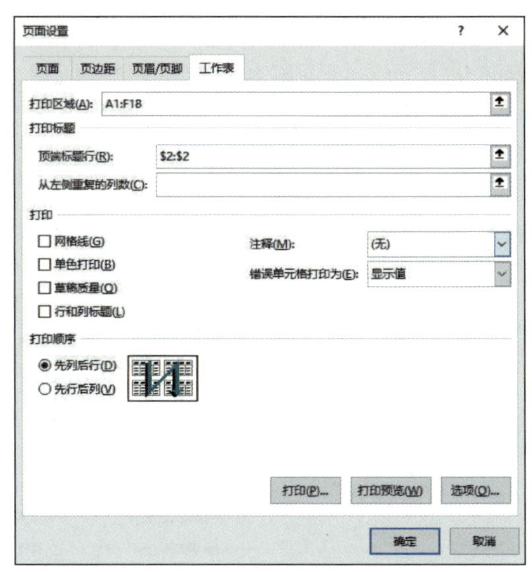

图 6-18　打印设置

单击“错误单元格打印为”下拉列表框，选择的选项如图 6-19 所示。

单击“注释”下拉列表框，如图 6-20 所示，选择“工作表末尾”，则可以在工作表末尾单独打印出设置的注释。通常不选择“如同工作表中的显示”，否则会影响打印效果。

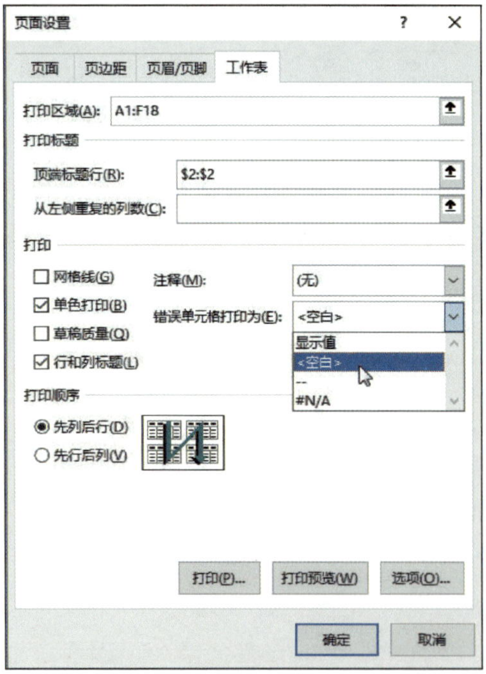

图 6-19　错误单元格打印设置

图 6-20　打印注释设置

同时，还可以对多页打印时的顺序进行设置，如“先列后行”或“先行后列”。

4. 不打印零值的设置

打印时，如果用户不想让单元格中的零值打印出来，则可进行如下操作。

单击“文件”|“更多 …”|“选项”，在其对话框中选择“高级”，在“此工作表的显示选项”中取消勾选“在具有零值的单元格中显示零”复选框，如图 6–21 所示，单击“确定”按钮即可。

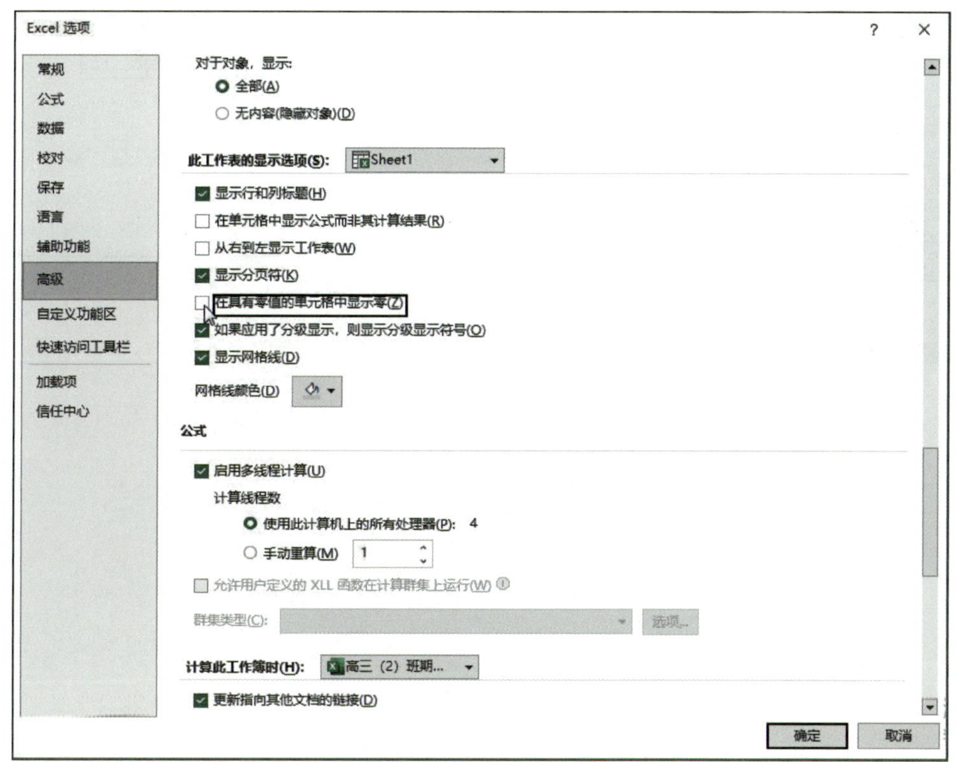

图 6–21　不打印零值设置

5. 打印公式的设置

在“Excel 选项”对话框中的“高级”中勾选“在单元格中显示公式而非其计算结果”复选框，单击“确定”按钮，或者按 Ctrl+~ 键（即主键盘区“1”左侧的键）。

6. 打印输出的设置

在完成以上打印的设置后，还可以进行打印输出的设置，从而完成打印工作。单击“文件”|“打印”，如图 6–22 所示，在右侧展开的“打印”窗口中可以看到关于打印机的一些基本属性，同时可以设置打印的一些参数，可以选择打印份数、打印机属性，设置打印区域、打印页数、是否单面打印、纵向或横向打印、打印纸张大小、是否缩放打印等，同时可以预览效果。在本任务中，选择“打印活动工作表”，并在“份数”中选择“2”，如图 6–23 所示。

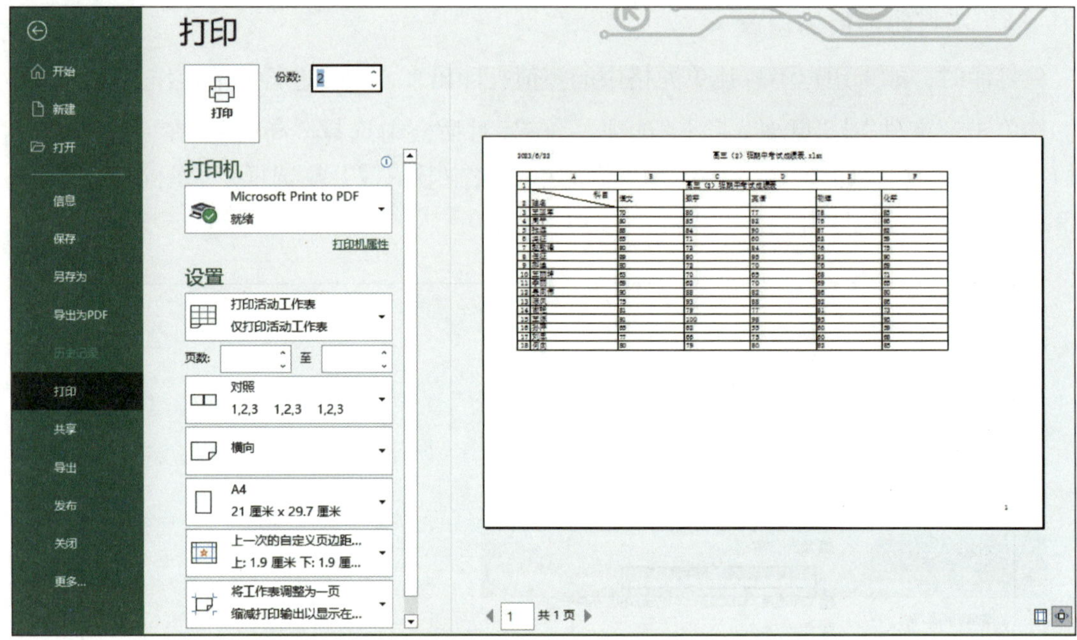

图 6-22 打开“打印”窗口

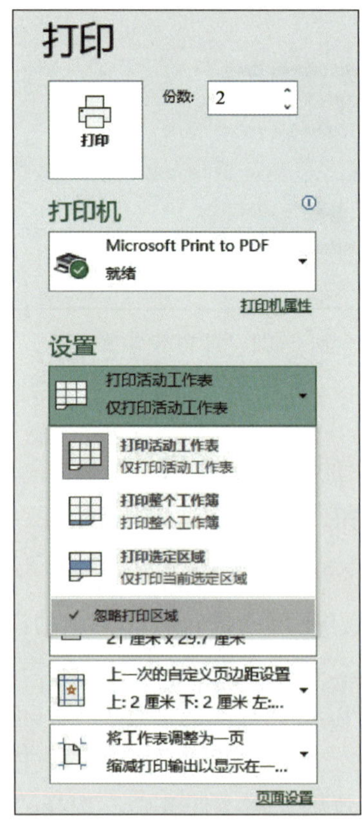

图 6-23 打印设置完成

提示

如果已经设置了打印区域，那么此时在选择“打印活动工作表”的同时，还要选择“忽略打印区域”。

设置完成后，单击“打印”按钮，打印机即按所设置的形式来打印工作表。

7. 多个工作簿中多个工作表的打印

格式调整：选择需打印的工作簿中相应的工作表，单击工作表右下角的“分页预览”按钮，如图 6–24 所示，在分页预览模式下逐个查看工作表的预览效果。若页面格式需要调整，则直接拖动鼠标进行调整，如图 6–25 所示。若纸张方向需要调整，则在“页面布局”|“页面设置”|“纸张方向”中进行调整，如图 6–26 所示。

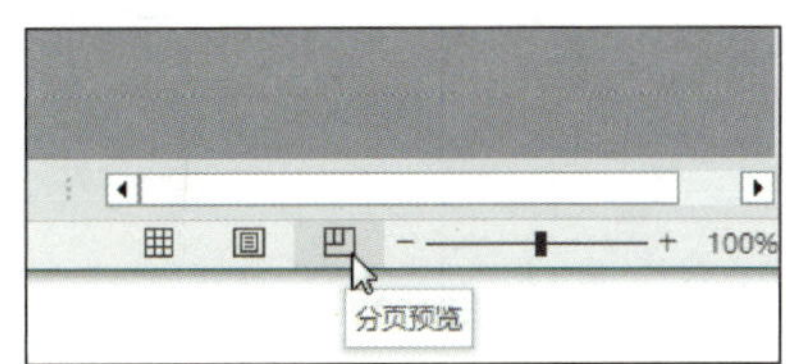

图 6–24　“分页预览”按钮

（1）打印多个工作簿中活动的工作表。打开多个工作簿，格式按上述方法调整后，单击要打印的第一个工作表标签，按住 Ctrl 键，同时单击其他工作簿中的工作表标签。单击“文件”|“打印”，在其右侧展开的“打印”窗口中选择“打印活动工作表”即可。

高三（2）班期中考试成绩表					
科目 姓名	语文	数学	英语	物理	化学
王亚军	70	80	77	78	85
周平	80	85	82	76	86
张远	88	84	90	87	82
冯征	65	71	60	62	59
赵敬峰	80	72	84	76	75
任征	89	90	95	93	90
郝迪	80	72	70	76	69
王丽坤	63	70	65	68	71
李丽	69	62	70	69	65
吴向伟	90	88	82	86	80
陈风	75	93	88	82	86
谢艳	81	79	77	81	73
王烁	91	100	98	95	95
孙萍	65	62	55	60	59
刘忠	77	66	75	60	68
何向	80	79	80	82	85

第1页

左右拖动

上下拖动

a）

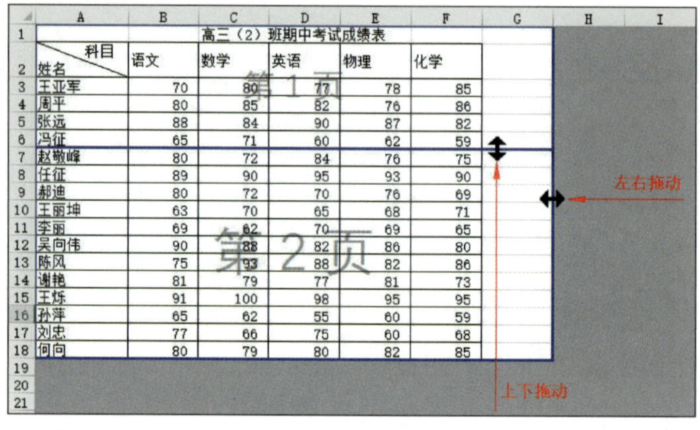

科目 / 姓名	语文	数学	英语	物理	化学
王亚军	70	80	77	78	85
周平	80	85	82	76	86
张远	88	84	90	87	82
冯征	65	71	60	62	59
赵敬峰	80	72	84	76	75
任征	89	90	95	93	90
郝迪	80	72	70	76	69
王丽坤	63	70	65	68	71
李丽	69	62	70	69	65
吴向伟	90	88	82	86	80
陈风	75	93	88	82	86
谢艳	81	79	77	81	73
王烁	91	100	98	95	95
孙萍	65	62	55	60	59
刘忠	77	66	75	60	68
何向	80	79	80	82	85

b）

图 6-25　调整页面格式

a）未设置分页符　b）设置分页符

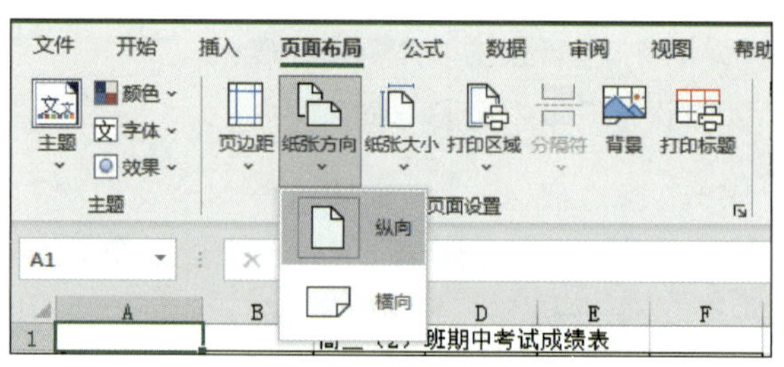

图 6-26　调整纸张方向

（2）打印多个工作簿中所有的工作表。先新建一个文件夹，把需要打印的工作簿都放到此文件夹中，如图 6-27 所示。再将工作表格式按上述方法进行调整，选中文件夹中所有需要打印的工作簿，如图 6-28 所示。单击鼠标右键，选择“打印”，如图 6-29 所示。

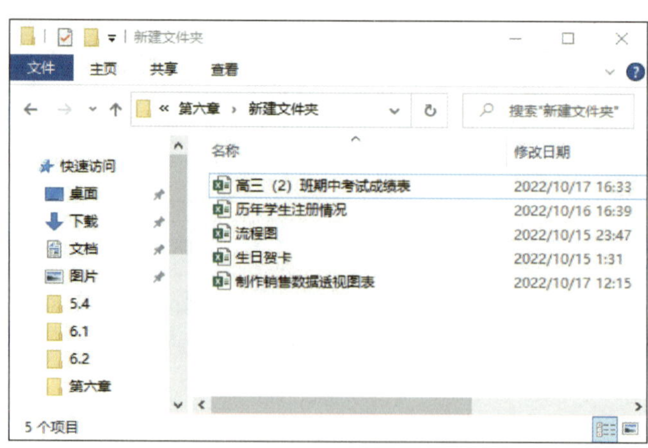

图 6-27　新建的文件夹

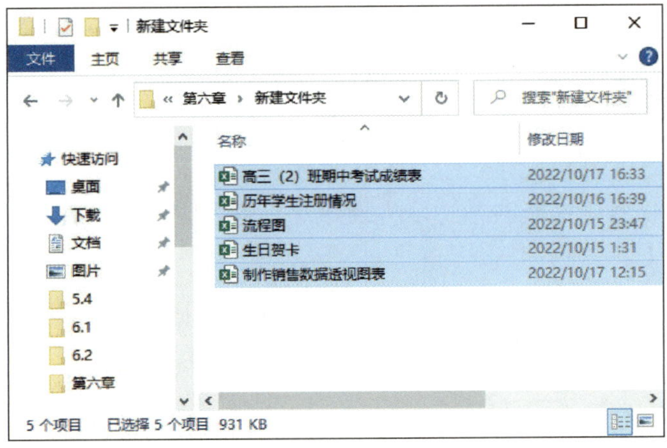

图 6-28　选中待打印的工作簿

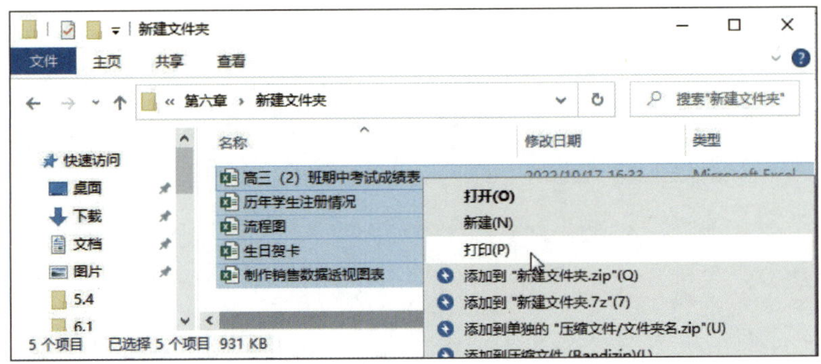

图 6-29　打印

提示

打印前一定要预览，否则打印后才发现问题，只能重新打印，既浪费纸张，又浪费时间。

教学资源

本项目所需素材可通过技工教育网（http://jg.class.com.cn）下载，位于软件资源包“Excel 2021 基础与应用 / 项目六”中。

1. 对本项目任务 1 中修改的“个人通讯录”进行设置打印注释、不打印错误单元格、以草稿质量打印三项操作。

2. 将“个人通讯录”打印 3 份，并且忽略任务 1 巩固练习中设置的分页。

项目七
数值计算与分析

Excel 2021 具有强大的数据处理分析能力，主要依靠公式和函数来实现。Excel 2021 提供了 300 多个内置函数，在使用公式时，可以调用这些函数对工作表中的数据进行计算，从而大大提高数据处理的能力。本项目将系统地介绍公式和函数的基础知识以及应用方法。

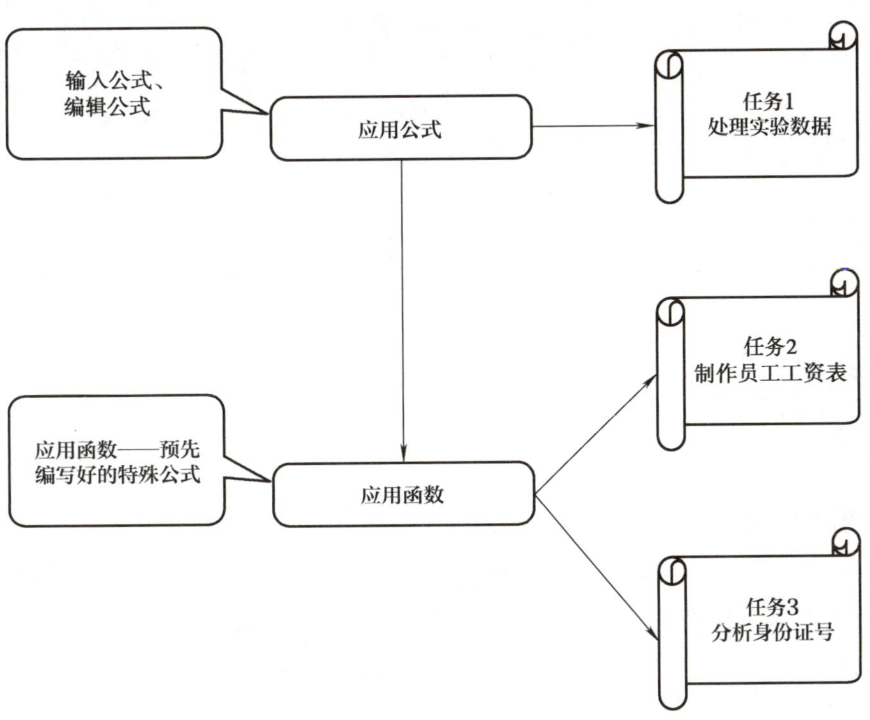

任务 1　处理实验数据

1. 能描述数据计算在 Excel 2021 中的基础作用及公式的组成和作用。
2. 能完成用公式直接输入数据。

在本任务中利用公式计算表 7-1 中试样的体积与密度。用到的公式如下：体积 = 长 × 宽 × 高，密度 = 质量 ÷ 体积。

表 7-1　实验数据

	长（cm）	宽（cm）	高（cm）	质量（g）
试样 1	5.22	2.44	2.46	10.3
试样 2	6.54	2.43	2.65	23.2
试样 3	7.89	4.32	3.24	24.2
试样 4	3.43	2.46	3.55	23.5

1. 相关概念

（1）公式。公式用于对工作表中的数值进行运算，以等号（=）开头。公式可以包括函数、引用、运算符和常量等。圆的面积公式为：圆的面积 =π× 半径 ^{2}，在 Excel 2021 中，若单元格 A2 为半径数据，则圆面积公式的组成如图 7-1 所示。

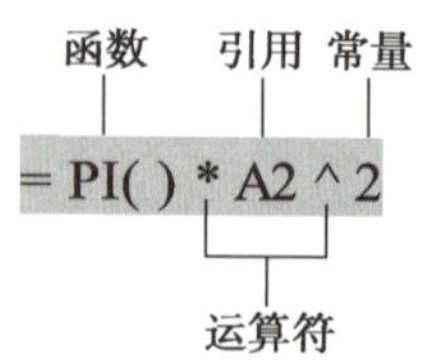

图 7-1　圆面积公式的组成

（2）函数。函数用于对一个或多个值按照预设的规则执行运算，并返回一个或多个值。

（3）引用。在图 7-1 所示的公式中，“A2”表示使用单元格 A2 中的值，这里的

“A2”就是引用。

（4）运算符。运算符是指一个标记或符号，用于指定表达式内执行的计算类型，包括算术、比较、逻辑、位、赋值、连接运算符等。例如，“^”表示将数字乘方，“*”表示将数字相乘。

（5）常量。常量是指在运算过程中不发生变化的量，也就是不用计算的值，如数字“20”、文本“收入”等都是常量。

2. 运算符

运算符用于对公式和函数中的元素进行特定类型的运算。Excel 2021 包含 4 种不同类型的计算运算符：算术运算符、比较运算符、文本连接运算符和引用运算符。

（1）算术运算符（见表 7-2）。如果要完成基本的数学运算（如加法、减法、乘法等）、数字合并以及数值结果生成，就可以使用算术运算符。

表 7-2　算术运算符

算术运算符	含义	示例
+（加号）	加法	3+3
–（减号）	减法或负数	3–1 或 –1
*（星号）	乘法	3*3
/（正斜杠）	除法	3/3
%（百分号）	百分比	20%
^（脱字号）	乘方	3^2

（2）比较运算符（见表 7-3）。比较运算符可以用于比较两个值，比较结果为逻辑值 TRUE 或者 FALSE。

表 7-3　比较运算符

比较运算符	含义	示例
=（等号）	等于	A1=B1
>（大于号）	大于	A1>B1
<（小于号）	小于	A1<B1
>=（大于等于号）	大于或等于	A1>=B1
<=（小于等于号）	小于或等于	A1<=B1
<>（不等号）	不等于	A1<>B1

（3）文本连接运算符（见表 7-4）。可以使用与号（&）连接多个文本字符串，以

生成一段文本。

表 7–4　文本连接运算符

文本连接运算符	含义	示例
&（与号）	将两个或多个字符串连接起来产生一个连续的文本值	North & wind

（4）引用运算符（见表 7–5）。可以利用引用运算符对单元格区域进行合并计算。

表 7–5　引用运算符

引用运算符	含义	示例
:（冒号）	区域运算符，生成对两个引用之间所有单元格的引用（包括这两个引用）	B5:B15
,（逗号）	联合运算符，将多个引用合并为一个引用	SUM(B5:B15,D5:D15)
（空格）	交集运算符，生成对两个引用中共有的单元格的引用	B7:D7 C6:C8

Excel 2021 执行公式运算时默认按从左到右的顺序进行，如果公式中含有多个运算符，则按照表 7–6 所列的优先级进行运算，如果公式中包含相同优先级的运算符，则它们之间按照从左到右的顺序进行运算。

表 7–6　运算符优先级

运算符	说明
: ,（空格）	引用运算符
–	负数（如 –5）
%	百分比
^	乘方
* /	乘和除
+ –	加和减
&	连接两个文本字符串（串连）
= <> <= >= < >	比较运算符

若要更改求值的顺序，则与数学计算类似，可将公式中要先计算的部分用括号括起来。例如，“=5+4*2”是首先将 4 与 2 相乘，再用其乘积与 5 求和；但是加上括号变为“=(5+4)*2”后，则先求出 5 与 4 的和，再用其结果乘以 2。

（1）启动 Excel 2021，新建空白工作簿，将其保存并命名为“实验数据的处理”。

（2）在工作表中输入如图 7-2 所示的内容。

	A	B	C	D	E	F	G
1		长（cm）	宽(cm)	高(cm)	体积(cm³)	质量(g)	密度(g/cm³)
2	试样1						
3	试样2						
4	试样3						
5	试样4						

图 7-2　输入表头等内容

在输入单位“cm^3”时，可以选中需要上标的字符“3”，单击鼠标右键，在弹出的快捷菜单中选择“设置单元格格式”，在弹出的对话框中勾选“上标”复选框。

（3）将实验中用尺测得的试样的长、宽、高以及用天平测得的质量，分别输入工作表中相应的位置，如图 7-3 所示。

	A	B	C	D	E	F	G
1		长（cm）	宽(cm)	高(cm)	体积(cm³)	质量(g)	密度(g/cm³)
2	试样1	5.22	2.44	2.46		10.3	
3	试样2	6.54	2.43	2.65		23.2	
4	试样3	7.89	4.32	3.24		24.2	
5	试样4	3.43	2.46	3.55		23.5	

图 7-3　输入实验测得的数据

（4）根据“体积 = 长 × 宽 × 高”，计算试样 1 的体积，在单元格 E2 中（或者编辑栏中）输入公式“=B2*C2*D2”（“*”代表乘号），如图 7-4 所示，输入公式过程中引用单元格可以用单击的方式。输入完毕，按 Enter 键（或者单击编辑栏上的“输入”按钮）即可在单元格 E2 中得到计算值，如图 7-5 所示。

SUM　× ✓ fx　=B2*C2*D2

	A	B	C	D	E	F	G
1		长（cm）	宽(cm)	高(cm)	体积(cm³)	质量(g)	密度(g/cm³)
2	试样1	5.22	2.44	2.46	=B2*C2*D2	10.3	
3	试样2	6.54	2.43	2.65		23.2	
4	试样3	7.89	4.32	3.24		24.2	
5	试样4	3.43	2.46	3.55		23.5	

图 7-4　输入体积公式

E2	=B2*C2*D2					
	A	**B**	**C**	**D**	**E**	**F**	**G**

	A	B	C	D	E	F	G
1		长（cm）	宽(cm)	高(cm)	体积(cm^3)	质量(g)	密度(g/cm^3)
2	试样1	5.22	2.44	2.46	31.332528	10.3	
3	试样2	6.54	2.43	2.65		23.2	
4	试样3	7.89	4.32	3.24		24.2	
5	试样4	3.43	2.46	3.55		23.5	

图 7-5　体积计算值

如果要将“体积”的小数位数设置为保留小数点后 2 位，则需要选中单元格 E2 中的数值，单击鼠标右键，在快捷菜单中选择“设置单元格格式”，在弹出的“设置单元格格式”对话框中单击“数字”选项卡，将“数值”中的“小数位数”更改为“2”，单击“确定”按钮，如图 7-6 所示。还可以在选中单元格后，单击数次“开始”|“数字”|“减少小数位数”按钮，直到小数点后位数为 2 位为止。

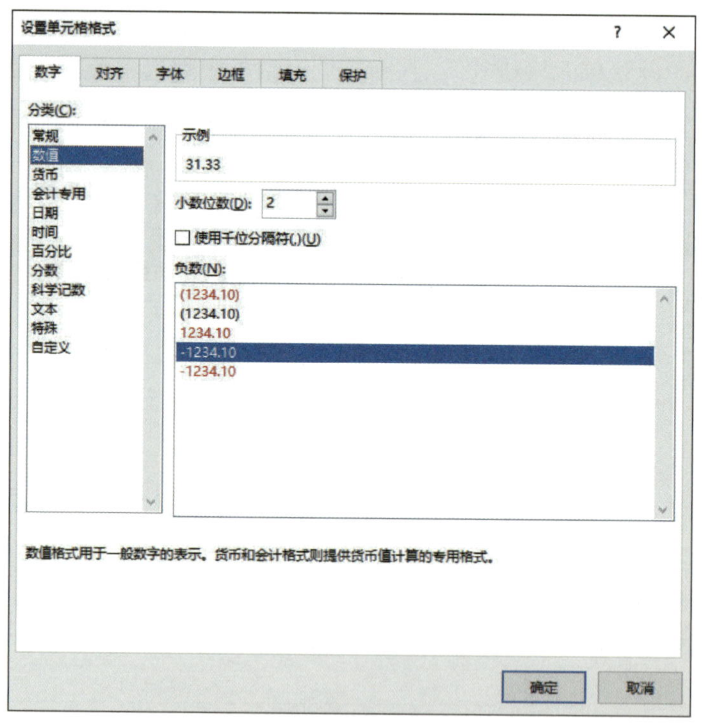

图 7-6　“设置单元格格式”对话框

将鼠标指针移至单元格 E2 右下角，当鼠标指针变成黑色十字填充柄时，按住鼠标左键并拖动鼠标选中单元格区域 E2:E5，如图 7-7 所示。松开鼠标左键，即可完成 4 个试样的体积的计算，填充体积公式后的效果如图 7-8 所示。

	A	B	C	D	E	F	G
1		长（cm)	宽(cm)	高(cm)	体积(cm³)	质量(g)	密度(g/cm³)
2	试样1	5.22	2.44	2.46	31.33	10.3	
3	试样2	6.54	2.43	2.65		23.2	
4	试样3	7.89	4.32	3.24		24.2	
5	试样4	3.43	2.46	3.55		23.5	
6							

图 7-7　用填充柄填充公式

E2　=B2*C2*D2

	A	B	C	D	E	F	G
1		长（cm)	宽(cm)	高(cm)	体积(cm³)	质量(g)	密度(g/cm³)
2	试样1	5.22	2.44	2.46	31.33	10.3	
3	试样2	6.54	2.43	2.65	42.11	23.2	
4	试样3	7.89	4.32	3.24	110.43	24.2	
5	试样4	3.43	2.46	3.55	29.95	23.5	
6							

图 7-8　填充体积公式后的效果

（5）根据“密度 = 质量 ÷ 体积”，在单元格 G2 中输入公式“=F2/E2”，如图 7-9 所示，密度计算值如图 7-10 所示。将密度计算值设置成保留小数点后 2 位，并且用填充柄填充公式到单元格区域 G3:G5，填充后的效果如图 7-11 所示。

	A	B	C	D	E	F	G
1		长（cm)	宽(cm)	高(cm)	体积(cm³)	质量(g)	密度(g/cm³)
2	试样1	5.22	2.44	2.46	31.33	10.3	=F2/E2
3	试样2	6.54	2.43	2.65	42.11	23.2	
4	试样3	7.89	4.32	3.24	110.43	24.2	
5	试样4	3.43	2.46	3.55	29.95	23.5	

图 7-9　输入密度公式

G2　=F2/E2

	A	B	C	D	E	F	G
1		长（cm)	宽(cm)	高(cm)	体积(cm³)	质量(g)	密度(g/cm³)
2	试样1	5.22	2.44	2.46	31.33	10.3	0.32873185
3	试样2	6.54	2.43	2.65	42.11	23.2	
4	试样3	7.89	4.32	3.24	110.43	24.2	
5	试样4	3.43	2.46	3.55	29.95	23.5	

图 7-10　密度计算值

G2　=F2/E2

	A	B	C	D	E	F	G
1		长（cm)	宽(cm)	高(cm)	体积(cm³)	质量(g)	密度(g/cm³)
2	试样1	5.22	2.44	2.46	31.33	10.3	0.33
3	试样2	6.54	2.43	2.65	42.11	23.2	0.55
4	试样3	7.89	4.32	3.24	110.43	24.2	0.22
5	试样4	3.43	2.46	3.55	29.95	23.5	0.78
6							

图 7-11　填充密度公式后的效果

（6）编辑公式。若需要修改单元格 G3 中的公式，只需要双击单元格 G3（也可单击需要修改的单元格 G3 后再单击编辑栏，或者选中单元格后按 F2 键），出现光标后就可以修改（见图 7–12）。修改完毕，按 Enter 键或者 Esc 键（或单击编辑栏中的“输入”按钮）即可退出编辑公式状态，修改公式后的计算结果如图 7–13 所示。

SUM　=F3/E3+0

	A	B	C	D	E	F	G
1		长（cm）	宽(cm)	高(cm)	体积(cm³)	质量(g)	密度(g/cm³)
2	试样1	5.22	2.44	2.46	31.33	10.3	0.33
3	试样2	6.54	2.43	2.65	42.11	23.2	=F3/E3+0
4	试样3	7.89	4.32	3.24	110.43	24.2	0.22
5	试样4	3.43	2.46	3.55	29.95	23.5	0.78

图 7–12　修改公式

G3　=F3/E3+0

	A	B	C	D	E	F	G	H	I	J
1		长（cm）	宽(cm)	高(cm)	体积(cm³)	质量(g)	密度(g/cm³)			
2	试样1	5.22	2.44	2.46	31.33	10.3	0.33			
3	试样2	6.54	2.43	2.65	42.11		0.55			
4	试样3	7.89	4.32	3.24	110.43	24.	0.22			
5	试样4	3.43	2.46	3.55	29.95	23				

此单元格中的公式与电子表格中该区域中的公式不同。

图 7–13　修改公式后的计算结果

若要复制和移动公式，其操作与复制和移动单元格的操作基本相同。只是公式的复制和移动会使单元格地址产生变化，也就是单元格引用位置会发生变化，从而影响计算结果。例如，在本工作表中，选中单元格 G3，单击鼠标右键，选择“复制”（若要移动则选择“剪切”），在需要复制的目标单元格 H5 中单击鼠标右键，选择“粘贴”即可完成操作。单元格 H5 的计算结果为 0.03，证明该操作不仅复制了单元格 G3 的公式，还复制了单元格 G3 的格式（保留小数点后 2 位）。查看单元格 H5 的公式，如图 7–14 所示，可以看到公式的相对引用位置发生了变化。

SUM　=G5/F5+0

	A	B	C	D	E	F	G	H
1		长（cm）	宽(cm)	高(cm)	体积(cm³)	质量(g)	密度(g/cm³)	
2	试样1	5.22	2.44	2.46	31.33	10.3	0.33	
3	试样2	6.54	2.43	2.65	42.11	23.2	0.55	
4	试样3	7.89	4.32	3.24	110.43	24.2	0.22	
5	试样4	3.43	2.46	3.55	29.95	23.5	0.78	=G5/F5+0

图 7–14　公式的复制

提示

绝对引用需要在列标或行号前面加个符号“$”。若对单元格 G3 中公式的列标“F”“E”使用绝对引用、行号“3”不使用绝对引用，则公式为“=$F3/$E3”，这时复制单元格 G3，同样在单元格 H5 中进行粘贴，那么单元格 H5 中公式的列标绝对引用位置没有发生变化，只有行号的相对引用位置发生了变化，为“=$F5/$E5”。

若得到计算结果后，希望仅保存数值而不保存公式，则可参照以下操作：选中单元格 H5，单击鼠标右键，选择“复制”，保持对单元格 H5 的选定，单击鼠标右键，选择“选择性粘贴”，在弹出的“选择性粘贴”对话框中选择“数值”，单击“确定”按钮，如图 7-15 所示。

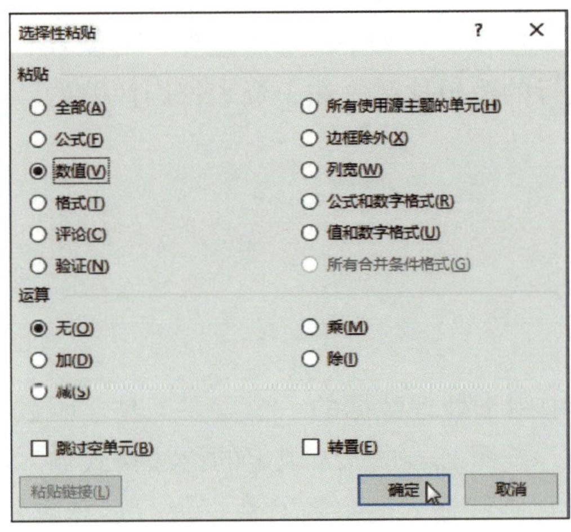

图 7-15　“选择性粘贴”对话框

计算项目一中制作的“高三（2）班期中考试成绩表”中各学生的总分和平均分。

任务 2　制作员工工资表

1. 能描述 Excel 2021 中函数的主要功能。
2. 能运用 VLOOKUP、SUM、IF 等函数计算处理数据。

本任务利用 VLOOKUP、XLOOKUP、IF 和 SUM 函数制作员工工资表。利用 VLOOKUP 和 XLOOKUP 函数在数组数据中找到并返回相对应的值，可以减少输入量并提高数据输入的正确率。SUM 函数用于工资表中的加法运算，可以求一系列数据的和。使用 IF 函数时，可以指定要执行的逻辑检测，在工资表特岗津贴的计算中可以用它来检测是否给予津贴。

函数是 Excel 2021 中用于处理数据的一个重要工具。函数在功能上类似于一段编写好的程序，在使用时，按照 Excel 2021 规定的语法格式输入函数名及相关参数，系统即可自动按照预设的规则和输入的参数对数据进行运算或处理，得到相应的结果。熟练掌握函数的使用方法，可以满足大量复杂的数据处理需求。

1. 插入函数

函数由“函数名”和“参数”组成，每一个函数都有相应的语法规则，在函数的使用过程中必须遵守。函数的插入有以下两种方法。

方法一：选中需要插入函数的单元格，在编辑栏中输入“=”“函数名”，如输入“=SUM”，这时系统会显示名称中包含“SUM”的函数下拉列表以供选择，如图 7-16 所示，双击选中所需函数并设置其参数，单击编辑栏中的“输入”按钮或按 Enter 键，操作步骤如图 7-17 所示。

方法二：选中需要插入函数的单元格，单击编辑栏中的“插入函数”按钮，或单击“公式”|“函数库”|“插入函数”按钮，在弹出的“插入函数”对话框中的“搜索函数”栏中输入所需函数，单击“转到”按钮，在“选择函数”列表中选择所需函数，

SUM　=SUM

SUM
SUMIF
SUMIFS
SUMPRODUCT
SUMSQ
SUMX2MY2
SUMX2PY2
SUMXMY2
DSUM
IMSUM
SERIESSUM

计算单元格区域中所有数值的和

	A	B	C	D	E	F	G
1			高三（2）				
2	科目 姓名	语文	数学			化学	总分
3	王亚军	70	80			85	=SUM
4	周平	80	85			86	
5	张远	88	84			82	
6	冯征	65	71			59	
7	赵敬峰	80	72			75	
8	任征	89	90			90	
9	郝迪	80	72			69	
10	王丽坤	63	70			71	
11	李丽	69	62			65	
12	吴向伟	90	88			80	
13	陈风	75	93	88	82	86	
14	谢艳	81	79	77	81	73	
15	王烁	91	100	98	95	95	
16	孙萍	65	62	55	60	59	
17	刘忠	77	66	75	60	68	
18	何向	80	79	80	82	85	

图 7–16　名称中包含“SUM”的函数

G3　=SUM(|)　②　④

SUM(number1, [number2], ...)

	A	B	C	D	E	F	G
1			高三（2）班期中考试成绩表				
2	科目 姓名	语文	数学	英语	物理	化学	总分
3	王亚军	70	80 ③	77	78	85	F3) ①
4	周平	80	85	82	76	86	
5	张远	88	84	90	87	82	
6	冯征	65	71	60	62	59	
7	赵敬峰	80	72	84	76	75	
8	任征	89	90	95	93	90	
9	郝迪	80	72	70	76	69	
10	王丽坤	63	70	65	68	71	
11	李丽	69	62	70	69	65	
12	吴向伟	90	88	82	86	80	
13	陈风	75	93	88	82	86	
14	谢艳	81	79	77	81	73	
15	王烁	91	100	98	95	95	
16	孙萍	65	62	55	60	59	
17	刘忠	77	66	75	60	68	
18	何向	80	79	80	82	85	

图 7–17　方法一的操作步骤

单击“确定”按钮，即可插入所选函数，如图 7–18 所示；在该对话框中还可以按类别查找函数，在“或选择类别”下拉列表中选择函数类别，在“选择函数”列表中选择所需函数，单击“确定”按钮，即可插入所选函数，如图 7–19 所示，在弹出的“函数参数”对话框（见图 7–20）中可以设置函数参数。

2. 函数的类型

Excel 2021 函数的类型包括数据库函数、日期与时间函数、逻辑函数、查找与引用函数、数学与三角函数、统计函数等，Excel 2021 提供了数百种函数的语法规则和功能，这里主要介绍几种常用的函数。

（1）求和函数 SUM

SUM 函数用于计算单元格区域中所有数值的和，其语法格式为 =SUM(number1, number2,...)，该函数中各参数含义如下。

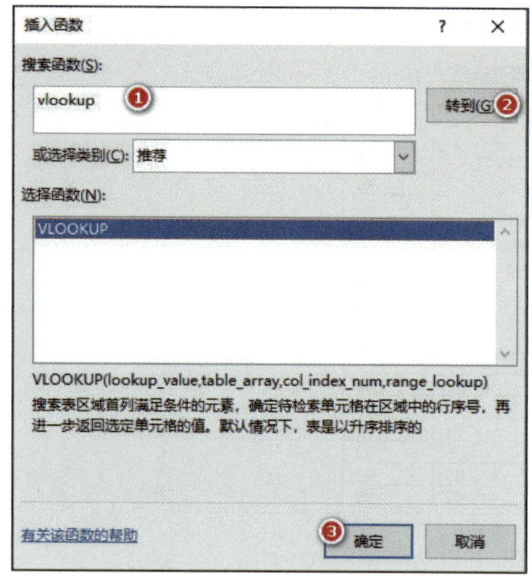
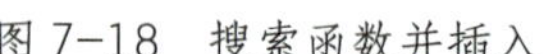

图 7-18 搜索函数并插入

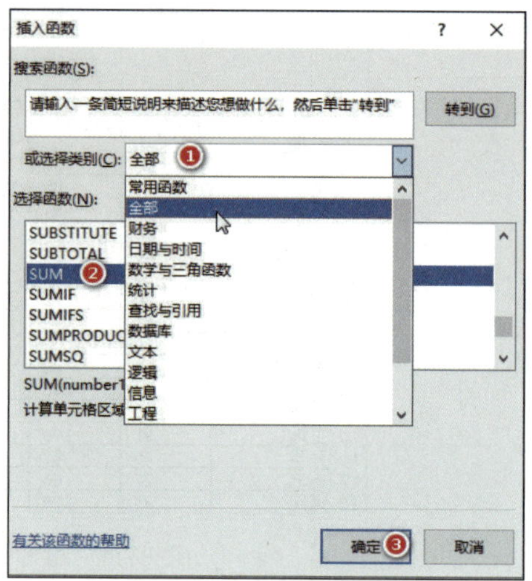

图 7-19 按类别查找函数

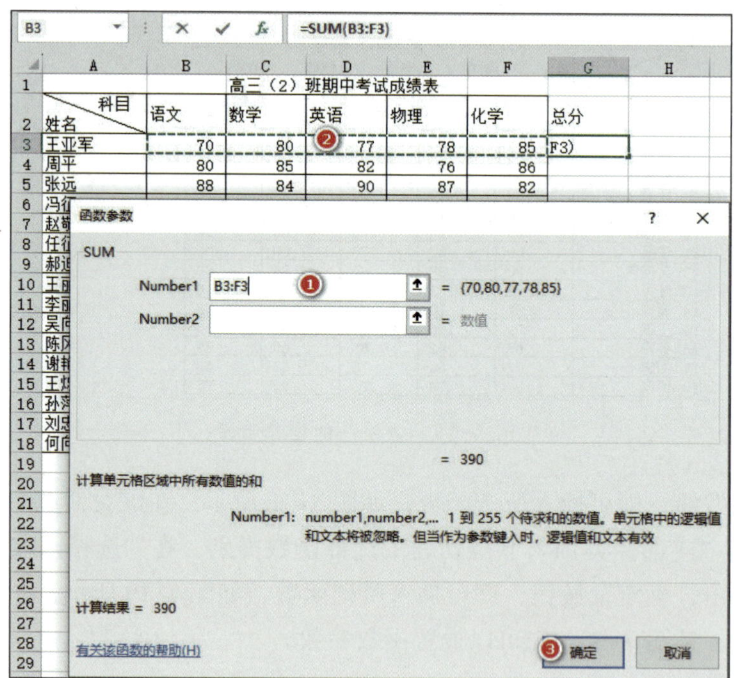

图 7-20 “函数参数”对话框

第 1 个参数“number1”为必需参数，是要相加的第 1 个数值，该数值可以是数字、引用的单元格以及单元格区域。

第 2 个参数“number2”是要相加的第 2 个数值。

例如，要计算学生科目总分，应单击单元格 G3，输入公式“=SUM(B3:F3)”，如图 7-21 所示；或者单击“公式”|“函数库”|“插入函数”按钮，在弹出的“插入函

数”对话框中选择 SUM 函数，再在弹出的“函数参数”对话框中设置参数，如图 7-22 所示，单击“确定”按钮即可完成计算。

SUM　=SUM(B3:F3)

	A	B	C	D	E	F	G
1		高三（2）班期中考试成绩表					
2	科目 姓名	语文	数学	英语	物理	化学	总分
3	王亚军	70	80	77	78	85	F3)
4	周平	80	85	82	76	86	
5	张远	88	84	90	87	82	
6	冯征	65	71	60	62	59	
7	赵敬峰	80	72	84	76	75	
8	任征	89	90	95	93	90	
9	郝迪	80	72	70	76	69	
10	王丽坤	63	70	65	68	71	
11	李丽	69	62	70	69	65	
12	吴向伟	90	88	82	86	80	
13	陈风	75	93	88	82	86	
14	谢艳	81	79	77	81	73	
15	王烁	91	100	98	95	95	
16	孙萍	65	62	55	60	59	
17	刘忠	77	66	75	60	68	
18	何向	80	79	80	82	85	

图 7-21　输入 SUM 函数公式

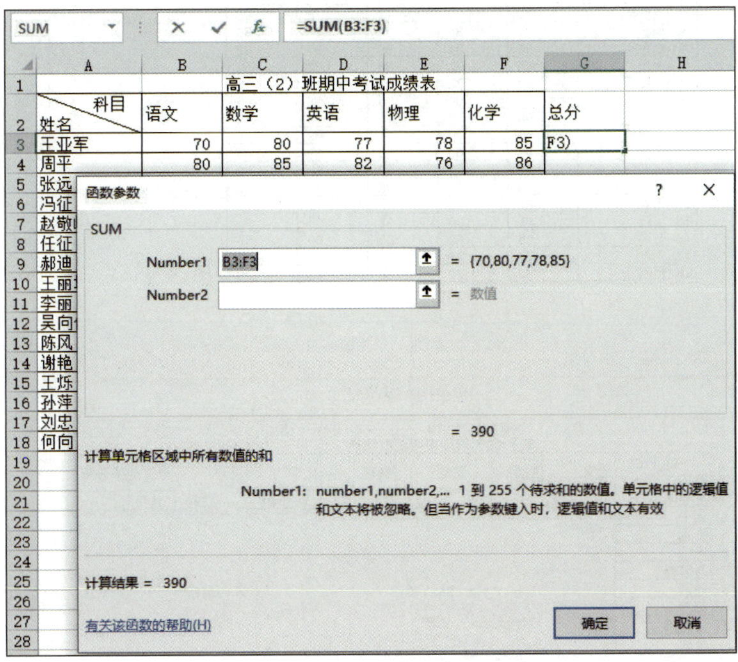

图 7-22　设置 SUM 函数的参数

（2）逻辑函数 IF

IF 函数用来判断是否满足某个条件，若满足则返回一个值，若不满足则返回另一个值。其语法格式为 =IF(logical_test,value_if_true,value_if_false)，该函数中各参数含义如下。

第 1 个参数“logical_test”为条件，可以是任何能被计算为 TRUE 或 FALSE 的数值或表达式。

第 2 个参数“value_if_true”是 logical_test 为 TRUE 时的返回值，若忽略，则返回 TRUE。

第 3 个参数“value_if_false”是 logical_test 为 FALSE 时的返回值，若忽略，则返回 FALSE。IF 函数最多可嵌套 7 层。

例如，若语文成绩在 80 分以上，则在 H 列中显示该生语文成绩等第为优良。单击单元格 H3，输入公式“=IF(B3>=80," 优良 ","")”，如图 7-23 所示；或者单击“公式”|“函数库”|“插入函数”按钮，在弹出的“插入函数”对话框中选择 IF 函数，在弹出的“函数参数”对话框中设置参数，如图 7-24 所示，单击“确定”按钮即可完成计算。

IF　=IF(B3>=80,"优良","")

IF(logical_test, [value_if_true], [value_if_false])

	A	B	C	D	E	F	G	H
1			高三（2）班期中考试成绩表					
2	科目 姓名	语文	数学	英语	物理	化学	总分	语文成绩等第
3	王亚军	70	80	77	78	85	390	"优良","")
4	周平	80	85	82	76	86		
5	张远	88	84	90	87	82		
6	冯征	65	71	60	62	59		
7	赵敬峰	80	72	84	76	75		
8	任征	89	90	95	93	90		
9	郝迪	80	72	70	76	69		
10	王丽坤	63	70	65	68	71		
11	李丽	69	62	70	69	65		
12	吴向伟	90	88	82	86	80		
13	陈风	75	93	88	82	86		
14	谢艳	81	79	77	81	73		
15	王烁	91	100	98	95	95		
16	孙萍	65	62	55	60	59		
17	刘忠	77	66	75	60	68		
18	何向	80	79	80	82	85		

图 7-23　输入 IF 函数公式

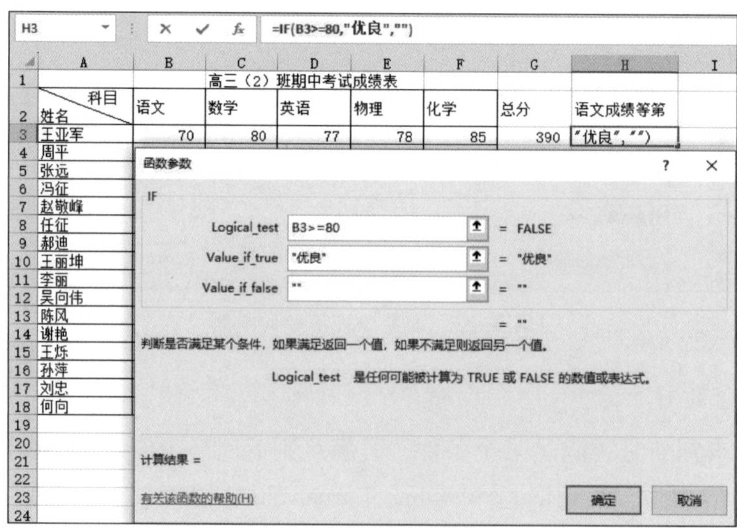

图 7-24　设置 IF 函数的参数

（3）逻辑函数 VLOOKUP 和 XLOOKUP

1）VLOOKUP 函数是 Excel 2021 中的一个纵向查找函数，具有核对数据、在多个表格之间快速导入数据等功能。其语法格式为 =VLOOKUP(lookup_value,table_array,col_index_num,range_lookup)，该函数中各参数含义如下。

第 1 个参数“lookup_value”为需要在数据表第一列中进行查找的值，可以为数值、引用或文本字符串，当此参数省略查找值时，表示用 0 查找。

第 2 个参数“table_array”为需要在其中查找数据的数据表。

第 3 个参数“col_index_num”为在 table_array 中查找的数据列序号。col_index_num 为 1 时，返回 table_array 第 1 列的值；col_index_num 为 2 时，返回 table_array 第 2 列的值，以此类推。若 col_index_num 小于 1，则 VLOOKUP 函数返回错误值 #VALUE!；若 col_index_num 大于 table_array 的列数，则 VLOOKUP 函数返回错误值 #REF!。

第 4 个参数“range_lookup”为逻辑值，指明 VLOOKUP 函数查找时是精确匹配，还是近似匹配。若 range_lookup 为 FALSE 或 0，则返回精确匹配；若找不到，则返回错误值 #N/A；若为 TRUE 或 1，则 VLOOKUP 函数将查找近似匹配值，也就是说，若找不到精确匹配值，则返回小于 lookup_value 的最大数值。应注意，VLOOKUP 函数在进行近似匹配时的查找规则是从第一个数据开始匹配，没有匹配到一样的值就继续与下一个值进行匹配，直到匹配到大于查找值的值，此时返回上一个数据。若 range_lookup 省略，则默认为 1。

使用 VLOOKUP 函数可以在数组第 1 列中查找，在行之间移动以返回单元格的值。例如，在员工工资表中可利用 VLOOKUP 函数，根据“部门编号”在数组数据中找到并返回对应第 2 列的“部门名称”，如图 7-25 所示。按照同样的方法，利用“类别编号”可以得到“类别名称”，既减少了输入量，又提高了数据输入的正确率。

2）XLOOKUP 函数用于搜索数据区域中的值，返回找到的第一个匹配结果。可以把它看作 VLOOKUP 函数的升级版，XLOOKUP 函数弥补了 VLOOKUP 函数的诸多不足，可以说是 Excel 2021 中功能最强大的查找函数。其语法格式为 =XLOOKUP(lookup_value,lookup_array,return_array,[if_not_found],[match_mode],[search_mode])，该函数中各参数含义如下。

第 1 个参数（必选参数）“lookup_value”为想要查找的值。

第 2 个参数（必选参数）“lookup_array”为想要在哪个数据区域中查找。

第 3 个参数（必选参数）“return_array”为要返回的数据区域，就是结果所在的区域。

第 4 个参数（可选参数）“if_not_found”表示若找不到结果就返回该参数，如果省略该参数，函数默认返回错误值 #N/A。

第 5 个参数（可选参数）“match_mode”为指定的匹配类型。

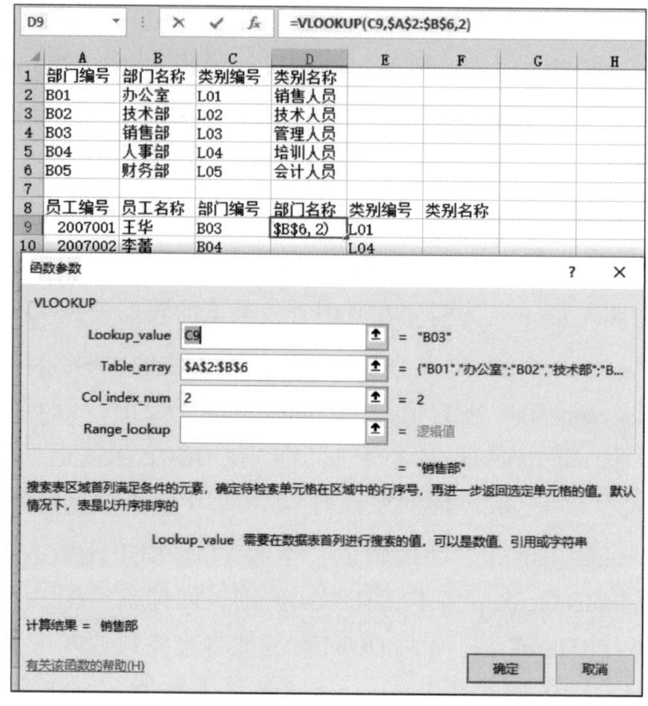

图 7–25　使用 VLOOKUP 函数得到部门名称

第 6 个参数（可选参数）“search_mode” 为指定的要使用的搜索模式。

例如，利用 XLOOKUP 函数，可以在员工工资表中根据“类别编号”在数组第 3 列中查找，在行之间移动并返回对应第 4 列的“类别名称”，如图 7–26 所示。

（4）数据库函数 DCOUNT

DCOUNT 函数的作用是返回列表或数据库中满足指定条件的记录字段（列）中包含数字的单元格个数。其语法格式为 =DCOUNT(database,field,criteria)，该函数中各参数含义如下。

第 1 个参数“database”为指定的数据区域，必须包含行标题（即字段名称）。

第 2 个参数“field”可以是单元格引用，也可以是指定的文本，如果省略该参数，则表示统计数据区域内所有字段。

第 3 个参数“criteria”为计数条件，必须包含和数据区域相同的字段名称以及一个或多个数据区域内包含的内容作为条件，否则无法计数。

例如，想要统计出语文成绩大于 80 分的人数，只需在单元格 H2 和 H3 中输入计数条件，如图 7–27 所示，在单元格 I3 中输入公式“=DCOUNT(A2:F18,B2,H2:H3)”，即可得出结果为 5，如图 7–28 所示。

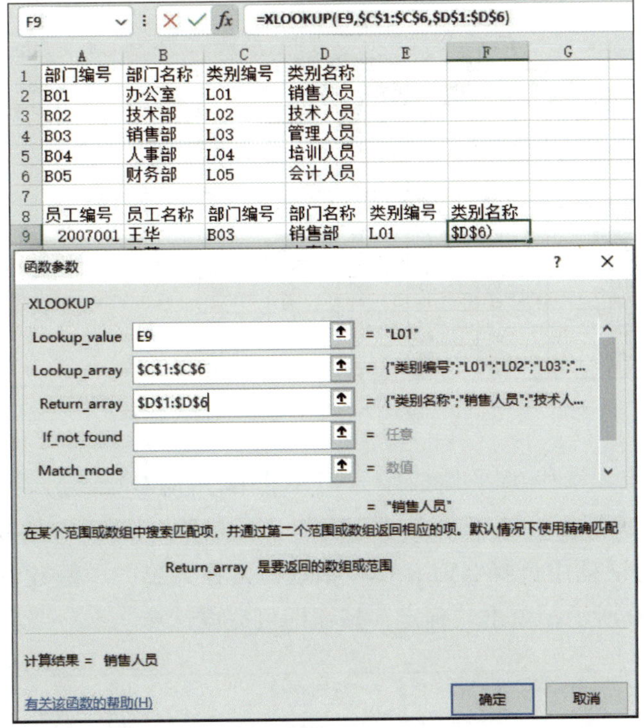

图 7-26 使用 XLOOKUP 函数得到类别名称

	A	B	C	D	E	F	G	H
1		高三（2）班期中考试成绩表						
2	科目 姓名	语文	数学	英语	物理	化学		语文
3	王亚军	70	80	77	78	85		>80
4	周平	80	85	82	76	86		
5	张远	88	84	90	87	82		
6	冯征	65	71	60	62	59		
7	赵敬峰	80	72	84	76	75		
8	任征	89	90	95	93	90		
9	郝迪	80	72	70	76	69		
10	王丽坤	63	70	65	68	71		
11	李丽	69	62	70	69	65		
12	吴向伟	90	88	82	86	80		
13	陈风	75	93	88	82	86		
14	谢艳	81	79	77	81	73		
15	王烁	91	100	98	95	95		
16	孙萍	65	62	55	60	59		
17	刘忠	77	66	75	60	68		
18	何向	80	79	80	82	85		

图 7-27 输入计数条件

（5）统计函数 AVERAGE

AVERAGE 函数是 Excel 2021 中用于计算平均值的函数。其语法格式为 =AVERAGE (number1,number2,…)，该函数中参数含义如下。

参数“number1”“number2”为要计算平均值的参数。这些参数可以是数字，或者是涉及数字的名称、数组及引用。如果数组或单元格引用参数中有文字、逻辑值或空单元格，则忽略其值；如果单元格包含零值，则将其计算在内。

I3 | =DCOUNT(A2:F18,B2,H2:H3)

	A	B	C	D	E	F	G	H	I
1	高三（2）班期中考试成绩表								
2	科目 姓名	语文	数学	英语	物理	化学		语文	结果
3	王亚军	70	80	77	78	85		>80	5
4	周平	80	85	82	76	86			
5	张远	88	84	90	87	82			
6	冯征	65	71	60	62	59			
7	赵敬峰	80	72	84	76	75			
8	任征	89	90	95	93	90			
9	郝迪	80	72	70	76	69			
10	王丽坤	63	70	65	68	71			
11	李丽	69	62	70	69	65			
12	吴向伟	90	88	82	86	80			
13	陈风	75	93	88	82	86			
14	谢艳	81	79	77	81	73			
15	王烁	91	100	98	95	95			
16	孙萍	65	62	55	60	59			
17	刘忠	77	66	75	60	68			
18	何向	80	79	80	82	85			

图 7-28　输入 DCOUNT 函数公式的结果

例如，想要计算学生的平均成绩，可单击单元格 H3，输入公式“=AVERAGE(B3:F3)”，如图 7-29 所示，或者单击“公式”|“函数库”|“插入函数”按钮，在弹出的“插入函数”对话框中选择 AVERAGE 函数，再在弹出的“函数参数”对话框中设置参数，如图 7-30 所示，单击“确定”按钮即可完成计算。

MIN | =AVERAGE(B3:F3)

AVERAGE(**number1**, [number2], ...)

	A	B	C	D	E	F	G	H
1	高三（2）班期中考试成绩表							
2	科目 姓名	语文	数学	英语	物理	化学		平均分
3	王亚军	70	80	77	78	85		(B3:F3)
4	周平	80	85	82	76	86		
5	张远	88	84	90	87	82		
6	冯征	65	71	60	62	59		
7	赵敬峰	80	72	84	76	75		
8	任征	89	90	95	93	90		
9	郝迪	80	72	70	76	69		
10	王丽坤	63	70	65	68	71		
11	李丽	69	62	70	69	65		
12	吴向伟	90	88	82	86	80		
13	陈风	75	93	88	82	86		
14	谢艳	81	79	77	81	73		
15	王烁	91	100	98	95	95		
16	孙萍	65	62	55	60	59		
17	刘忠	77	66	75	60	68		
18	何向	80	79	80	82	85		

图 7-29　输入 AVERAGE 函数的公式

（6）统计函数 MAX 和 MIN

MAX 和 MIN 函数是 Excel 2021 中用于取最大或最小值的函数。其语法格式为 =MAX/MIN(number1,number2,…)，该函数中参数含义如下。

参数“number1”“number2”可以是数值，也可以是单元格引用，最多可以设置 255 个参数值。

例如，想要计算学生语文科目的最高分，可选中单元格 B20，输入公式“=MAX(B3:B18)”，如图 7-31 所示，单击“输入”按钮完成计算。想要计算学生语文科目的最低分，可选中单元格 B21，单击“公式”|“函数库”|“插入函数”按钮，在弹出的

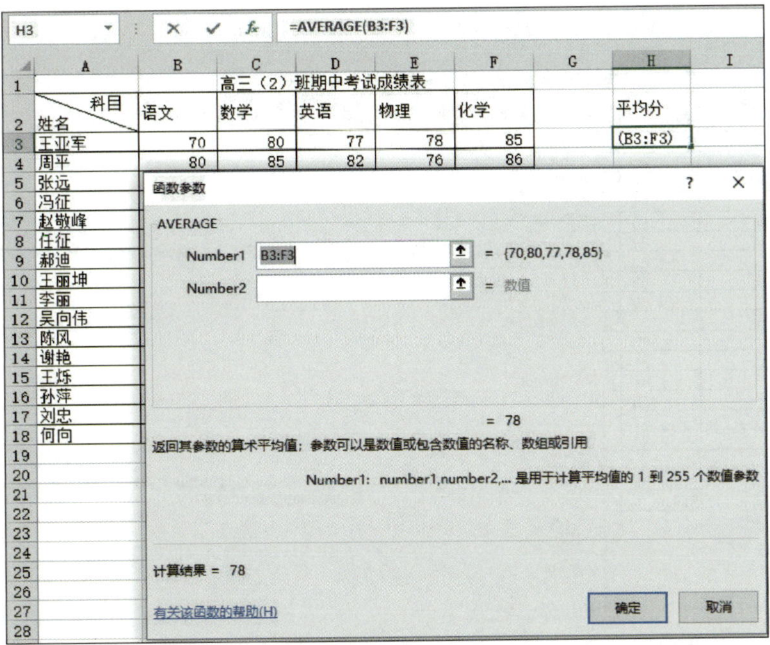

图 7-30　设置 AVERAGE 函数的参数

B3　=MAX(B3:B18)　MAX(number1, [number2], ...)

	A	B	C	D	E	F
1	高三（2）班期中考试成绩表					
2	科目 / 姓名	语文	数学	英语	物理	化学
3	王亚军	70	80	77	78	85
4	周平	80	85	82	76	86
5	张远	88	84	90	87	82
6	冯征	65	71	60	62	59
7	赵敬峰	80	72	84	76	75
8	任征	89	90	95	93	90
9	郝迪	80	72	70	76	69
10	王丽坤	63	70	65	68	71
11	李丽	69	62	70	69	65
12	吴向伟	90	88	82	86	80
13	陈风	75	93	88	82	86
14	谢艳	81	79	77	81	73
15	王烁	91	100	98	95	95
16	孙萍	65	62	55	60	59
17	刘忠	77	66	75	60	68
18	何向	80	79	80	82	85
19						
20	最高分	B18)				
21	最低分					

图 7-31　输入 MAX 函数的公式

“插入函数”对话框中选择 MIN 函数，再在弹出的“函数参数”对话框中设置参数，如图 7-32 所示，单击“确定”按钮完成计算。

3. 输入函数时的注意事项

（1）必须在英文输入法状态下书写公式，除非是必要的汉字。

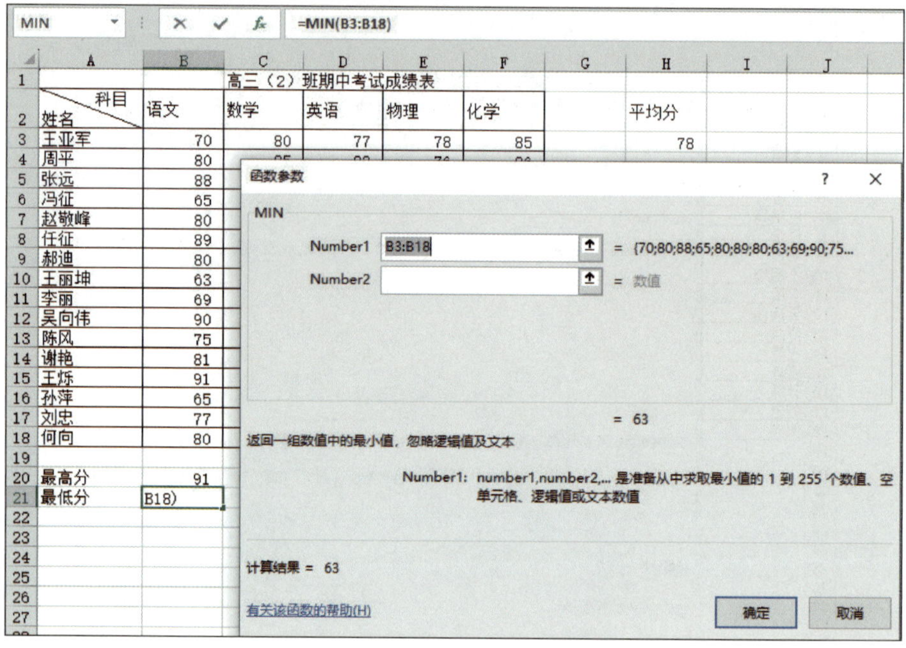

图 7-32　插入 MIN 函数并设置参数

（2）所有的公式必须以“=”开头，所有的函数必须满足格式“函数名( )”，如 SUM( )。

（3）注意公式运算的优先级，必要时用括号更改。

（4）即使公式正确，数据格式也可能导致错误结果。

（5）注意相对引用和绝对引用的区别。

（6）部分函数的可选参数在省略的情况下会被当作省略值处理，如 VLOOKUP 函数的第 4 个参数如果省略，将被当作 TRUE 处理，进行近似匹配。

（1）启动 Excel 2021，创建新的空白工作簿，并将其命名为“工资表”，输入工资表内容。在工作表的单元格区域 A1:D6 中输入如图 7-33 所示的信息。

	A	B	C	D
1	部门编号	部门名称	类别编号	类别名称
2	B01	办公室	L01	销售人员
3	B02	技术部	L02	技术人员
4	B03	销售部	L03	管理人员
5	B04	人事部	L04	培训人员
6	B05	财务部	L05	会计人员

图 7-33　输入信息

在单元格区域 A8:K8 中输入相关项目名称（见图 7-34），分别为“员工编号”“员工名称”“部门编号”“部门名称”“类别编号”“类别名称”“基本工资”“住房补贴”“交通补贴”“特岗津贴”“应发工资”，并输入如图 7-35 所示的详细信息。

A8 员工编号

	A	B	C	D	E	F	G	H	I	J	K
1	部门编号	部门名称	类别编号	类别名称							
2	B01	办公室	L01	销售人员							
3	B02	技术部	L02	技术人员							
4	B03	销售部	L03	管理人员							
5	B04	人事部	L04	培训人员							
6	B05	财务部	L05	会计人员							
7											
8	员工编号	员工名称	部门编号	部门名称	类别编号	类别名称	基本工资	住房补贴	交通补贴	特岗津贴	应发工资
9											
10											
11											
12											
13											

图 7-34 输入相关项目名称

	A	B	C	D	E	F	G	H	I	J	K
1	部门编号	部门名称	类别编号	类别名称							
2	B01	办公室	L01	销售人员							
3	B02	技术部	L02	技术人员							
4	B03	销售部	L03	管理人员							
5	B04	人事部	L04	培训人员							
6	B05	财务部	L05	会计人员							
7											
8	员工编号	员工名称	部门编号	部门名称	类别编号	类别名称	基本工资	住房补贴	交通补贴	特岗津贴	应发工资
9		王华	B03		L01		5000	1000	500		
10		李蕾	B04		L04		4800	880	500		
11		赵燕	B01		L03		7000	1430	500		
12		王积新	B04		L04		4800	880	500		
13		刘涛	B05		L05		4600	850	500		
14		杨晓芸	B03		L01		5000	1000	500		
15		周海燕	B02		L02		6000	1280	500		
16		郭欣欣	B04		L04		5200	1093	500		

图 7-35 输入详细信息

（2）用序列填充的方法填写员工编号。在单元格 A9 和 A10 中输入“2007001”“2007002”，选中这两个单元格，如图 7-36 所示，用序列填充的方法按照递增顺序自动填充员工编号，如图 7-37 所示。

A9 2007001

	A	B	C	D	E	F	G	H	I	J	K
1	部门编号	部门名称	类别编号	类别名称							
2	B01	办公室	L01	销售人员							
3	B02	技术部	L02	技术人员							
4	B03	销售部	L03	管理人员							
5	B04	人事部	L04	培训人员							
6	B05	财务部	L05	会计人员							
7											
8	员工编号	员工名称	部门编号	部门名称	类别编号	类别名称	基本工资	住房补贴	交通补贴	特岗津贴	应发工资
9	2007001	王华	B03		L01		5000	1000	500		
10	2007002	李蕾	B04		L04		4800	880	500		
11		[illegible]	B01		L03		7000	1430	500		
12		[illegible]积新	B04		L04		4800	880	500		
13		刘涛	B05		L05		4600	850	500		
14		杨晓芸	B03		L01		5000	1000	500		
15		周海燕	B02		L02		6000	1280	500		
16		郭欣欣	B04		L04		5200	1093	500		

图 7-36 选中两个连续编号的单元格

A9 | 2007001

	A	B	C	D	E	F	G	H	I	J	K
1	部门编号	部门名称	类别编号	类别名称							
2	B01	办公室	L01	销售人员							
3	B02	技术部	L02	技术人员							
4	B03	销售部	L03	管理人员							
5	B04	人事部	L04	培训人员							
6	B05	财务部	L05	会计人员							
7											
8	员工编号	员工名称	部门编号	部门名称	类别编号	类别名称	基本工资	住房补贴	交通补贴	特岗津贴	应发工资
9	2007001	王华	B03		L01		5000	1000	500		
10	2007002	李蕾	B04		L04		4800	880	500		
11	2007003	赵燕	B01		L03		7000	1430	500		
12	2007004	王积新	B04		L04		4800	880	500		
13	2007005	刘涛	B05		L05		4600	850	500		
14	2007006	杨晓芸	B03		L01		5000	1000	500		
15	2007007	周海燕	B02		L02		6000	1280	500		
16	2007008	郭欣欣	B04		L04		5200	1093	500		

图 7-37 自动填充员工编号

（3）利用公式输入部门名称。在单元格 D9 中输入公式“=VLOOKUP(C9,$A$2:$B$6,2)”，其中“=”是公式符号，“VLOOKUP”是查找函数，“C9”是待查找的单元格，“$A$2:$B$6”是查找区域，“2”表示返回区域中第 2 列值，如图 7–38 所示。按 Enter 键确认，生成部门编号“B03”对应的部门名称“销售部”。

MIN | =VLOOKUP(C9,$A$2:$B$6,2)

VLOOKUP(lookup_value, table_array, col_index_num, [range_lookup])

	A	B	C	D	E	F	G	H	I	J	K
1	部门编号	部门名称	类别编号	类别名称							
2	B01	办公室	L01	销售人员							
3	B02	技术部	L02	技术人员							
4	B03	销售部	L03	管理人员							
5	B04	人事部	L04	培训人员							
6	B05	财务部	L05	会计人员							
7											
8	员工编号	员工名称	部门编号	部门名称	类别编号	类别名称	基本工资	住房补贴	交通补贴	特岗津贴	应发工资
9	2007001	王华	B03	=VLOOKUP(C9, $A$2:$B$6, 2)			5000	1000	500		
10	2007002	李蕾	B04		L04		4800	880	500		
11	2007003	赵燕	B01		L03		7000	1430	500		
12	2007004	王积新	B04		L04		4800	880	500		
13	2007005	刘涛	B05		L05		4600	850	500		
14	2007006	杨晓芸	B03		L01		5000	1000	500		
15	2007007	周海燕	B02		L02		6000	1280	500		
16	2007008	郭欣欣	B04		L04		5200	1093	500		

图 7-38 利用公式输入部门名称

（4）利用插入函数的方法输入类别名称。在单元格 F9 中插入函数，设置 XLOOKUP 函数的参数，如图 7–39 所示，单击“确定”按钮即可生成“销售人员”。

（5）按照公司规定，特岗津贴根据类别名称计算，管理人员的特岗津贴为 300 元，技术人员的特岗津贴为 500 元，其余人员没有特岗津贴。在单元格 J9 中输入公式“=IF(F9=" 管理人员 ",300,IF(F9=" 技术人员 ",500,0))”，这个公式可理解为判断单元格 F9 的值是否为“管理人员”，若是，则返回值为 300，若不是，则再判断是否为“技术人员”，若是，则返回值为 500，否则为 0，结束函数计算。按 Enter 键确认即可计算出第一位员工的特岗津贴为 0，如图 7–40 所示。

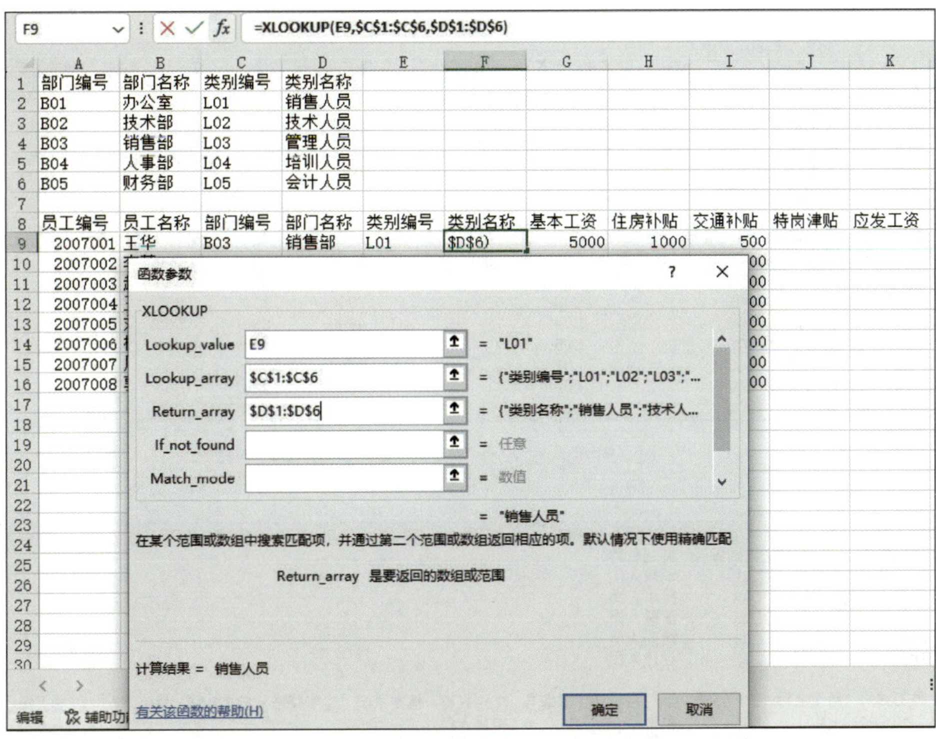

图 7-39 设置 XLOOKUP 函数的参数

J9 =IF(F9="管理人员",300,IF(F9="技术人员",500,0))

	A	B	C	D	E	F	G	H	I	J	K
1	部门编号	部门名称	类别编号	类别名称							
2	B01	办公室	L01	销售人员							
3	B02	技术部	L02	技术人员							
4	B03	销售部	L03	管理人员							
5	B04	人事部	L04	培训人员							
6	B05	财务部	L05	会计人员							
7											
8	员工编号	员工名称	部门编号	部门名称	类别编号	类别名称	基本工资	住房补贴	交通补贴	特岗津贴	应发工资
9	2007001	王华	B03	销售部	L01	销售人员	5000	1000	500	0	
10	2007002	李蕾	B04		L04		4800	880	500		
11	2007003	赵燕	B01		L03		7000	1430	500		
12	2007004	王积新	B04		L04		4800	880	500		
13	2007005	刘涛	B05		L05		4600	850	500		
14	2007006	杨晓芸	B03		L01		5000	1000	500		
15	2007007	周海燕	B02		L02		6000	1280	500		
16	2007008	郭欣欣	B04		L04		5200	1093	500		

图 7-40 计算特岗津贴

（6）通过公式计算应发工资。应发工资 = 基本工资 + 住房补贴 + 交通补贴 + 特岗津贴，因此在单元格 K9 中输入“=SUM(G9,H9,I9,J9)”（见图 7-41）或“=G9+H9+I9+J9”后，按 Enter 键确认即可生成应发工资的数值“6500”。

（7）复制填充公式。分别对其他员工的部门名称、类别名称、特岗津贴、应发工资进行计算，向下拖动填充柄选中想要填充公式的单元格区域，松开鼠标，得到填充数据，如图 7-42 所示。

K9　=SUM(G9:J9)

	A	B	C	D	E	F	G	H	I	J	K
1	部门编号	部门名称	类别编号	类别名称							
2	B01	办公室	L01	销售人员							
3	B02	技术部	L02	技术人员							
4	B03	销售部	L03	管理人员							
5	B04	人事部	L04	培训人员							
6	B05	财务部	L05	会计人员							
7											
8	员工编号	员工名称	部门编号	部门名称	类别编号	类别名称	基本工资	住房补贴	交通补贴	特岗津贴	应发工资
9	2007001	王华	B03	销售部	L01	销售人员	5000	1000	500	0	6500
10	2007002	李蕾	B04		L04		4800	880	500		
11	2007003	赵燕	B01		L03		7000	1430	500		
12	2007004	王积新	B04		L04		4800	880	500		
13	2007005	刘涛	B05		L05		4600	850	500		
14	2007006	杨晓芸	B03		L01		5000	1000	500		
15	2007007	周海燕	B02		L02		6000	1280	500		
16	2007008	郭欣欣	B04		L04		5200	1093	500		

图 7-41　输入计算应发工资的公式

	A	B	C	D	E	F	G	H	I	J	K
1	部门编号	部门名称	类别编号	类别名称							
2	B01	办公室	L01	销售人员							
3	B02	技术部	L02	技术人员							
4	B03	销售部	L03	管理人员							
5	B04	人事部	L04	培训人员							
6	B05	财务部	L05	会计人员							
7											
8	员工编号	员工名称	部门编号	部门名称	类别编号	类别名称	基本工资	住房补贴	交通补贴	特岗津贴	应发工资
9	2007001	王华	B03	销售部	L01	销售人员	5000	1000	500	0	6500
10	2007002	李蕾	B04	人事部	L04	培训人员	4800	880	500	0	6180
11	2007003	赵燕	B01	办公室	L03	管理人员	7000	1430	500	300	9230
12	2007004	王积新	B04	人事部	L04	培训人员	4800	880	500	0	6180
13	2007005	刘涛	B05	财务部	L05	会计人员	4600	850	500	0	5950
14	2007006	杨晓芸	B03	销售部	L01	销售人员	5000	1000	500	0	6500
15	2007007	周海燕	B02	技术部	L02	技术人员	6000	1280	500	500	8280
16	2007008	郭欣欣	B04	人事部	L04	培训人员	5200	1093	500	0	6793
17											

图 7-42　填充数据

（8）全部操作完成后，将工作簿保存。

1. 利用 MAX 和 MIN 函数找出项目一中制作的“高三（2）班期中考试成绩表”中各科成绩的最高分和最低分，利用 SUM 和 AVERAGE 函数计算各学生的总分和平均分。

2. 用 DCOUNT 函数统计项目一中制作的“高三（2）班期中考试成绩表”中各科目超过 80 分的人数。

3. 利用 XLOOKUP 函数查找员工“刘涛”的应发工资，如图 7-43 所示。

员工编号	员工名称	部门编号	部门名称	类别编号	类别名称	基本工资	住房补贴	交通补贴	特岗津贴	应发工资
2007001	王华	B03	销售部	L01	销售人员	5000	1000	500	0	6500
2007002	李蕾	B04	人事部	L04	培训人员	4800	880	500	0	6180
2007003	赵燕	B01	办公室	L03	管理人员	7000	1430	500	300	9230
2007004	王积新	B04	人事部	L04	培训人员	4800	880	500	0	6180
2007005	刘涛	B05	财务部	L05	会计人员	4600	850	500	0	5950
2007006	杨晓芸	B03	销售部	L01	销售人员	5000	1000	500	0	6500
2007007	周海燕	B02	技术部	L02	技术人员	6000	1280	500	500	8280
2007008	郭欣欣	B04	人事部	L04	培训人员	5200	1093	500	0	6793
员工名称	应发工资									
刘涛										

图 7-43　查找应发工资

任务 3　分析身份证号

1. 能判断 Excel 公式常见错误值出现的原因并解决。
2. 能运用 MID、YEAR 等函数计算处理数据。

在身份证号“110226196603232000”中，第 7 ~ 14 位表示出生年月日为 1966 年 03 月 23 日。在本任务中利用 MID、YEAR 函数以及公式根据工作表中的身份证号分析出出生日期、出生年份和年龄。利用 MID 函数可以从文本字符串中的指定位置开始返回特定数目的字符，利用 YEAR 函数可以返回某日期所对应的年份。

如果公式不能正确计算出结果，Excel 将显示一个错误值。每个错误类型都有不同的原因和解决方法。

1. 显示“#DIV/0”

错误原因：公式中的除数为 0。

解决方法：修改单元格引用，或者在用作除数的单元格中输入不为零的值。

2. 显示“#N/A”

错误原因：当在函数或公式中没有可用的数值时，将产生错误值“#N/A”。

解决方法：如果工作表中某些单元格暂时没有数值，则在这些单元格中输入“#N/A”，公式在引用这些单元格时，将不进行数值计算，而是返回“#N/A”。

3. 显示“#NAME?”

错误原因：在公式中使用了 Excel 不能识别的文本，如函数名称拼写错误。

解决方法：改正错误的文本内容。

4. 显示“#NULL!”

错误原因：试图为两个并不相交的区域指定交叉点，如在引用单元格区域时误将“:”写为空格，或引用两个不相交区域时，误将“,”写为空格。

解决方法：将单元格区域与运算符修改正确。

5. 显示“#NUM!”

错误原因：公式或函数中某些数字有问题。

解决方法：检查数字是否超出限定区域，确认函数中使用的参数类型是否正确。

6. 显示“#REF!”

错误原因：单元格引用无效。

解决方法：修改公式中的单元格引用。

7. 显示“#VALUE!”

错误原因：使用错误的参数或运算对象类型，或 Excel 执行自动更改公式功能后仍未能更正公式。

解决方法：确认公式或函数所需的参数或运算符正确，并且确认公式引用的单元格中均为有效的数据。

（1）启动 Excel 2021，创建空白工作簿，并将其命名为“公司人员出生日期统计表”。

（2）在工作表中输入信息，如姓名、身份证号和待计算的出生日期、出生年、年龄，如图 7-44 所示。应注意“身份证号”一列应设为文本格式，或在输入时先输入一个半角单引号“'”，否则数据会自动显示为科学记数法形式。

	A	B	C	D	E
1	姓名	身份证号	出生日期	出生年	年龄
2	张一	110226196603232000			
3	王二	110226197811132303			
4	李三	115242198206274312			
5	马六	120761198609124532			
6	王九	256536198003146554			
7					

图 7-44 输入姓名、身份证号等信息

（3）计算出生日期。MID 函数可以从文本字符串中的指定位置开始返回特定数目的字符。在工作表的单元格 C2 中，输入公式（或者插入函数）“=MID(B2,7,4)&"年"&MID(B2,11,2)&"月"&MID(B2,13,2)&"日"”，如图 7-45 所示。按 Enter 键即可得到计算值，即“张一”的出生日期。

XLOOKUP　=MID(B2,7,4)&"年"&MID(B2,11,2)&"月"&MID(B2,13,2)&"日"

	A	B	C	D	E	F
1	姓名	身份证号	出生日期	出生年	年龄	
2	张一	110226196603232000	"日"			
3	王二	110226197811132303				
4	李三	115242198206274312				
5	马六	120761198609124532				
6	王九	256536198003146554				

图 7-45 计算出生日期

提示

公式“=MID(B2,7,4)”表示从单元格 B2 的字符串第 7 位开始取出 4 个字符。

利用填充柄将单元格 C2 的公式复制填充至单元格区域 C3:C6，填充后的计算值如图 7-46 所示。

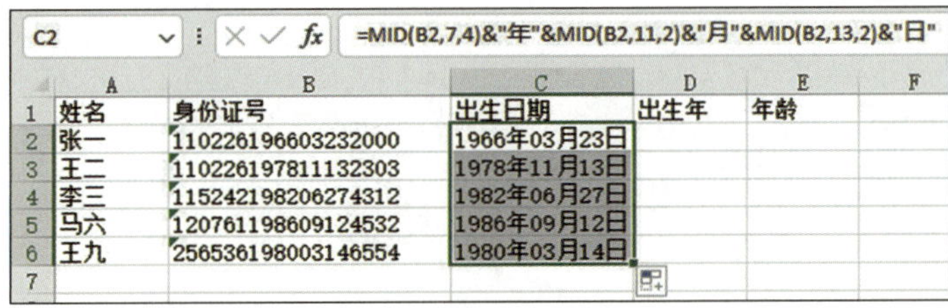

C2　=MID(B2,7,4)&"年"&MID(B2,11,2)&"月"&MID(B2,13,2)&"日"

	A	B	C	D	E	F
1	姓名	身份证号	出生日期	出生年	年龄	
2	张一	110226196603232000	1966年03月23日			
3	王二	110226197811132303	1978年11月13日			
4	李三	115242198206274312	1982年06月27日			
5	马六	120761198609124532	1986年09月12日			
6	王九	256536198003146554	1980年03月14日			
7						

图 7-46 填充出生日期

（4）计算出生年。在单元格 D2 中输入公式“=YEAR(C2)”，如图 7–47 所示。按 Enter 键确认后，得到“张一”的出生年，如图 7–48 所示。

XLOOKUP ⁝ × ✓ fx =YEAR(C2)

	A	B	C	D	E
1	姓名	身份证号	出生日期	出生年	年龄
2	张一	110226196603232000	1966年03月23日	=YEAR(C2)	
3	王二	110226197811132303	1978年11月13日	YEAR(serial_number)	
4	李三	115242198206274312	1982年06月27日		
5	马六	120761198609124532	1986年09月12日		
6	王九	256536198003146554	1980年03月14日		

图 7–47　输入出生年的计算公式

D2 ⁝ × ✓ fx =YEAR(C2)

	A	B	C	D	E
1	姓名	身份证号	出生日期	出生年	年龄
2	张一	110226196603232000	1966年03月23日	1966	
3	王二	110226197811132303	1978年11月13日		
4	李三	115242198206274312	1982年06月27日		
5	马六	120761198609124532	1986年09月12日		
6	王九	256536198003146554	1980年03月14日		
7					

图 7–48　计算出生年

利用填充柄填充其他人的出生年计算公式，填充后的结果如图 7–49 所示。

D2 ⁝ × ✓ fx =YEAR(C2)

	A	B	C	D	E
1	姓名	身份证号	出生日期	出生年	年龄
2	张一	110226196603232000	1966年03月23日	1966	
3	王二	110226197811132303	1978年11月13日	1978	
4	李三	115242198206274312	1982年06月27日	1982	
5	马六	120761198609124532	1986年09月12日	1986	
6	王九	256536198003146554	1980年03月14日	1980	
7					

图 7–49　填充出生年

（5）计算年龄。年龄 = 现在的年份 – 出生年，选中单元格 E2，在编辑栏中输入公式“=YEAR(TODAY())–D2”，如图 7–50 所示。按 Enter 键后得到年龄值，再将单元格 E2 的公式复制填充到单元格区域 E3:E6 中，最终得到如图 7–51 所示的年龄计算结果。

XLOOKUP ⁝ × ✓ fx =YEAR(TODAY())-D2

	A	B	C	D	E	F
1	姓名	身份证号	出生日期	出生年	年龄	
2	张一	110226196603232000	1966年03月23日	1966	=YEAR(TODAY())-D2	
3	王二	110226197811132303	1978年11月13日	1978		
4	李三	115242198206274312	1982年06月27日	1982		
5	马六	120761198609124532	1986年09月12日	1986		
6	王九	256536198003146554	1980年03月14日	1980		
7						

图 7–50　输入年龄的计算公式

E2　=YEAR(TODAY())-D2

	A	B	C	D	E
1	姓名	身份证号	出生日期	出生年	年龄
2	张一	110226196603232000	1966年03月23日	1966	57
3	王二	110226197811132303	1978年11月13日	1978	45
4	李三	115242198206274312	1982年06月27日	1982	41
5	马六	120761198609124532	1986年09月12日	1986	37
6	王九	256536198003146554	1980年03月14日	1980	43
7					

图 7-51　填充年龄

（6）将工作簿保存。

教学资源

本项目所需素材可通过技工教育网（http://jg.class.com.cn）下载，位于软件资源包“Excel 2021 基础与应用 / 项目七”中。

巩固练习

1. 尝试探索 MONTH 和 DAY 函数的语法格式及其参数含义，并利用 MONTH 和 DAY 函数计算本任务中各人员的出生月和出生日。

2. 尝试探索 WEEKDAY 函数的语法格式及其参数含义，并利用 WEEKDAY 函数返回本任务中各人员的出生日期是星期几。

项目八
Excel 2021 在实际工作中的应用

本项目给出了 Excel 2021 在实际工作中的 3 个具体应用实例，通过这些实例，读者可以进一步熟悉前面几个项目所讲的 Excel 的基本操作，同时了解 Excel 2021 在办公、财务等领域的应用。

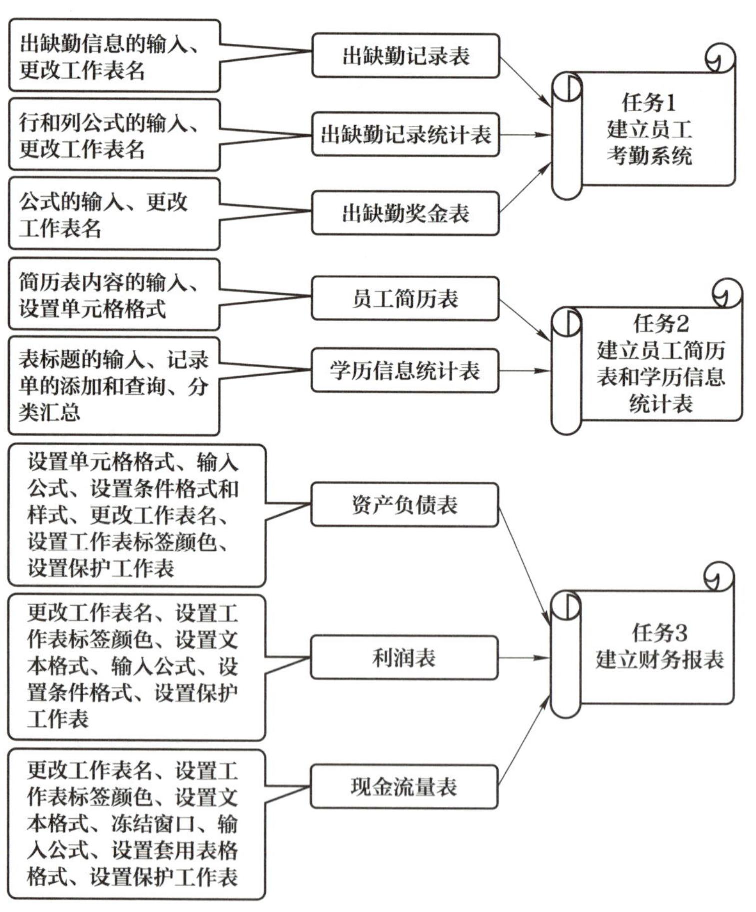

任务 1　建立员工考勤系统

1. 能描述 Excel 在日常办公中的重要作用。
2. 能使用 Excel 2021 制作员工考勤系统表格。

考勤系统的建立是为了强化公司的管理，对员工的考勤情况进行记录，可以更加便利地了解公司员工的出缺勤情况。而用 Excel 2021 建立的考勤系统，可以实现随着月份改变，表格进行自动更新，以提高工作效率。另外，改变出缺勤情况的同时可以实现系统中与其关联的多个表数据的改变。

本任务建立的考勤系统包括出缺勤记录表、出缺勤记录统计表以及与之相关联的出缺勤奖金表三个部分。出缺勤记录表如图 8–1 所示，主要记录了员工在一个月的工作日内每天的出缺勤情况；出缺勤记录统计表如图 8–2 所示，主要是统计此月员工的出缺勤情况，包括出勤天数、请假天数、出勤率等；出缺勤奖金表如图 8–3 所示，记录了与员工出缺勤情况相关联的出缺勤奖金金额。

三个工作表的表标题中的时间可以通过 TODAY、MONTH、YEAR 函数自动更新，这样工作人员可以随时用这个模板来输入数据，不必每次都更改日期。在出缺勤记录表中插入相对应的考勤记录符号，来完成出缺勤情况的输入。在出缺勤记录统计表中使用 COUNTIF 函数，并对其参数进行跨工作表的引用，完成相应出缺勤情况的统计。在出缺勤奖金表中使用 IF 函数，计算出应发奖金金额，最终通过 SUM 函数求出本月奖金总额，从而完成奖金的计算。

员工2023年8月出缺勤记录表																
日期＼姓名		丁力	徐锦	邱正	赵东海	吴迪	常宽	李力	江洋	赵东	王梅	单芳	刘亚楠	戚贞	周亮	王一天
1号	上午	★	★	▽	×	★	☆	★	★	★	★	★	☆	★	★	★
	下午	★	★	▽	×	★	☆	★	★	★	★	★	☆	★	★	★
2号	上午	★	★	▽	★	★	★	★	★	★	★	★	★	★	★	★
	下午	★	★	▽	★	★	★	★	★	★	★	★	★	★	★	★
3号	上午	★	★	★	★	★	★	★	★	★	★	★	★	★	★	★
	下午	★	★	★	★	★	★	★	★	★	★	★	★	★	★	★
4号	上午	★	★	★	★	★	★	★	★	★	★	★	★	★	★	★
	下午	★	★	★	★	★	★	★	★	★	★	★	★	★	★	★
5号	上午															
	下午															
6号	上午															
	下午															
7号	上午	★	★	★	★	★	★	★	★	★	★	★	★	★	★	★
	下午	★	★	★	★	★	★	★	★	★	★	★	★	★	★	★
8号	上午	★	★	★	★	★	★	★	★	★	★	★	★	★	★	★
	下午	★	★	★	★	★	★	★	★	★	★	★	★	★	★	★
9号	上午	★	★	★	★	★	★	★	★	★	★	★	★	★	★	★
	下午	★	★	★	★	★	★	★	★	★	★	★	★	★	★	★
10号	上午	★	★	★	★	★	★	△	★	★	★	★	★	★	★	★
	下午	★	★	★	★	★	★	★	★	★	★	★	★	★	★	★
11号	上午	★	★	★	★	★	★	★	★	★	×	★	★	★	★	★
	下午	★	★	★	★	★	★	★	★	★	×	★	★	★	★	★
12号	上午															
	下午															
13号	上午															
	下午															
14号	上午	★	★	★	★	★	★	★	★	★	★	★	★	★	★	★
	下午	★	★	★	★	★	★	★	★	★	★	★	★	★	★	★
15号	上午	★	★	★	★	★	★	★	★	★	★	★	★	★	★	★
	下午	★	★	★	★	★	★	★	★	★	★	★	★	★	★	★
16号	上午	★	★	★	★	★	★	★	★	★	★	★	★	★	★	★
	下午	★	★	★	★	★	★	★	★	★	★	★	★	★	△	★
17号	上午	★	★	★	★	★	★	★	★	★	★	★	★	★	△	★
	下午	★	★	★	★	★	★	★	★	★	★	★	★	★	★	★
18号	上午	★	★	★	★	★	★	★	★	★	★	★	★	★	★	★
	下午	★	★	★	★	★	★	★	★	★	★	☆	★	★	★	▽
19号	上午															
	下午															
20号	上午															
	下午															
21号	上午	★	★	★	★	★	★	★	☆	★	★	★	★	☆	★	★
	下午	★	★	★	★	★	★	★	☆	★	★	★	★	☆	★	★
22号	上午	★	★	★	☆	★	▽	★	☆	★	★	★	★	☆	★	★
	下午	★	★	★	☆	★	▽	★	★	★	★	★	★	★	★	★
23号	上午	★	★	★	☆	★	▽	★	★	★	★	★	★	★	★	★
	下午	★	★	★	☆	★	★	★	★	★	★	★	★	★	★	★
24号	上午	★	☆	★	☆	★	★	★	★	★	★	★	★	★	★	★
	下午	★	☆	★	☆	★	★	★	▽	★	★	★	★	★	★	★
25号	上午	★	☆	★	★	★	★	☆	▽	★	★	★	★	★	★	★
	下午	★	☆	★	★	★	★	☆	★	★	★	★	★	★	★	★
26号	上午															
	下午															
27号	上午															
	下午															
28号	上午	★	★	★	★	★	★	★	★	★	★	★	★	★	★	★
	下午	★	★	★	★	★	★	★	★	★	★	★	★	★	★	★
29号	上午	★	★	★	★	★	★	★	★	★	★	★	★	★	★	★
	下午	★	★	★	★	★	★	★	★	★	★	★	★	★	★	★
30号	上午	★	★	★	★	★	★	★	★	★	★	★	★	★	★	★
	下午	★	★	★	★	★	★	★	★	★	★	★	★	★	★	★
31号	上午	★	★	★	★	★	★	★	★	★	★	★	★	★	★	★
	下午	★	★	★	★	★	★	★	★	★	★	★	★	★	★	★
注：△：事假；▽：病假；★：出勤；☆：出差；×：无故缺勤																

图 8-1　出缺勤记录表

2023年8月出缺勤记录统计表															
天数＼姓名	丁力	徐锦	邱正	赵东海	吴迪	常宽	李力	江洋	赵东	王梅	单芳	刘亚楠	戚贞	周亮	王一天
出勤	23	21	21	19	23	20.5	21.5	20.5	23	22	22.5	22	21.5	22	22.5
出差	0	2	0	3	0	1	1	1.5	0	0	0.5	1	1.5	0	0
出勤天数	23	23	21	22	23	21.5	22.5	22	23	22	23	23	23	22	22.5
事假	0	0	0	0	0	0	0.5	0	0	0	0	0	0	1	0
病假	0	0	2	0	0	1.5	0	1	0	0	0	0	0	0	0.5
请假天数	0	0	2	0	0	1.5	0.5	1	0	0	0	0	0	1	0.5
无故缺勤	0	0	0	1	0	0	0	0	0	1	0	0	0	0	0
出勤率	100%	100%	91%	96%	100%	93%	98%	96%	100%	96%	100%	100%	100%	96%	98%
全勤人数	7														

图 8-2　出缺勤记录统计表

	A	B	C	D	K	L	M	N	O	P
1	2023年8月出缺勤奖金表									
2	姓名 天数	丁力	徐锦	邱正	王梅	单芳	刘亚楠	戚贞	周亮	王一天
3	奖金基数(元)	200	200	200	200	200	200	200	200	200
4	出勤天数	23	23	21	22	23	23	23	22	22.5
5	请假天数	0	0	2	0	0	0	0	1	0.5
6	无故缺席天数	0	0	0	1	0	0	0	0	0
7	应发奖金（元）	200	200	140	100	200	200	200	170	185
8	本月奖金总额	2605								

图 8-3　出缺勤奖金表

1．员工出缺勤记录表的建立

（1）启动 Excel 2021，新建空白工作簿，并将其命名为“出勤记录表”。此表需要标题中的月份随着时间的变化而变化，因此在单元格 A1 中输入公式“="员工"&YEAR(TODAY())&"年"&MONTH(TODAY())&"月出缺勤记录表"”，完成后按 Enter 键，效果如图 8-4 所示。单元格 A1 中输入的公式返回的是当前日期的年份和月份，实现根据日期不同，标题中年份和月份的自动更新，提高工作效率。

A1　="员工"&YEAR(TODAY())&"年"&MONTH(TODAY())&"月出缺勤记录表"

	A	B	C	D	E	F	G	H	I
1	员工2023年8月出缺勤记录表								

图 8-4　输入标题

将单元格区域 A1:Q1 合并，并设置居中显示，同时将标题设置为宋体、16 号，如图 8-5 所示。

出勤记录表 - Excel　搜索(Alt+Q)
文件　开始　插入　页面布局　公式　数据　审阅　视图　帮助
T14

	A	B	C	D	E	F	G	H	I	J	K	L	M	N	O	P	Q
1	员工2023年8月出缺勤记录表																

图 8-5　标题格式设置完成后的效果

（2）在第 2 行输入表头及员工的姓名，并设置自动调整列宽，如图 8-6 所示。

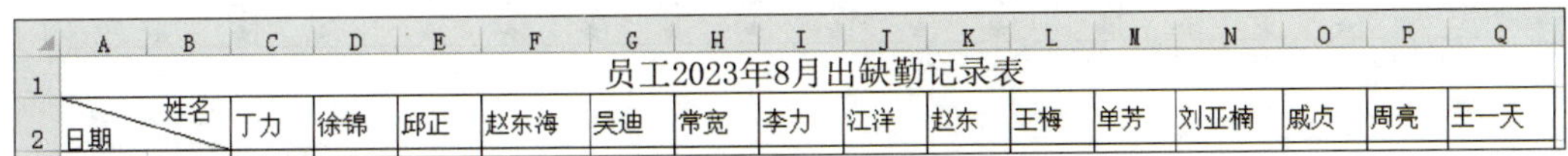

	A	B	C	D	E	F	G	H	I	J	K	L	M	N	O	P	Q
1	员工2023年8月出缺勤记录表																
2	姓名 日期		丁力	徐锦	邱正	赵东海	吴迪	常宽	李力	江洋	赵东	王梅	单芳	刘亚楠	戚贞	周亮	王一天

图 8-6　表头及员工姓名输入完成后的效果

（3）将单元格 A3 和 A4 合并后，输入“1 号”，并设置居中显示。随后采用快速输入的方法，将鼠标指针移到合并后的单元格的右下角，按住鼠标左键，将填充柄拖动至“31 号”，输入完成后的效果如图 8-7 所示。

员工2023年8月出缺勤记录表															
日期 \ 姓名	丁力	徐锦	邱正	赵东海	吴迪	常宽	李力	江洋	赵东	王梅	单芳	刘亚楠	戚贞	周亮	王一天
1号															
2号															
3号															
4号															
29号															
30号															
31号															

图 8-7 日期输入完成后的效果

提示

为了显示方便，此处隐藏了部分行或列。具体方法是选中要隐藏的行或列，单击鼠标右键，选择“隐藏”，若要全部显示，则选择“取消隐藏”即可。

（4）输入各员工的出缺勤情况，将 Sheet1 的标签改为“出缺勤记录表”，并设置表格边框及格式，如图 8-8 所示。

员工2023年8月出缺勤记录表																
日期	姓名	丁力	徐锦	邱正	赵东海	吴迪	常宽	李力	江洋	赵东	王梅	单芳	刘亚楠	戚贞	周亮	王一天
1号	上午	★	★	▽	╳	★	☆	★	★	★	★	★	☆	★	★	★
	下午	★	★	▽	╳	★	☆	★	★	★	★	★	☆	★	★	★
2号	上午	★	★	▽	★	★	★	★	★	★	★	★	★	★	★	★
	下午	★	★	▽	★	★	★	★	★	★	★	★	★	★	★	★
3号	上午	★	★	★	★	★	★	★	★	★	★	★	★	★	★	★
	下午	★	★	★	★	★	★	★	★	★	★	★	★	★	★	★
4号	上午	★	★	★	★	★	★	★	★	★	★	★	★	★	★	★
	下午	★	★	★	★	★	★	★	★	★	★	★	★	★	★	★
27号	上午															
	下午															
28号	上午	★	★	★	★	★	★	★	★	★	★	★	★	★	★	★
	下午	★	★	★	★	★	★	★	★	★	★	★	★	★	★	★
29号	上午	★	★	★	★	★	★	★	★	★	★	★	★	★	★	★
	下午	★	★	★	★	★	★	★	★	★	★	★	★	★	★	★
30号	上午	★	★	★	★	★	★	★	★	★	★	★	★	★	★	★
	下午	★	★	★	★	★	★	★	★	★	★	★	★	★	★	★
31号	上午	★	★	★	★	★	★	★	★	★	★	★	★	★	★	★
	下午	★	★	★	★	★	★	★	★	★	★	★	★	★	★	★
注：△：事假；▽：病假；★：出勤；☆：出差；╳：无故缺勤																

出缺勤记录表 Sheet2 Sheet3

图 8-8 数据输入完成后的效果

为便于查看，通过不同单元格颜色区分工作日和非工作日。白色的包含日期的单元格代表这一天为工作日，用黄色的背景颜色填充的单元格代表这一天为非工作日，如图 8-8 所示，同样隐藏了部分单元格，表格的具体内容请参看图 8-1。

至此，员工出缺勤记录表已经建立完毕。

2. 员工出缺勤记录统计表的建立

通常要对员工每月的出缺勤情况进行统计，这时在 Sheet2 中建立出缺勤记录统计表。

（1）在 Sheet2 的单元格 A1 中输入公式“=YEAR(TODAY())&" 年 "&MONTH(TODAY())&" 月出缺勤记录统计表 "”，按 Enter 键，效果如图 8-9 所示。

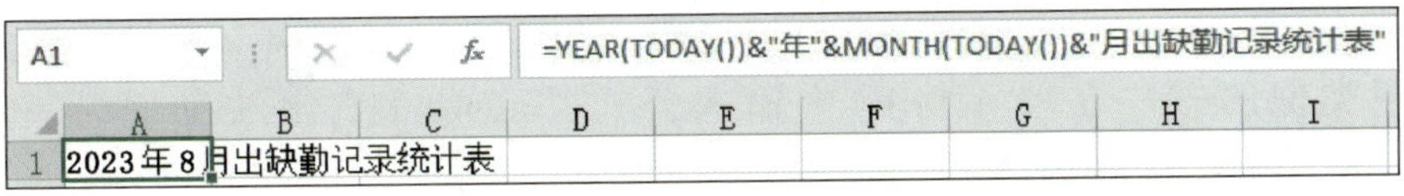

图 8-9　标题输入后的效果

（2）将单元格区域 A1:P1 合并，并设置居中显示，同时将标题设置为宋体、12 号，如图 8-10 所示。

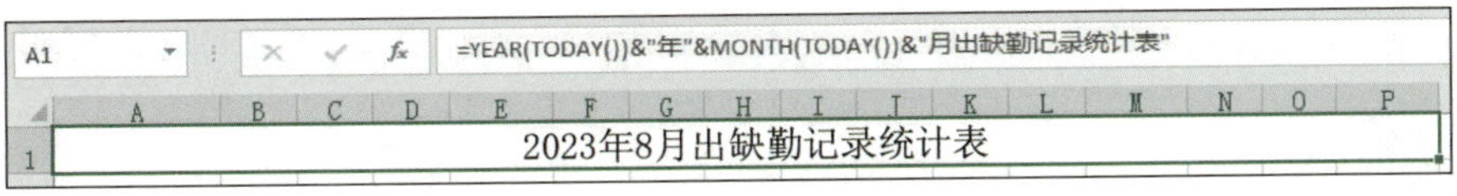

图 8-10　标题格式修改后的效果

（3）在第 2 行和第 1 列输入员工姓名和天数等内容，同时设置表格边框、自动调整列宽及居中显示，如图 8-11 所示。

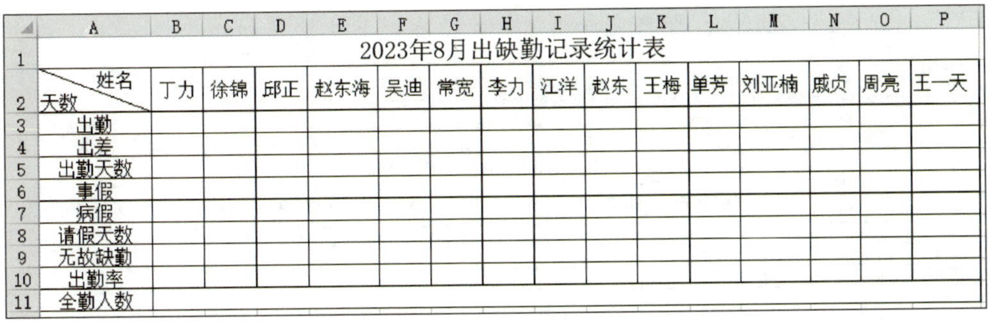

	A	B	C	D	E	F	G	H	I	J	K	L	M	N	O	P
1	2023年8月出缺勤记录统计表															
2	姓名 天数	丁力	徐锦	邱正	赵东海	吴迪	常宽	李力	江洋	赵东	王梅	单芳	刘亚楠	戚贞	周亮	王一天
3	出勤															
4	出差															
5	出勤天数															
6	事假															
7	病假															
8	请假天数															
9	无故缺勤															
10	出勤率															
11	全勤人数															

图 8-11　输入员工姓名和天数等内容后的效果

（4）为了统计员工的出缺勤情况，在单元格 B3 中输入公式“=COUNTIF(出缺勤记录表 !C3:C64," ★ ")/2”。按 Enter 键后，单元格即显示“丁力”的出勤情况，将单元格区域 B3:P11 设置为居中显示，如图 8-12 所示。

B3　=COUNTIF(出缺勤记录表!C3:C64,"★")/2

	A	B	C	D	E	F	G	H	I	J	K	L	M	N	O	P
1	2023年8月出缺勤记录统计表															
2	姓名 天数	丁力	徐锦	邱正	赵东海	吴迪	常宽	李力	江洋	赵东	王梅	单芳	刘亚楠	戚贞	周亮	王一天
3	出勤	23														
4	出差															
5	出勤天数															
6	事假															
7	病假															
8	请假天数															
9	无故缺勤															
10	出勤率															
11	全勤人数															

图 8-12 “丁力”出勤计算

按照类似的方法在单元格 B4 中输入公式“=COUNTIF(出缺勤记录表!C3:C64,"☆")/2”，统计出差的天数。

当函数参数较复杂时，可以通过鼠标选中相应单元格的方式，完成函数参数的设置。

（5）按照类似的方法，在其他单元格中分别输入公式，统计各员工出勤、出差、事假、病假和无故缺勤的天数。

提示

当统计其他员工的出缺勤情况时，可以不必再逐一输入每个公式。如输入单元格 C3 时，单击单元格 B3，把鼠标指针移至该单元格的右下角，当鼠标指针变为填充柄时，按住鼠标左键，拖动至单元格 C3 即可，如图 8-13 所示，也可以拖至此行要输入数据的最后一个单元格，即可完成第 3 行的输入，其他项亦如此。

B3　=COUNTIF(出缺勤记录表!C3:C64,"★")/2

	A	B	C	D	E	F	G	H	I	J	K	L	M	N	O	P
1	2023年8月出缺勤记录统计表															
2	姓名 天数	丁力	徐锦	邱正	赵东海	吴迪	常宽	李力	江洋	赵东	王梅	单芳	刘亚楠	戚贞	周亮	王一天
3	出勤	23	21													
4	出差															
5	出勤天数															
6	事假															
7	病假															
8	请假天数															
9	无故缺勤															
10	出勤率															
11	全勤人数															

图 8-13 用拖动方法快速输入

（6）选中单元格 B5，输入公式“=(B3+B4)”，按 Enter 键，即可完成“丁力”出勤天数的计算，如图 8–14 所示。

B5　　=(B3+B4)

	A	B	C	D	E	F	G	H	I	J	K	L	M	N	O	P
1	2023年8月出缺勤记录统计表															
2	姓名 天数	丁力	徐锦	邱正	赵东海	吴迪	常宽	李力	江洋	赵东	王梅	单芳	刘亚楠	戚贞	周亮	王一天
3	出勤	23	21	21	19	23	20.5	21.5	20.5	23	22	22.5	22	21.5	22	22.5
4	出差	0	2	0	3	0	1	1	1.5	0	0	0.5	1	1.5	0	0
5	出勤天数	23														
6	事假	0	0	0	0	0	0	0.5	0	0	0	0	0	0	1	0
7	病假	0	0	2	0	0	1.5	0	1	0	0	0	0	0	0	0.5
8	请假天数															
9	无故缺勤	0	0	0	1	0	0	0	0	0	1	0	0	0	0	0
10	出勤率															
11	全勤人数															

图 8–14　“丁力”出勤天数计算

（7）选中单元格 B8，输入公式“=(B6+B7)”，按 Enter 键，即可完成“丁力”请假天数的计算，如图 8–15 所示。

	A	B	C	D	E	F	G	H	I	J	K	L	M	N	O	P
1	2023年8月出缺勤记录统计表															
2	姓名 天数	丁力	徐锦	邱正	赵东海	吴迪	常宽	李力	江洋	赵东	王梅	单芳	刘亚楠	戚贞	周亮	王一天
3	出勤	23	21	21	19	23	20.5	21.5	20.5	23	22	22.5	22	21.5	22	22.5
4	出差	0	2	0	3	0	1	1	1.5	0	0	0.5	1	1.5	0	0
5	出勤天数	23	23	21	22	23	21.5	22.5	22	23	22	23	23	23	22	22.5
6	事假	0	0	0	0	0	0	0.5	0	0	0	0	0	0	1	0
7	病假	0	0	2	0	0	1.5	0	1	0	0	0	0	0	0	0.5
8	请假天数	0														
9	无故缺勤	0	0	0	1	0	0	0	0	0	1	0	0	0	0	0
10	出勤率															
11	全勤人数															

图 8–15　“丁力”请假天数计算

（8）选中单元格 B10，输入公式“=(B3+B4)/23”，按 Enter 键，即可计算出“丁力”在该月的出勤率，并将计算结果设置为以百分数形式显示，如图 8–16 所示。

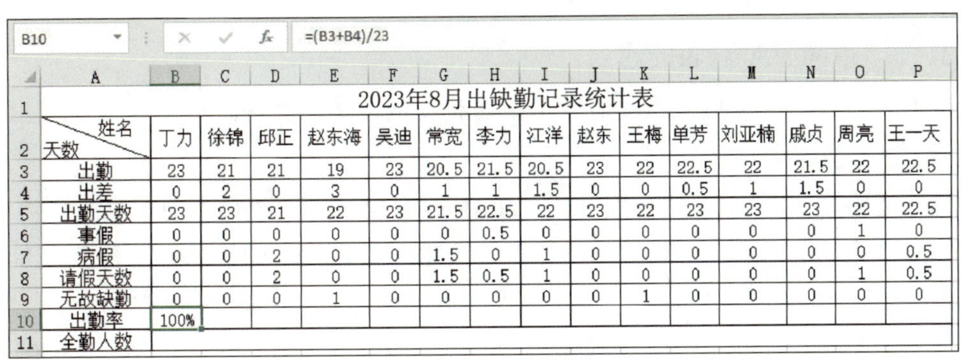

B10　　=(B3+B4)/23

	A	B	C	D	E	F	G	H	I	J	K	L	M	N	O	P
1	2023年8月出缺勤记录统计表															
2	姓名 天数	丁力	徐锦	邱正	赵东海	吴迪	常宽	李力	江洋	赵东	王梅	单芳	刘亚楠	戚贞	周亮	王一天
3	出勤	23	21	21	19	23	20.5	21.5	20.5	23	22	22.5	22	21.5	22	22.5
4	出差	0	2	0	3	0	1	1	1.5	0	0	0.5	1	1.5	0	0
5	出勤天数	23	23	21	22	23	21.5	22.5	22	23	22	23	23	23	22	22.5
6	事假	0	0	0	0	0	0	0.5	0	0	0	0	0	0	1	0
7	病假	0	0	2	0	0	1.5	0	1	0	0	0	0	0	0	0.5
8	请假天数	0	0	2	0	0	1.5	0.5	1	0	0	0	0	0	1	0.5
9	无故缺勤	0	0	0	1	0	0	0	0	0	1	0	0	0	0	0
10	出勤率	100%														
11	全勤人数															

图 8–16　“丁力”出勤率计算

（9）为了直观地观察员工出缺勤的总情况，要计算出该月全勤的人数。选中单元格 B11，在编辑栏中输入公式“=COUNTIF(B10:P10,100%)”，按 Enter 键，即可在单元格 B11 中显示该月全勤人数，并将数值对齐方式设置为左对齐，如图 8-17 所示。

B11 | =COUNTIF(B10:P10,100%)

	A	B	C	D	E	F	G	H	I	J	K	L	M	N	O	P
1	2023年8月出缺勤记录统计表															
2	姓名 天数	丁力	徐锦	邱正	赵东海	吴迪	常宽	李力	江洋	赵东	王梅	单芳	刘亚楠	戚贞	周亮	王一天
3	出勤	23	21	21	19	23	20.5	21.5	20.5	23	22	22.5	22	21.5	22	22.5
4	出差	0	2	0	3	0	1	1	1.5	0	0	0.5	1	1.5	0	0
5	出勤天数	23	23	21	22	23	21.5	22.5	22	23	22	23	23	23	22	22.5
6	事假	0	0	0	0	0	0	0.5	0	0	0	0	0	0	1	0
7	病假	0	0	2	0	0	1.5	0	1	0	0	0	0	0	0	0.5
8	请假天数	0	0	2	0	0	1.5	0.5	1	0	0	0	0	0	1	0.5
9	无故缺勤	0	0	0	1	0	0	0	0	0	1	0	0	0	0	0
10	出勤率	100%	100%	91%	96%	100%	93%	98%	96%	100%	96%	100%	100%	100%	96%	98%
11	全勤人数	7														

图 8-17　全勤人数计算

（10）输入完成后，将 Sheet2 标签改为“出缺勤记录统计表”，并将“出勤天数”与“请假天数”两行的背景填充颜色设置为黄色，如图 8-18 所示。

	A	B	C	D	E	F	G	H	I	J	K	L	M	N	O	P
1	2023年8月出缺勤记录统计表															
2	姓名 天数	丁力	徐锦	邱正	赵东海	吴迪	常宽	李力	江洋	赵东	王梅	单芳	刘亚楠	戚贞	周亮	王一天
3	出勤	23	21	21	19	23	20.5	21.5	20.5	23	22	22.5	22	21.5	22	22.5
4	出差	0	2	0	3	0	1	1	1.5	0	0	0.5	1	1.5	0	0
5	出勤天数	23	23	21	22	23	21.5	22.5	22	23	22	23	23	23	22	22.5
6	事假	0	0	0	0	0	0	0.5	0	0	0	0	0	0	1	0
7	病假	0	0	2	0	0	1.5	0	1	0	0	0	0	0	0	0.5
8	请假天数	0	0	2	0	0	1.5	0.5	1	0	0	0	0	0	1	0.5
9	无故缺勤	0	0	0	1	0	0	0	0	0	1	0	0	0	0	0
10	出勤率	100%	100%	91%	96%	100%	93%	98%	96%	100%	96%	100%	100%	100%	96%	98%
11	全勤人数	7														
12																

出勤记录 | 出缺勤记录统计表 | Sheet3

图 8-18　表格完成后的效果

至此，完成了员工出缺勤记录统计表的建立。

3. 员工出缺勤奖金表的建立

员工的出缺勤奖金与出缺勤情况是密切相关的，下面在 Sheet3 中建立员工出缺勤奖金表。

（1）选中单元格 A1，输入公式“=YEAR(TODAY())&" 年 "&MONTH(TODAY())&" 月出缺勤奖金表 "”，按 Enter 键，即可完成出缺勤奖金表标题的输入，同样合并单元格区域 A1:P1，并设置居中显示，将字体设置为宋体、16 号，如图 8-19 所示。

（2）输入员工姓名等内容，设置自动调整行高和列宽，并设置表格边框，如图 8-20 所示。

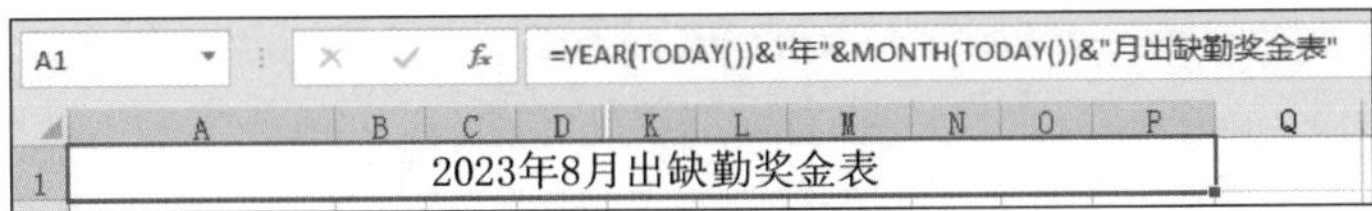

图 8-19　输入表标题

	A	B	C	D	K	L	M	N	O	P
1	2023年8月出缺勤奖金表									
2	姓名 / 天数	丁力	徐锦	邱正	王梅	单芳	刘亚楠	戚贞	周亮	王一天
3	奖金基数(元)									
4	出勤天数									
5	请假天数									
6	无故缺勤天数									
7	应发奖金(元)									
8	本月奖金总额(元)									

图 8-20　输入员工姓名等内容后的效果

（3）公司员工的出缺勤奖金基数为 200 元，采用快速输入的方法在单元格区域 B3:P3 输入“200”，如图 8-21 所示。

B3　200

	A	B	C	D	K	L	M	N	O	P
1	2023年8月出缺勤奖金表									
2	姓名 / 天数	丁力	徐锦	邱正	王梅	单芳	刘亚楠	戚贞	周亮	王一天
3	奖金基数(元)	200	200	200	200	200	200	200	200	200
4	出勤天数									
5	请假天数									
6	无故缺勤天数									
7	应发奖金(元)									
8	本月奖金总额(元)									

图 8-21　输入奖金基数

（4）由于奖金金额与员工的出缺勤情况关系密切，因此在“出勤天数”行并不直接输入数据，而是利用公式与前面的数据联系起来，这样如果前面表的数据有改动，此表的数据就会自动更正。

选中单元格 B4，输入公式“= 出缺勤记录统计表 !B5”，按 Enter 键，如图 8-22 所示。

B4　=出缺勤记录统计表!B5

	A	B	C	D	K	L	M	N	O	P
1	2023年8月出缺勤奖金表									
2	姓名 / 天数	丁力	徐锦	邱正	王梅	单芳	刘亚楠	戚贞	周亮	王一天
3	奖金基数(元)	200	200	200	200	200	200	200	200	200
4	出勤天数	23								
5	请假天数									
6	无故缺勤天数									
7	应发奖金(元)									
8	本月奖金总额(元)									

图 8-22　输入“丁力”出勤天数

采用拖动鼠标快速输入的方法，完成单元格区域 C4:P4 的输入。

（5）在单元格 B5 中输入公式“= 出缺勤记录统计表 !B8”，按 Enter 键，即可完成“丁力”请假天数的输入。同样采用拖动鼠标快速输入的方法，完成此行其他数据的输入，如图 8-23 所示。

B5 =出缺勤记录统计表!B8

	A	B	C	D	K	L	M	N	O	P
1	2023年8月出缺勤奖金表									
2	姓名 天数	丁力	徐锦	邱正	王梅	单芳	刘亚楠	戚贞	周亮	王一天
3	奖金基数(元)	200	200	200	200	200	200	200	200	200
4	出勤天数	23	23	21	22	23	23	23	22	22.5
5	请假天数	0	0	2	0	0	0	0	1	0.5
6	无故缺勤天数									
7	应发奖金(元)									
8	本月奖金总额(元)									

图 8-23　输入请假天数

（6）在单元格 B6 中输入公式“= 出缺勤记录统计表 !B9”，按 Enter 键，并采用上述的方法完成此行数据的输入，如图 8-24 所示。

B6 =出缺勤记录统计表!B9

	A	B	C	D	K	L	M	N	O	P
1	2023年8月出缺勤奖金表									
2	姓名 天数	丁力	徐锦	邱正	王梅	单芳	刘亚楠	戚贞	周亮	王一天
3	奖金基数(元)	200	200	200	200	200	200	200	200	200
4	出勤天数	23	23	21	22	23	23	23	22	22.5
5	请假天数	0	0	2	0	0	0	0	1	0.5
6	无故缺勤天数	0	0	0	1	0	0	0	0	0
7	应发奖金(元)									
8	本月奖金总额(元)									

图 8-24　输入无故缺勤天数

（7）公司采用请假一天扣 30 元、无故缺勤一天扣 100 元的制度，因此应发奖金 = 奖金基数 - 请假天数 ×30 - 无故缺勤天数 ×100，但如果计算结果小于 0，则应发奖金应为 0。所以，对于单元格 B7 的输入，采用如下公式“=IF(B3-B5*30-B6*100>0,B3-B5*30-B6*100,0)”，输入完成后按 Enter 键，如图 8-25 所示。

B7 =IF(B3-B5*30-B6*100>0,B3-B5*30-B6*100,0)

	A	B	C	D	K	L	M	N	O	P
1	2023年8月出缺勤奖金表									
2	姓名 天数	丁力	徐锦	邱正	王梅	单芳	刘亚楠	戚贞	周亮	王一天
3	奖金基数(元)	200	200	200	200	200	200	200	200	200
4	出勤天数	23	23	21	22	23	23	23	22	22.5
5	请假天数	0	0	2	0	0	0	0	1	0.5
6	无故缺勤天数	0	0	0	1	0	0	0	0	0
7	应发奖金(元)	200								
8	本月奖金总额(元)									

图 8-25　输入“丁力”应发奖金

采用拖动鼠标快速输入的方法，完成单元格区域 C7:P7 的输入。

（8）在单元格 B8 中输入公式“=SUM(B7:P7)”，按 Enter 键，便完成了单元格区域 B7:P7 的求和，即本月奖金总额的输入，将数字对齐方式设置为左对齐，并把此表标签改为“出缺勤奖金表”，如图 8-26 所示。

	A	B	C	D	K	L	M	N	O	P
1	2023年8月出缺勤奖金表									
2	姓名 天数	丁力	徐锦	邱正	王梅	单芳	刘亚楠	戚贞	周亮	王一天
3	奖金基数(元)	200	200	200	200	200	200	200	200	200
4	出勤天数	23	23	21	22	23	23	23	22	22.5
5	请假天数	0	0	2	0	0	0	0	1	0.5
6	无故缺勤天数	0	0	0	1	0	0	0	0	0
7	应发奖金（元）	200	200	140	100	200	200	200	170	185
8	本月奖金总额(元)	2605								

出缺勤记录表 | 出缺勤记录统计表 | 出缺勤奖金表

图 8-26 输入本月奖金总额

至此，完成了考勤系统的建立以及该月考勤各项内容的输入。同时，可以保留各个表的模板，以供其他月份的数据记录。

1. 在“王一天”后添加“周永”，输入其此月的出缺勤情况，数据自拟。

2. 在“出缺勤记录统计表”中添加“周永”列，采用拖动鼠标快速输入的方法输入各项数据。

3. 相应地在“出缺勤奖金表”中添加“周永”的数据。

任务 2 建立员工简历表和学历信息统计表

1. 能建立格式相对复杂的表格。
2. 能通过员工简历表来建立员工的学历信息统计表。

任务描述

简历在现代企事业单位中有着不可替代的作用，它影响着用人单位对应聘者的第一印象。本任务所建的简历表只是记录了员工的一些最基本信息，以供用人单位进行学历信息统计。

本任务首先要建立一个基础的简历表，如图 8–27 所示。

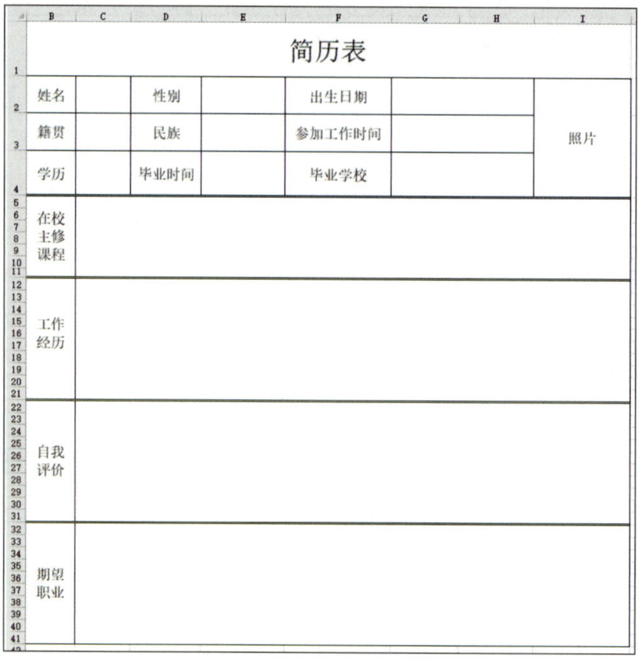

简历表						
姓名		性别		出生日期		照片
籍贯		民族		参加工作时间		
学历		毕业时间		毕业学校		
在校主修课程						
工作经历						
自我评价						
期望职业						

图 8–27　所建简历表

为了避免员工的简历表信息输入错误，这里采用填写记录单的方法来建立“学历信息统计表”，对公司员工的学历信息进行分类汇总，以统计员工的学历情况。

相关知识

所谓记录单，简单来说就是一个窗口，通过此窗口可以进行数据的输入、查询、删除等。

1. 简历表的建立

选中单元格 B1，并输入内容“简历表”。在单元格区域 B2:F4 分别输入“姓名”“性别”等标题内容。合并单元格区域 I2:I4，并输入“照片”。合并单元格区域 B1:I1，并将“简历表”设置为居中显示，字体设置为宋体、28 号。将单元格区域 G2:H2、G3:H3、G4:H4 分别合并，并设置居中显示。将单元格区域 B2:I4 的文字设置为宋体、16 号，并居中显示，调整列宽。表格上半部分输入完成后的效果如图 8–28 所示。

	B	C	D	E	F	G	H	I
1	简历表							
2	姓名		性别		出生日期			照片
3	籍贯		民族		参加工作时间			
4	学历		毕业时间		毕业学校			

图 8–28　表格上半部分输入完成后的效果

合并单元格区域 B5:B11、B12:21、B22:B31、B32:B41、C5:I11、C12:I21、C22:I31、C32:I41，在相应位置输入“在校主修课程”“工作经历”“自我评价”“期望职业”，并将其设置为宋体、16 号，并居中显示。注意此处内容的输入用到了在同一单元格中强制换行操作，即同时按 Alt+Enter 键。输入完成后调整行高、列宽。

选中单元格区域 B2:I4，对其添加所有实线框线，选中单元格区域 B5:I41，对其上框线及内部横线添加双实线边框，对其他线添加实线边框，完成后的效果如图 8–27 所示。

至此，已完成简历表的制作。当填此表时，员工只需把相应的信息填入即可，以丁力简历表的输入为例。首先在各栏里填入自己的基本情况。对于照片的插入，单击“插入”|“插图”|“图片”下拉按钮，选择“此设备”，找到相应图片的位置，选中后，单击“插入”按钮即可，如图 8–29 所示。插入后，调整图片的尺寸至所需要的大小，完成后的效果如图 8–30 所示。

2. 学历信息统计表的建立

对所有员工的信息进行汇总，要建立学历信息统计表。由于有时输入的信息量较多，为了避免产生错误，常采用记录单的方法逐条输入。

（1）表标题和各列标题的输入。将 Sheet2 重命名为“学历信息统计表”，在此工作表中，首先在单元格 A1 中输入表标题，并将其设置为宋体、16 号、居中显示。在编辑栏中输入单元格 A2 的公式“=YEAR(TODAY())&"年"&MONTH(TODAY())&"月"”，单元格中显示年月，并将其设置为宋体、16 号、右对齐显示。在单元格区域 A3:J3 分别输入各列标题，并将其设置为宋体、11 号、居中显示，调整各列宽，如图 8–31 所示。

图 8–29 “插入图片”对话框

丁力简历表						
姓名	丁力	性别	男	出生日期	1983年5月	
籍贯	河北	民族	汉	参加工作时间	2006年7月	
学历	本科	毕业时间	2006年7月	毕业学校	山东大学	

图 8–30 基本信息输入完成后的效果

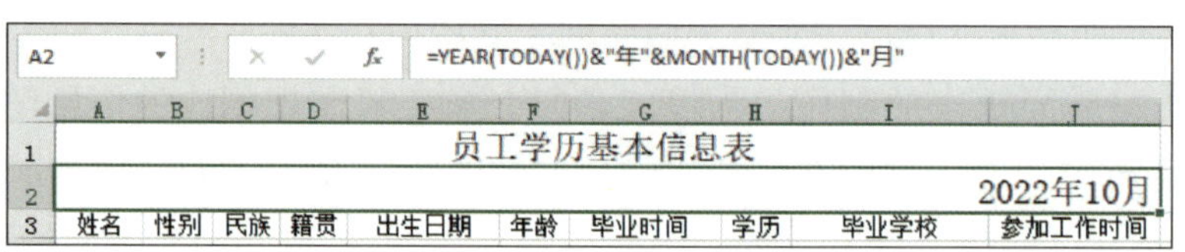

图 8–31 标题输入完成

（2）记录单的添加。单击“文件”|“选项”，打开“Excel 选项”对话框，选择左侧的“自定义功能区”，在右侧的“从下列位置选择命令”中选择“不在功能区中的命令”，在其列表中选择“记录单 ...”，在“自定义功能区”中选择“主选项卡”，勾选“开始”复选框，单击“新建组”按钮，选中“新建组（自定义）”，单击鼠标右键，选择“重命名”，将其更名为“记录单”，单击“添加”按钮，如图 8–32 所示，单击“确定”按钮即完成记录单的添加。

（3）数据的输入。选中所有列标题单元格，单击“开始”|“记录单”|“记录

单”按钮，并打开其对话框，如图 8-33 所示。在各个框中输入各列的基本信息，如图 8-34 所示。输入完成后，单击“新建”按钮，即可完成“丁力”相关信息的输入，如图 8-35 所示。

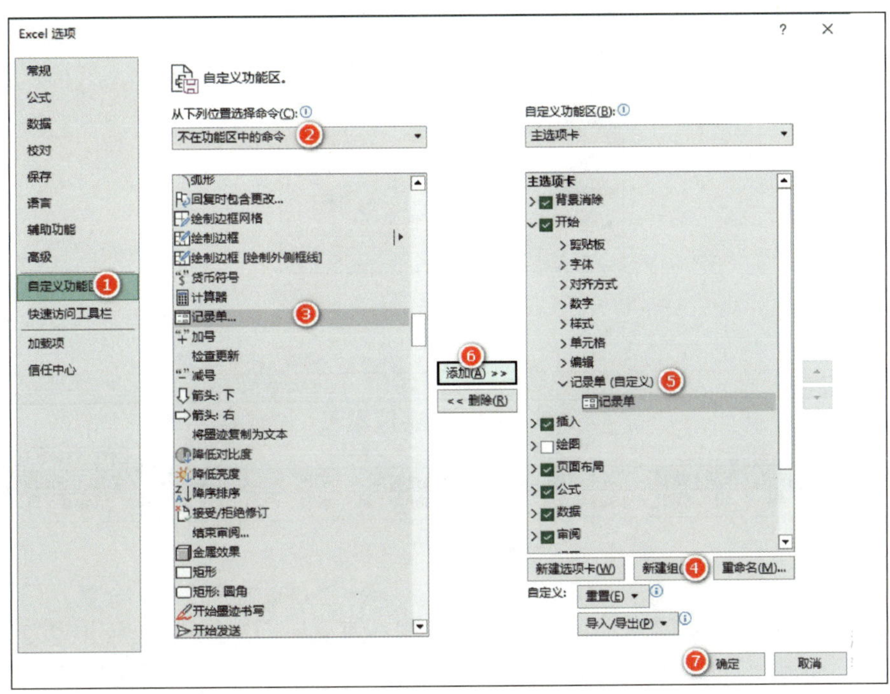

图 8-32　添加“记录单”按钮

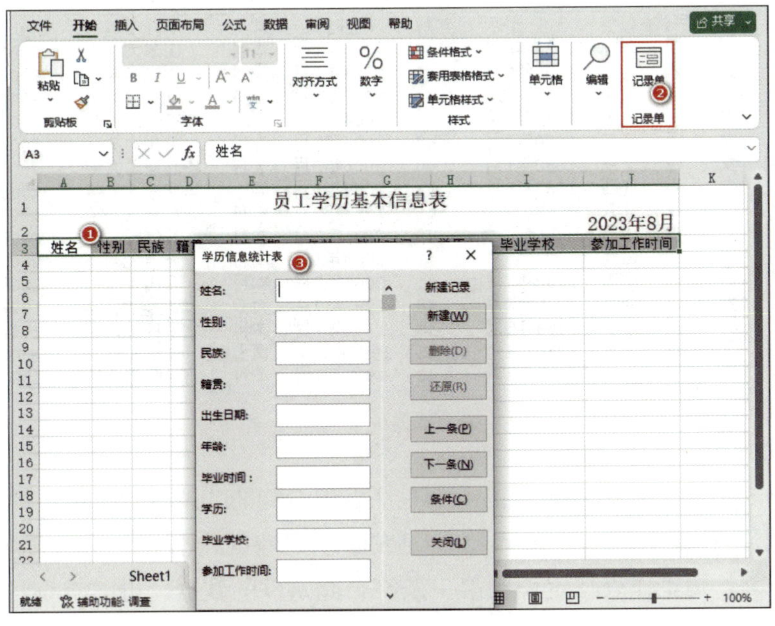

图 8-33　“学历信息统计表”记录单的对话框

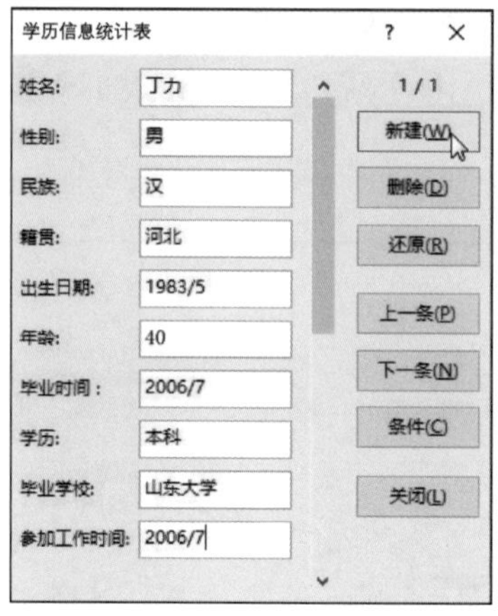

图 8-34 “丁力”基本信息的输入

	A	B	C	D	E	F	G	H	I	J
1	员工学历基本信息表									
2										2023年8月
3	姓名	性别	民族	籍贯	出生日期	年龄	毕业时间	学历	毕业学校	参加工作时间
4	丁力	男	汉	河北	1983年5月	40	2006年7月	本科	山东大学	2006年7月

图 8-35 单击“新建”按钮后的效果

在记录单对话框中完成其他信息的输入，输入完成后的效果如图 8-36 所示。

	A	B	C	D	E	F	G	H	I	J
1	员工学历基本信息表									
2										2023年8月
3	姓名	性别	民族	籍贯	出生日期	年龄	毕业时间	学历	毕业学校	参加工作时间
4	丁力	男	汉	河北	1983年5月	40	2006年7月	本科	山东大学	2006年7月
5	常宽	男	汉	江苏	1980年3月	43	2004年7月	本科	河海大学	2004年7月
6	单芳	女	汉	湖南	1979年12月	44	2002年7月	本科	华北科技大学	2002年7月
7	江洋	男	汉	山东	1979年1月	44	2004年7月	硕士	北京理工大学	2004年7月
8	李力	女	满	江苏	1980年7月	43	2004年7月	本科	苏州大学	2004年7月
9	刘亚楠	女	汉	上海	1983年1月	40	2006年7月	本科	华北理工大学	2006年7月
10	戚贞	女	汉	江西	1982年6月	41	2006年7月	硕士	华北理工大学	2006年7月
11	邱正	男	汉	北京	1975年10月	48	1997年7月	本科	北京科技大学	1997年7月
12	王梅	女	汉	山西	1983年12月	40	2006年7月	本科	哈尔滨理工大学	2006年7月
13	王一天	男	汉	山西	1982年9月	41	2006年7月	本科	天津大学	2006年7月
14	吴迪	男	汉	山东	1982年2月	41	2006年7月	本科	四川大学	2006年7月
15	徐锦	女	汉	河北	1975年2月	48	1997年7月	大专	华北电力大学	1998年7月
16	赵东	男	汉	辽宁	1974年5月	49	1997年7月	本科	北京科技大学	1997年7月
17	赵东海	男	汉	天津	1970年4月	53	1997年12月	博士	清华大学	1997年12月
18	周亮	男	汉	河北	1975年4月	48	1997年7月	本科	北京师范大学	1997年7月

图 8-36 输入完成后的效果

（4）数据的查询和修改。单击记录单对话框中右侧的“条件”按钮，弹出如图 8-37 所示的对话框。在此对话框中输入要查询或修改的数据内容，如图 8-38 所示。输入后，按 Enter 键，则工作表将定位到第一条符合此条件的数据，继续查询可单击“下一条”按钮。

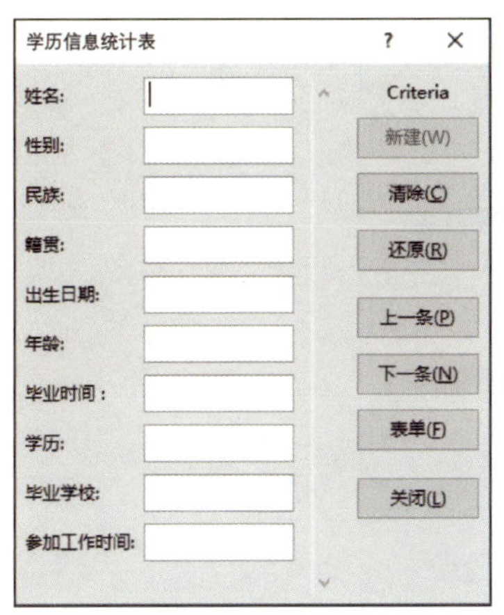

图 8-37 查询和修改数据的对话框

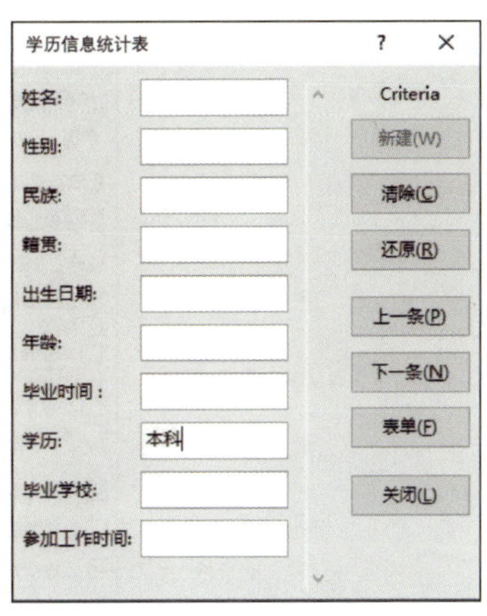

图 8-38 查询或修改的数据内容

若用户要修改数据，则首先查询定位到数据单元格上，然后直接修改即可，完成后按 Enter 键。若用户要删除数据，则单击“删除”按钮，在提示信息对话框中删除此行数据。

应注意，以上这些操作都是不可撤销的。

3. 分类汇总学历信息统计表

进行分类汇总前，首先对数据进行排序。这里按照“大专、本科、硕士、博士”的顺序排列，如图 8-39 所示。

	A	B	C	D	E	F	G	H	I	J
1	员工学历基本信息表									
2										2023年8月
3	姓名	性别	民族	籍贯	出生日期	年龄	毕业时间	学历	毕业学校	参加工作时间
4	徐锦	女	汉	河北	1975年2月	48	1997年7月	大专	华北电力大学	1998年7月
5	丁力	男	汉	河北	1983年5月	40	2006年7月	本科	山东大学	2006年7月
6	邱正	男	汉	北京	1975年10月	48	1997年7月	本科	北京科技大学	1997年7月
7	吴迪	男	汉	山东	1982年2月	41	2006年7月	本科	四川大学	2006年7月
8	常宽	男	汉	江苏	1980年3月	43	2004年7月	本科	河海大学	2004年7月
9	李力	女	满	江苏	1980年7月	43	2004年7月	本科	苏州大学	2004年7月
10	赵东	男	汉	辽宁	1974年5月	49	1997年7月	本科	北京科技大学	1997年7月
11	王梅	女	汉	山西	1983年12月	40	2006年7月	本科	哈尔滨理工大学	2006年7月
12	单芳	女	汉	湖南	1979年12月	44	2002年7月	本科	华北科技大学	2002年7月
13	刘亚楠	女	汉	上海	1983年1月	40	2006年7月	本科	华北理工大学	2006年7月
14	周亮	男	汉	河北	1975年4月	48	1997年7月	本科	北京师范大学	1997年7月
15	王一天	男	汉	山西	1982年9月	41	2006年7月	本科	天津大学	2006年7月
16	江洋	男	汉	山东	1979年1月	44	2004年7月	硕士	北京理工大学	2004年7月
17	戚贞	女	汉	江西	1982年6月	41	2006年7月	硕士	华北理工大学	2006年7月
18	赵东海	男	汉	天津	1970年4月	53	1997年12月	博士	清华大学	1997年12月

图 8-39 排序后的效果

选中数据区域，单击“数据”|“分级显示”|“分类汇总”按钮，把“学历”按“计数”的汇总方式进行汇总，如图 8-40 所示，完成后的效果如图 8-41 所示。

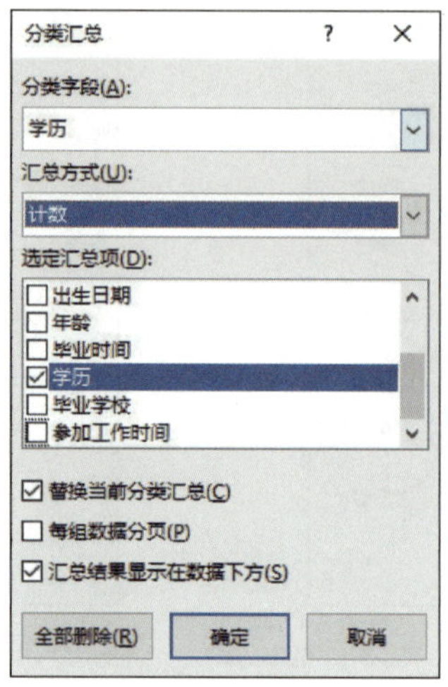

图 8-40 “分类汇总”对话框

员工学历基本信息表

2023年8月

姓名	性别	民族	籍贯	出生日期	年龄	毕业时间	学历	毕业学校	参加工作时间
徐锦	女	汉	河北	1975年2月	48	1997年7月	大专	华北电力大学	1998年7月
						大专 计数	1		
丁力	男	汉	河北	1983年5月	40	2006年7月	本科	山东大学	2006年7月
邱正	男	汉	北京	1975年10月	48	1997年7月	本科	北京科技大学	1997年7月
吴迪	男	汉	山东	1982年2月	41	2006年7月	本科	四川大学	2006年7月
常宽	男	汉	江苏	1980年3月	43	2004年7月	本科	河海大学	2004年7月
李力	女	满	江苏	1980年7月	43	2004年7月	本科	苏州大学	2004年7月
赵东	男	汉	辽宁	1974年5月	49	1997年7月	本科	北京科技大学	1997年7月
王梅	女	汉	山西	1983年12月	40	2006年7月	本科	哈尔滨理工大学	2006年7月
单芳	女	汉	湖南	1979年12月	44	2002年7月	本科	华北科技大学	2002年7月
刘亚楠	女	汉	上海	1983年1月	40	2006年7月	本科	华北理工大学	2006年7月
周亮	男	汉	河北	1975年4月	48	1997年7月	本科	北京师范大学	1997年7月
王一天	男	汉	山西	1982年9月	41	2006年7月	本科	天津大学	2006年7月
						本科 计数	11		
江洋	男	汉	山东	1979年1月	44	2004年7月	硕士	北京理工大学	2004年7月
戚贞	女	汉	江西	1982年6月	41	2006年7月	硕士	华北理工大学	2006年7月
						硕士 计数	2		
赵东海	男	汉	天津	1970年4月	53	1997年12月	博士	清华大学	1997年12月
						博士 计数	1		
						总计数	15		

图 8-41 分类汇总后的效果

1. 在简历表中输入邱正的信息，自选一张图片作为照片插入，缺少的信息可自拟。
2. 对“学历信息统计表”中的“性别”进行计数分类汇总。

任务 3　建立财务报表

1. 能描述 Excel 在财务报表中的重要作用。
2. 能描述财务报表的组成及其相互关系。
3. 能建立财务报表，同时熟练运用前七个项目的相关操作方法。

财务报表由资产负债表、利润表和现金流量表组成。本任务是建立这三个工作表，分别如图 8-42、图 8-43、图 8-44 所示。

	A	B	C	D	E	F
1			资产负债表			
2	编制单位：ABC公司			202*年度		单位：千元
3	资产	年初数	年末数	负债和所有者权益（或股东权益）	年初数	年末数
4	流动资产：			流动负债：		
5	货币资金	340.00	490.00	短期借款	400.00	420.00
6	短期投资	30.00	80.00	应付票据	50.00	70.00
7	应收票据	20.00	15.00	应付票据		0.00
8	应收账款	643.50	683.10	应付账款	264.00	355.00
9	预付账款	22.00	14.00	预收款项	20.00	10.00
10	应收补贴款	13.50	4.90	应付职工薪酬	0.80	0.60
11	其他应收款	580.00	690.00	应付福利费	0.00	0.00
12	待摊费用	38.00	2.00	应交税金	60.00	50.00
13	存货	23.00	1.00	应付股利	0.00	0.00
14	其他流动资产	0.00	0.00	其他应付款	15.00	18.00
15	流动资产合计	1,710.00	1,980.00	其他应交款	5.20	6.40
16	长期投资：			预提费用	5.00	8.00
17	长期债权投资	110.00	180.00	其他流动负债	80.00	62.00
18	长期投资合计	110.00	180.00	流动负债合计	900.00	1,000.00
19	固定资产：			长期负债：		
20	固定资产原值	2,400.00	2,900.00	长期借款	500.00	550.00
21	减：累计折旧	600.00	750.00	应付债券	320.00	420.00
22	固定资产净值	1,800.00	2,150.00	长期应付款	104.00	100.00
23	固定资产清理	0.00	0.00	其他长期负债	0.00	0.00
24	在建工程	150.00	150.00	非流动负债合计	924.00	1,070.00
25	固定资产合计	1,950.00	2,300.00	负债合计	1,824.00	2,070.00
26	无形资产：			所有者权益（或股东权益）：		
27	无形资产	20.00	32.00	实收资本（或股本）	1,500.00	1,500.00
28	长期待摊费用	10.00	8.00	资本公积	132.00	240.00
29	无形资产合计	30.00	40.00	盈余公积	219.00	459.00
30	递延所得税资产	0.00	0.00	未分配利润	125.00	231.00
31				所有者权益（或股东权益）合计	1,976.00	2,430.00
32						
33	资产总计	3,800.00	4,500.00	负债和所有者权益（或股东权益）总计	3,800.00	4,500.00
34						

资产负债表　Sheet2　Sheet3

图 8-42　资产负债表

	A	B	C
1	利润表		
2	编制单位：ABC公司	202*年度	单位：千元
3	项目	本月数	本年累计数
4	一、主营业务收入	（略）	8720
5	减：折扣与折让		200
6	主营业务收入净额		8520
7	减：主营业务成本		4190.4
8	主营业务税金及附加		676
9	二、主营业务利润（亏损以“-”号填列）		3653.6
10	加：其他业务利润		851.4
11	减：销售费用		1370
12	管理费用		1050
13	财务费用		325
14	三、营业利润		1760
15	加：投资收入		63
16	补贴收入		
17	营业外收入		8.5
18	减：营业外支出		15.5
19	四、 利润总额		1816
20	减：所得税		556
21	五、净利润		1260
22			

利润表 She ...

图 8-43　利润表

	A	B
1	现金流量表	列1
2	编制单位：ABC公司　202*年度	单位：千元
3	项目	金额
4	一、经营活动产生的现金流量	
5	销售商品、提供劳务收到的现金	9,326.80
6	收到的税费返还	
7	收到其他与经营活动有关的现金	20.10
8	经营活动现金流入小计	9,346.90
9	购买商品、接受劳务支付的现金	4,181.40
10	支付给职工以及为职工支付的现金	400.20
11	支付的各项税费	3,083.80
12	支付其他与经营活动有关的现金	15.50
13	经营活动现金流出小计	7,680.90
14	经营活动产生的现金流量净额	1,666.00
15	二、投资活动产生的现金流量：	
16	收回投资收到的现金	38.00
17	取得投资收益收到的现金	63.00
18	处置固定资产、无形资产和其他长期资产回收的现金净额	0.00
19	收到其他与投资活动有关的现金	0.00
20	投资活动现金流入小计	101.00
21	购建固定资产、无形资产和其他长期资产支付的现金	516.00
22	投资支付的现金	122.00
23	支付其他与投资活动有关的现金	0.00
24	投资活动现金流出小计	638.00
25	投资活动产生的现金流量净额	-537.00
26	三、筹资活动产生的现金流量：	
27	吸收投资收到的现金	0.00
28	取得借款收到的现金	232.00
29	收到其他与筹资活动有关的现金	0.00
30	筹资活动现金流入小计	232.00
31	偿还债务支付的现金	80.00
32	分配股利、利润或偿付利息支付的现金	1,131.00
33	支付其他与筹资活动有关的现金	0.00
34	筹资活动现金流出小计	1,211.00
35	筹资活动产生的现金流量净额	-979.00
36	四、汇率变动对现金及现金等价物的影响	0.00
37	五、现金及现金等价物净增加额	150.00
38		

资产负债表　利润表　现金流量表

图 8-44　现金流量表

财务报表是记录企业财务状况的主要形式，它有一个月、一个季度、一年等多种类型，主要由资产负债表、利润表和现金流量表三部分组成，下面对其进行简单介绍。

资产负债表根据会计等式“资产＝负债＋所有者权益”编制。资产反映了企业所拥有的资产，包括固定、无形、流动等项目；负债反映了企业的债务；所有者权益反映了投资者和所有者的权益。

利润表可以直接反映企业的财务成果。本表分为实现利润、利润分配和补充资料三个部分。在此只介绍实现利润部分，它主要反映了利润总额的情况。

现金流量表通过现金的流入和流出的值反映现金的变化。依据《企业会计准则》，现金流量表包括以下两个部分。

（1）正表部分：反映企业经营活动、投资活动、筹资活动产生的现金流量及其各项目流入、流出的总额和净额。

（2）补充资料部分：提供将净利润调节为经营活动现金流量的全部内容，反映企业一定时期内影响资产或负债，但不形成当期现金收支的所有投资和筹资活动的信息。

本任务要完成的是正表部分。

1. 资产负债表的建立

（1）新建工作簿，在单元格 A1 中输入“资产负债表”，合并单元格区域 A1:F1，将“资产负债表”设置为宋体、20 号，并居中显示。在单元格 A2 中输入如图 8-42 所示的相应内容，并合并单元格区域 A2:F2。同时在单元格区域 A3:F33 输入所有的文本数据，将其设置为宋体、11 号。文本输入完成后的效果如图 8-45 所示。

（2）选中单元格区域 A3:F33，单击“开始”|“字体”|“边框”下拉按钮，在其下拉菜单中选择“所有框线”，即可完成边框的设置，如图 8-46 所示。

（3）选中 B、C、E、F 四列，单击“开始”|“数字”组中的扩展按钮，在打开的“设置单元格格式”对话框中的“数字”选项卡中，选择左侧“分类”中的“数值”，把右侧的“小数位数”设为“2”，并勾选“使用千位分隔符（,）”复选框，单击“确定”按钮，即可完成数字格式的设置。按照图 8-42 所示输入数字内容。其中单元格区

	A	B	C	D	E	F
1	资产负债表					
2	编制单位：ABC公司			202*年度		单位：千元
3	资产	年初数	年末数	负债和所有者权益（或股东权益）	年初数	年末数
4	流动资产：			流动负债：		
5	货币资金			短期借款		
6	短期投资			应付票据		
7	应收票据			应付票据		
8	应收账款			应付账款		
9	预付账款			预收款项		
10	应收补贴款			应付职工薪酬		
11	其他应收款			应付福利费		
12	待摊费用			应交税金		
13	存货			应付股利		
14	其他流动资产			其他应付款		
15	流动资产合计			其他应交款		
16	长期投资：			预提费用		
17	长期债权投资			其他流动负债		
18	长期投资合计			流动负债合计		
19	固定资产：			长期负债：		
20	固定资产原值			长期借款		
21	减：累计折旧			应付债券		
22	固定资产净值			长期应付款		
23	固定资产清理			其他长期负债		
24	在建工程			非流动负债合计		
25	固定资产合计			负债合计		
26	无形资产：			所有者权益（或股东权益）：		
27	无形资产			实收资本（或股本）		
28	长期待摊费用			资本公积		
29	无形资产合计			盈余公积		
30	递延所得税资产			未分配利润		
31				所有者权益（或股东权益）合计		
32						
33	资产总计			负债和所有者权益（或股东权益）总计		

图 8-45　文本输入完成后的效果

	A	B	C	D	E	F
1	资产负债表					
2	编制单位：ABC公司			202*年度		单位：千元
3	资产	年初数	年末数	负债和所有者权益（或股东权益）	年初数	年末数
4	流动资产：			流动负债：		
5	货币资金			短期借款		
6	短期投资			应付票据		
7	应收票据			应付票据		
8	应收账款			应付账款		
9	预付账款			预收款项		
10	应收补贴款			应付职工薪酬		
11	其他应收款			应付福利费		
12	待摊费用			应交税金		
13	存货			应付股利		
14	其他流动资产			其他应付款		
15	流动资产合计			其他应交款		
16	长期投资：			预提费用		
17	长期债权投资			其他流动负债		
18	长期投资合计			流动负债合计		
19	固定资产：			长期负债：		
20	固定资产原值			长期借款		
21	减：累计折旧			应付债券		
22	固定资产净值			长期应付款		
23	固定资产清理			其他长期负债		
24	在建工程			非流动负债合计		
25	固定资产合计			负债合计		
26	无形资产：			所有者权益（或股东权益）：		
27	无形资产			实收资本（或股本）		
28	长期待摊费用			资本公积		
29	无形资产合计			盈余公积		
30	递延所得税资产			未分配利润		
31				所有者权益（或股东权益）合计		
32						
33	资产总计			负债和所有者权益（或股东权益）总计		
34						

图 8-46　边框设置完成后的效果

域 B15:C15、B18:C18、B25:C25、B29:C29、B33:C33、E18:F18、E24:F25、E31:F31、E33:F33 需要输入公式，在这里暂不输入。数值输入完成后的效果如图 8-47 所示。

	A	B	C	D	E	F
1	资产负债表					
2	编制单位：ABC公司			202*年度		单位：千元
3	资产	年初数	年末数	负债和所有者权益（或股东权益）	年初数	年末数
4	流动资产：			流动负债：		
5	货币资金	340.00	490.00	短期借款	400.00	420.00
6	短期投资	30.00	80.00	应付票据	50.00	70.00
7	应收票据	20.00	15.00	应付票据		0.00
8	应收账款	643.50	683.10	应付账款	264.00	355.00
9	预付账款	22.00	14.00	预收款项	20.00	10.00
10	应收补贴款	13.50	4.90	应付职工薪酬	0.80	0.60
11	其他应收款	580.00	690.00	应付福利费	0.00	0.00
12	待摊费用	38.00	2.00	应交税金	60.00	50.00
13	存货	23.00	1.00	应付股利	0.00	0.00
14	其他流动资产	0.00	0.00	其他应付款	15.00	18.00
15	流动资产合计			其他应交款	5.20	6.40
16	长期投资：			预提费用	5.00	8.00
17	长期债权投资	110.00	180.00	其他流动负债	80.00	62.00
18	长期投资合计			流动负债合计		
19	固定资产：			长期负债：		
20	固定资产原值	2,400.00	2,900.00	长期借款	500.00	550.00
21	减：累计折旧	600.00	750.00	应付债券	320.00	420.00
22	固定资产净值	1,800.00	2,150.00	长期应付款	104.00	100.00
23	固定资产清理	0.00	0.00	其他长期负债	0.00	0.00
24	在建工程	150.00	150.00	非流动负债合计		
25	固定资产合计			负债合计		
26	无形资产：			所有者权益（或股东权益）：		
27	无形资产	20.00	32.00	实收资本（或股本）	1,500.00	1,500.00
28	长期待摊费用	10.00	8.00	资本公积	132.00	240.00
29	无形资产合计			盈余公积	219.00	459.00
30	递延所得税资产	0.00	0.00	未分配利润	125.00	231.00
31				所有者权益（或股东权益）合计		
32						
33	资产总计			负债和所有者权益（或股东权益）总计		

图 8-47　数值输入完成后的效果

（4）在其他剩余的单元格中分别需要输入以下公式。B15：=SUM(B5:B14)；C15：=SUM(C5:C14)；B18：=SUM(B17)；C18：=SUM(C17)；B25：=SUM(B22,B23,B24)；C25：=SUM(C22,C23,C24)；B29：=SUM(B27:B28)；C29：=SUM(C27:C28)；B33：=SUM(B15,B18,B25,B29,B30)；C33：=SUM(C15,C18,C25,C29,C30)；E18：=SUM(E5:E17)；F18：=SUM(F5:F17)；E24：=SUM(E20:E23)；F24：=SUM(F20:F23)；E25=SUM(E18,E24)；F25：=SUM(F18,F24)；E31：=SUM(E27:E30)；F31：=SUM(F27:F30)；E33：=SUM(E25,E31)；F33：=SUM(F25,F31)。

每输入完一个公式，按 Enter 键即可。所有单元格输入完成后的效果如图 8-48 所示。

（5）将通过合计得到的单元格进行格式设置。选中数据区域，单击“开始”|“样式”|“条件格式”下拉按钮，在其下拉菜单中选择“突出显示单元格规则”|“文本包含”，在其对话框中选择如图 8-49 所示的内容，单击“确定”按钮，设置完成后的效果如图 8-50 所示。

	A	B	C	D	E	F
1	资产负债表					
2	编制单位：ABC公司			202*年度		单位：千元
3	资产	年初数	年末数	负债和所有者权益（或股东权益）	年初数	年末数
4	流动资产：			流动负债：		
5	货币资金	340.00	490.00	短期借款	400.00	420.00
6	短期投资	30.00	80.00	应付票据	50.00	70.00
7	应收票据	20.00	15.00	应付票据		0.00
8	应收账款	643.50	683.10	应付账款	264.00	355.00
9	预付账款	22.00	14.00	预收款项	20.00	10.00
10	应收补贴款	13.50	4.90	应付职工薪酬	0.80	0.60
11	其他应收款	580.00	690.00	应付福利费	0.00	0.00
12	待摊费用	38.00	2.00	应交税金	60.00	50.00
13	存货	23.00	1.00	应付股利	0.00	0.00
14	其他流动资产	0.00	0.00	其他应付款	15.00	18.00
15	流动资产合计	1,710.00	1,980.00	其他应交款	5.20	6.40
16	长期投资：			预提费用	5.00	8.00
17	长期债权投资	110.00	180.00	其他流动负债	80.00	62.00
18	长期投资合计	110.00	180.00	流动负债合计	900.00	1,000.00
19	固定资产：			长期负债：		
20	固定资产原值	2,400.00	2,900.00	长期借款	500.00	550.00
21	减：累计折旧	600.00	750.00	应付债券	320.00	420.00
22	固定资产净值	1,800.00	2,150.00	长期应付款	104.00	100.00
23	固定资产清理	0.00	0.00	其他长期负债	0.00	0.00
24	在建工程	150.00	150.00	非流动负债合计	924.00	1,070.00
25	固定资产合计	1,950.00	2,300.00	负债合计	1,824.00	2,070.00
26	无形资产：			所有者权益（或股东权益）：		
27	无形资产	20.00	32.00	实收资本（或股本）	1,500.00	1,500.00
28	长期待摊费用	10.00	8.00	资本公积	132.00	240.00
29	无形资产合计	30.00	40.00	盈余公积	219.00	459.00
30	递延所得税资产	0.00	0.00	未分配利润	125.00	231.00
31				所有者权益（或股东权益）合计	1,976.00	2,430.00
32						
33	资产总计	3,800.00	4,500.00	负债和所有者权益（或股东权益）总计	3,800.00	4,500.00

图 8-48 输入完成后的效果

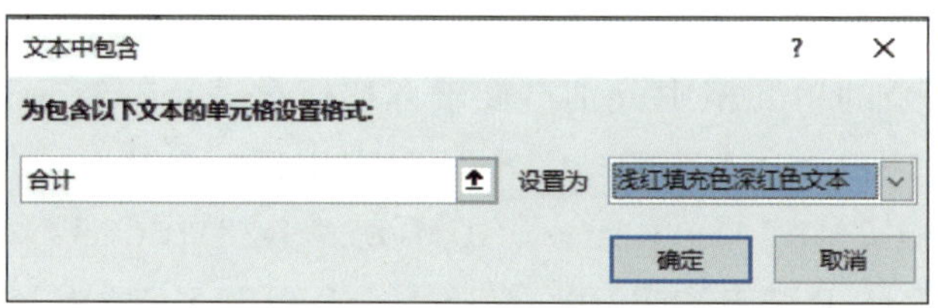

图 8-49 “文本中包含”对话框

（6）选中工作表最后一行数据单元格区域 A33:F33，单击“开始”|“样式”|“单元格样式”下拉按钮，在其下拉菜单中选择“主题单元格样式”中的“红色，着色 2”，完成后的效果如图 8-51 所示。

（7）设置完成后，用鼠标右键单击 Sheet1 的标签，选择“重命名”，将“Sheet1”改为“资产负债表”。用鼠标右键单击“资产负债表”，选择“工作表标签颜色”|“红色”，完成后的效果如图 8-52 所示。

（8）完成后，选中单元格区域 A1:F33，用鼠标右键单击此工作表标签，选择“保护工作表”，在其对话框中进行如图 8-53 所示的设置，用户可以自己设定密码，单击“确定”按钮，即完成对工作表的保护设置。

	A	B	C	D	E	F
1				资产负债表		
2	编制单位：ABC公司			202*年度	单位：千元	
3	资产	年初数	年末数	负债和所有者权益（或股东权益）	年初数	年末数
4	流动资产：			流动负债：		
5	货币资金	340.00	490.00	短期借款	400.00	420.00
6	短期投资	30.00	80.00	应付票据	50.00	70.00
7	应收票据	20.00	15.00	应付票据		0.00
8	应收账款	643.50	683.10	应付账款	264.00	355.00
9	预付账款	22.00	14.00	预收款项	20.00	10.00
10	应收补贴款	13.50	4.90	应付职工薪酬	0.80	0.60
11	其他应收款	580.00	690.00	应付福利费	0.00	0.00
12	待摊费用	38.00	2.00	应交税金	60.00	50.00
13	存货	23.00	1.00	应付股利	0.00	0.00
14	其他流动资产	0.00	0.00	其他应付款	15.00	18.00
15	流动资产合计	1,710.00	1,980.00	其他应交款	5.20	6.40
16	长期投资：			预提费用	5.00	8.00
17	长期债权投资	110.00	180.00	其他流动负债	80.00	62.00
18	长期投资合计	110.00	180.00	流动负债合计	900.00	1,000.00
19	固定资产：			长期负债：		
20	固定资产原值	2,400.00	2,900.00	长期借款	500.00	550.00
21	减：累计折旧	600.00	750.00	应付债券	320.00	420.00
22	固定资产净值	1,800.00	2,150.00	长期应付款	104.00	100.00
23	固定资产清理	0.00	0.00	其他长期负债	0.00	0.00
24	在建工程	150.00	150.00	非流动负债合计	924.00	1,070.00
25	固定资产合计	1,950.00	2,300.00	负债合计	1,824.00	2,070.00
26	无形资产：			所有者权益（或股东权益）：		
27	无形资产	20.00	32.00	实收资本（或股本）	1,500.00	1,500.00
28	长期待摊费用	10.00	8.00	资本公积	132.00	240.00
29	无形资产合计	30.00	40.00	盈余公积	219.00	459.00
30	递延所得税资产	0.00	0.00	未分配利润	125.00	231.00
31				所有者权益（或股东权益）合计	1,976.00	2,430.00
32						
33	资产总计	3,800.00	4,500.00	负债和所有者权益（或股东权益）总计	3,800.00	4,500.00
34						

图 8-50　条件格式设置完成后的效果

	A	B	C	D	E	F
1				资产负债表		
2	编制单位：ABC公司			202*年度	单位：千元	
3	资产	年初数	年末数	负债和所有者权益（或股东权益）	年初数	年末数
4	流动资产：			流动负债：		
5	货币资金	340.00	490.00	短期借款	400.00	420.00
6	短期投资	30.00	80.00	应付票据	50.00	70.00
7	应收票据	20.00	15.00	应付票据		0.00
8	应收账款	643.50	683.10	应付账款	264.00	355.00
9	预付账款	22.00	14.00	预收款项	20.00	10.00
10	应收补贴款	13.50	4.90	应付职工薪酬	0.80	0.60
11	其他应收款	580.00	690.00	应付福利费	0.00	0.00
12	待摊费用	38.00	2.00	应交税金	60.00	50.00
13	存货	23.00	1.00	应付股利	0.00	0.00
14	其他流动资产	0.00	0.00	其他应付款	15.00	18.00
15	流动资产合计	1,710.00	1,980.00	其他应交款	5.20	6.40
16	长期投资：			预提费用	5.00	8.00
17	长期债权投资	110.00	180.00	其他流动负债	80.00	62.00
18	长期投资合计	110.00	180.00	流动负债合计	900.00	1,000.00
19	固定资产：			长期负债：		
20	固定资产原值	2,400.00	2,900.00	长期借款	500.00	550.00
21	减：累计折旧	600.00	750.00	应付债券	320.00	420.00
22	固定资产净值	1,800.00	2,150.00	长期应付款	104.00	100.00
23	固定资产清理	0.00	0.00	其他长期负债	0.00	0.00
24	在建工程	150.00	150.00	非流动负债合计	924.00	1,070.00
25	固定资产合计	1,950.00	2,300.00	负债合计	1,824.00	2,070.00
26	无形资产：			所有者权益（或股东权益）：		
27	无形资产	20.00	32.00	实收资本（或股本）	1,500.00	1,500.00
28	长期待摊费用	10.00	8.00	资本公积	132.00	240.00
29	无形资产合计	30.00	40.00	盈余公积	219.00	459.00
30	递延所得税资产	0.00	0.00	未分配利润	125.00	231.00
31				所有者权益（或股东权益）合计	1,976.00	2,430.00
32						
33	资产总计	3,800.00	4,500.00	负债和所有者权益（或股东权益）总计	3,800.00	4,500.00

图 8-51　单元格样式设置完成后的效果

	A	B	C	D	E	F
1	资产负债表					
2	编制单位：ABC公司			202*年度		单位：千元
3	资产	年初数	年末数	负债和所有者权益（或股东权益）	年初数	年末数
4	流动资产：			流动负债：		
5	货币资金	340.00	490.00	短期借款	400.00	420.00
6	短期投资	30.00	80.00	应付票据	50.00	70.00
7	应收票据	20.00	15.00	应付票据		0.00
8	应收账款	643.50	683.10	应付账款	264.00	355.00
9	预付账款	22.00	14.00	预收款项	20.00	10.00
10	应收补贴款	13.50	4.90	应付职工薪酬	0.80	0.60
11	其他应收款	580.00	690.00	应付福利费	0.00	0.00
12	待摊费用	38.00	2.00	应交税金	60.00	50.00
13	存货	23.00	1.00	应付股利	0.00	0.00
14	其他流动资产	0.00	0.00	其他应付款	15.00	18.00
15	流动资产合计	1,710.00	1,980.00	其他应交款	5.20	6.40
16	长期投资：			预提费用	5.00	8.00
17	长期债权投资	110.00	180.00	其他流动负债	80.00	62.00
18	长期投资合计	110.00	180.00	流动负债合计	900.00	1,000.00
19	固定资产：			长期负债：		
20	固定资产原值	2,400.00	2,900.00	长期借款	500.00	550.00
21	减：累计折旧	600.00	750.00	应付债券	320.00	420.00
22	固定资产净值	1,800.00	2,150.00	长期应付款	104.00	100.00
23	固定资产清理	0.00	0.00	其他长期负债	0.00	0.00
24	在建工程	150.00	150.00	非流动负债合计	924.00	1,070.00
25	固定资产合计	1,950.00	2,300.00	负债合计	1,824.00	2,070.00
26	无形资产：			所有者权益（或股东权益）：		
27	无形资产	20.00	32.00	实收资本（或股本）	1,500.00	1,500.00
28	长期待摊费用	10.00	8.00	资本公积	132.00	240.00
29	无形资产合计	30.00	40.00	盈余公积	219.00	459.00
30	递延所得税资产	0.00	0.00	未分配利润	125.00	231.00
31				所有者权益（或股东权益）合计	1,976.00	2,430.00
32						
33	资产总计	3,800.00	4,500.00	负债和所有者权益（或股东权益）总计	3,800.00	4,500.00
34						

资产负债表 | Sheet2 | Sheet3

图 8-52 标签修改完成后的效果

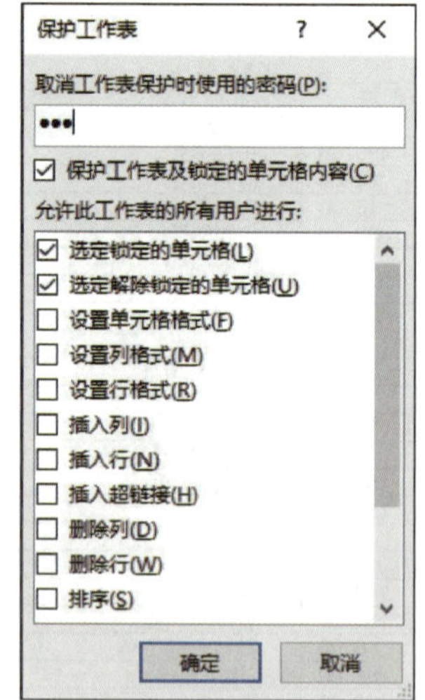

图 8-53 “保护工作表”对话框

至此，资产负债表的建立完成。

2. 利润表的建立

（1）双击 Sheet2 的标签，将其改为“利润表”，单击鼠标右键，在快捷菜单中将工作表标签设置成“蓝色”。

（2）在“利润表”工作表中，按照《企业会计准则》中的相关要求，输入如图 8-54 所示的文本。

	A	B	C
1	利润表		
2	编制单位：ABC公司	202*年度	单位：千元
3	项目	本月数	本年累计数
4	一、主营业务收入		
5	减：折扣与折让		
6	主营业务收入净额		
7	减：主营业务成本		
8	主营业务税金及附加		
9	二、主营业务利润（亏损以“-”号填列）		
10	加：其他业务利润		
11	减：销售费用		
12	管理费用		
13	财务费用		
14	三、营业利润		
15	加：投资收入		
16	补贴收入		
17	营业外收入		
18	减：营业外支出		
19	四、 利润总额		
20	减：所得税		
21	五、净利润		

利润表　Sheet3

图 8-54　输入文本后的效果

本例将“本月数”忽略，输入过程中将单元格区域 B4:B21 选中，用前述方法打开“设置单元格格式”对话框，在“对齐”选项卡中勾选“文本控制”中的“合并单元格”复选框后确定，将文字设置为居中，输入文字“（略）”，完成后的效果如图 8-55 所示。

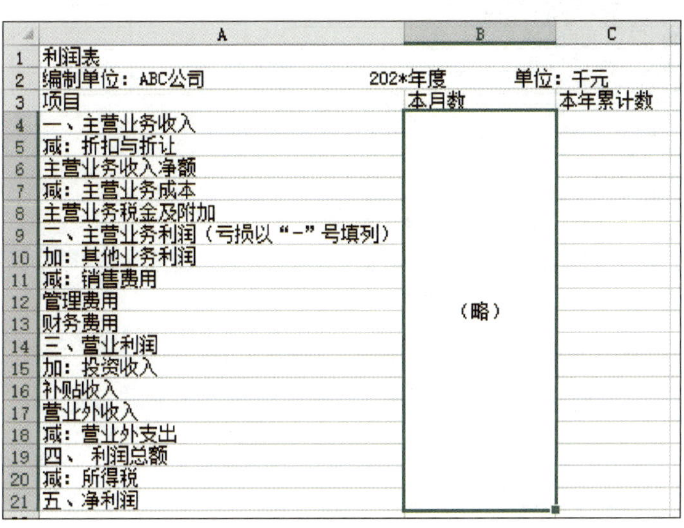

	A	B	C
1	利润表		
2	编制单位：ABC公司	202*年度	单位：千元
3	项目	本月数	本年累计数
4	一、主营业务收入		
5	减：折扣与折让		
6	主营业务收入净额		
7	减：主营业务成本		
8	主营业务税金及附加		
9	二、主营业务利润（亏损以“-”号填列）		
10	加：其他业务利润		
11	减：销售费用		
12	管理费用	（略）	
13	财务费用		
14	三、营业利润		
15	加：投资收入		
16	补贴收入		
17	营业外收入		
18	减：营业外支出		
19	四、 利润总额		
20	减：所得税		
21	五、净利润		

图 8-55　合并单元格区域 B4:B21 后的效果

（3）选中单元格区域 A1:C1，单击“开始”|“对齐方式”|“合并后居中”按钮，将“利润表”字体设置为宋体、加粗、20 号。

选中单元格区域 A2:C2，单击“开始”|“对齐方式”|“合并后居中”按钮。

选中单元格 C3，单击“开始”|“对齐方式”|“居中”按钮。

按住 Ctrl 键，并选中单元格 A4、A9、A14、A19、A21，单击“开始”|“对齐方式”|“左对齐”按钮。

按住 Ctrl 键，并选中单元格 A5、A7、A10、A11、A15、A18、A20，单击“开始”|“对齐方式”|“增加缩进量”按钮。

按住 Ctrl 键，并选中单元格 A6、A8、A12、A13、A16、A17，单击两次“开始”|“对齐方式”|“增加缩进量”按钮，并设置数据区域边框。

格式设置完成后的效果如图 8-56 所示。

	A	B	C
1	利润表		
2	编制单位：ABC公司	202*年度	单位：千元
3	项目	本月数	本年累计数
4	一、主营业务收入		
5	减：折扣与折让		
6	主营业务收入净额		
7	减：主营业务成本		
8	主营业务税金及附加		
9	二、主营业务利润（亏损以“-”号填列）		
10	加：其他业务利润		
11	减：销售费用		
12	管理费用	（略）	
13	财务费用		
14	三、营业利润		
15	加：投资收入		
16	补贴收入		
17	营业外收入		
18	减：营业外支出		
19	四、利润总额		
20	减：所得税		
21	五、净利润		

图 8-56　格式设置完成后的效果

（4）在工作表中选中单元格 C9，输入公式“=C6-C7-C8”，单击“开始”|“字体”|“填充颜色”下拉按钮，在其下拉菜单中选择“黄色”，这样输入公式的单元格就和其他的单元格区别开了。

在工作表中选中单元格 C14，输入公式“=C9+C10-C11-C12-C13”，输入后，单击“开始”|“字体”|“填充颜色”下拉按钮，将单元格填充为“黄色”。

在工作表中选中单元格 C19，输入公式“=C14+C15+C17-C18”，输入后，单击“开始”|“字体”|“填充颜色”下拉按钮，将单元格填充为“黄色”。

在工作表中选中单元格 C21，输入公式“=C19-C20”，输入后，单击“开始”|“字

体”|“填充颜色”下拉按钮，将单元格填充为“黄色”。

公式输入完成后的效果如图 8-57 所示。

	A	B	C
1	利润表		
2	编制单位：ABC公司	202*年度	单位：千元
3	项目	本月数	本年累计数
4	一、主营业务收入		
5	减：折扣与折让		
6	主营业务收入净额		
7	减：主营业务成本		
8	主营业务税金及附加		
9	二、主营业务利润（亏损以“-”号填列）		0
10	加：其他业务利润		
11	减：销售费用		
12	管理费用		
13	财务费用	（略）	
14	三、营业利润		0
15	加：投资收入		
16	补贴收入		
17	营业外收入		
18	减：营业外支出		
19	四、利润总额		0
20	减：所得税		
21	五、净利润		0

图 8-57　公式输入完成后的效果

（5）输入其他数值数据，完成后的效果如图 8-58 所示。

	A	B	C
1	利润表		
2	编制单位：ABC公司	202*年度	单位：千元
3	项目	本月数	本年累计数
4	一、主营业务收入		8720
5	减：折扣与折让		200
6	主营业务收入净额		8520
7	减：主营业务成本		4190.4
8	主营业务税金及附加		676
9	二、主营业务利润（亏损以“-”号填列）		3653.6
10	加：其他业务利润		851.4
11	减：销售费用		1370
12	管理费用		1050
13	财务费用	（略）	325
14	三、营业利润		1760
15	加：投资收入		63
16	补贴收入		
17	营业外收入		8.5
18	减：营业外支出		15.5
19	四、利润总额		1816
20	减：所得税		556
21	五、净利润		1260

图 8-58　其他数值数据输入完成后的效果

（6）选中单元格区域 C4:C21，单击“开始”|“样式”|“条件格式”下拉按钮，在其下拉菜单中选择“数据条”|“渐变填充”|“蓝色数据条”，这样数据大小就可以直观显示，如图 8-59 所示。

	A	B	C
1	利润表		
2	编制单位：ABC公司	202*年度	单位：千元
3	项目	本月数	本年累计数
4	一、主营业务收入		8720
5	减：折扣与折让		200
6	主营业务收入净额		8520
7	减：主营业务成本		4190.4
8	主营业务税金及附加		676
9	二、主营业务利润（亏损以“-”号填列）		3653.6
10	加：其他业务利润		851.4
11	减：销售费用		1370
12	管理费用	（略）	1050
13	财务费用		325
14	三、营业利润		1760
15	加：投资收入		63
16	补贴收入		
17	营业外收入		8.5
18	减：营业外支出		15.5
19	四、利润总额		1816
20	减：所得税		556
21	五、净利润		1260

图 8-59　条件格式设置完成后的效果

（7）用鼠标右键单击此表的标签，选择“保护工作表”，进行保护设置。

至此，利润表的建立完成。

3. 现金流量表的建立

（1）在 Sheet3 的标签上单击鼠标右键，选择“重命名”，将工作表标签改为“现金流量表”。单击鼠标右键，在快捷菜单中将工作表标签设置成“绿色”，如图 8-60 所示。

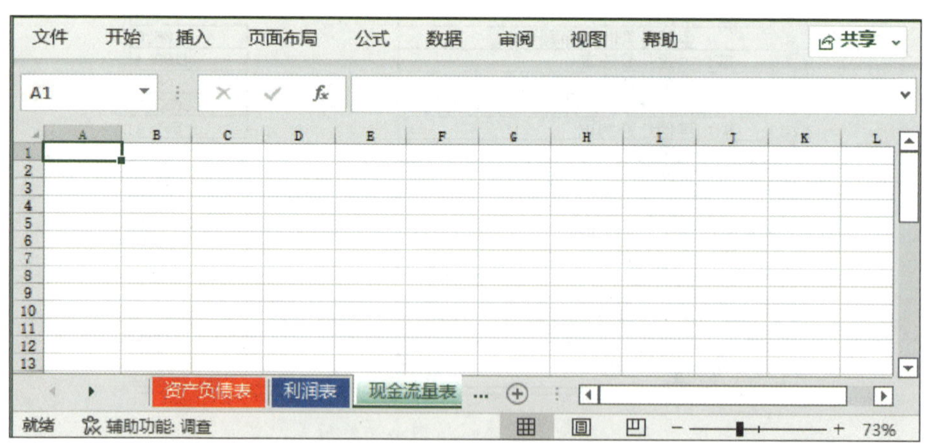

图 8-60　重命名 Sheet3 的效果

（2）在“现金流量表”工作表中，按照《企业会计准则》中的相关要求，输入如图 8-61 所示的文本。其中“现金流量表”为宋体、20 号，每个大标题下的副项目的格式为“增加一个缩进量”，“小计”和“净额”单元格为居中显示。

	A	B
1	现金流量表	
2	编制单位：ABC公司　　202*年度	单位：千元
3	项目	金额
4	一、经营活动产生的现金流量	
5	销售商品、提供劳务收到的现金	
6	收到的税费返还	
7	收到其他与经营活动有关的现金	
8	经营活动现金流入小计	
9	购买商品、接受劳务支付的现金	
10	支付给职工以及为职工支付的现金	
11	支付的各项税费	
12	支付其他与经营活动有关的现金	
13	经营活动现金流出小计	
14	经营活动产生的现金流量净额	
15	二、投资活动产生的现金流量：	
16	收回投资收到的现金	
17	取得投资收益收到的现金	
18	处置固定资产、无形资产和其他长期资产回收的现金净额	
19	收到其他与投资活动有关的现金	
20	投资活动现金流入小计	
21	购建固定资产、无形资产和其他长期资产支付的现金	
22	投资支付的现金	
23	支付其他与投资活动有关的现金	
24	投资活动现金流出小计	
25	投资活动产生的现金流量净额	
26	三、筹资活动产生的现金流量：	
27	吸收投资收到的现金	
28	取得借款收到的现金	
29	收到其他与筹资活动有关的现金	
30	筹资活动现金流入小计	
31	偿还债务支付的现金	
32	分配股利、利润或偿付利息支付的现金	
33	支付其他与筹资活动有关的现金	
34	筹资活动现金流出小计	
35	筹资活动产生的现金流量净额	
36	四、汇率变动对现金及现金等价物的影响	
37	五、现金及现金等价物净增加额	
38		

图 8-61　输入文本后的效果

（3）冻结窗格。选中单元格 B4，单击“视图”|“窗口”|“冻结窗格”下拉按钮，在其下拉菜单中选择“冻结窗格”。冻结窗格后滚动工作表，可以使前三行保持不动，其余部分被滚动查看，如图 8-62 所示。

（4）在工作表中选中单元格 B8，输入公式“=SUM(B5:B7)”，按 Enter 键确认，完成单元格 B8 的输入，如图 8-63 所示。

	A	B
1	现金流量表	
2	编制单位：ABC公司 202*年度	单位：千元
3	项目	金额
16	收回投资收到的现金	
17	取得投资收益收到的现金	
18	处置固定资产、无形资产和其他长期资产回收的现金净额	
19	收到其他与投资活动有关的现金	
20	投资活动现金流入小计	
21	购建固定资产、无形资产和其他长期资产支付的现金	
22	投资支付的现金	
23	支付其他与投资活动有关的现金	
24	投资活动现金流出小计	
25	投资活动产生的现金流量净额	
26	三、筹资活动产生的现金流量：	
27	吸收投资收到的现金	
28	取得借款收到的现金	
29	收到其他与筹资活动有关的现金	
30	筹资活动现金流入小计	
31	偿还债务支付的现金	
32	分配股利、利润或偿付利息支付的现金	
33	支付其他与筹资活动有关的现金	
34	筹资活动现金流出小计	
35	筹资活动产生的现金流量净额	
36	四、汇率变动对现金及现金等价物的影响	
37	五、现金及现金等价物净增加额	
38		

图 8-62　冻结窗格后滚动查看效果示意图

B8　=SUM(B5:B7)

	A	B
1	现金流量表	
2	编制单位：ABC公司 202*年度	单位：千元
3	项目	金额
5	销售商品、提供劳务收到的现金	
6	收到的税费返还	
7	收到其他与经营活动有关的现金	
8	经营活动现金流入小计	0.00
9	购买商品、接受劳务支付的现金	

图 8-63　单元格 B8 公式输入完成后的效果

（5）在工作表中选中单元格 B13，输入公式“=SUM(B9:B12)”，按 Enter 键确认。在工作表中选中单元格 B14，输入公式“=B8-B13”，按 Enter 键确认。在工作表中选中单元格 B20，输入公式“=SUM(B16:B19)”，按 Enter 键确认。在工作表中选中单元格 B24，输入公式“=SUM(B21:B23)”，按 Enter 键确认。在工作表中选中单元格 B25，输入公式“=B24-B20”，按 Enter 键确认。在工作表中选中单元格 B30，输入公式“=SUM(B27:B29)”，按 Enter 键确认。

在工作表中选中单元格 B34，输入公式“=SUM(B31:B33)”，按 Enter 键确认。

在工作表中选中单元格 B35，输入公式“=B30-B34”，按 Enter 键确认。

在工作表中选中单元格 B37，输入公式“=B14+B25+B35”，按 Enter 键确认。

公式输入完成后的效果如图 8-64 所示。

	A	B
1	现金流量表	
2	编制单位：ABC公司　　202*年度	单位：千元
3	项目	金额
4	一、经营活动产生的现金流量	
5	销售商品、提供劳务收到的现金	
6	收到的税费返还	
7	收到其他与经营活动有关的现金	
8	经营活动现金流入小计	0.00
9	购买商品、接受劳务支付的现金	
10	支付给职工以及为职工支付的现金	
11	支付的各项税费	
12	支付其他与经营活动有关的现金	
13	经营活动现金流出小计	0.00
14	经营活动产生的现金流量净额	0.00
15	二、投资活动产生的现金流量：	
16	收回投资收到的现金	
17	取得投资收益收到的现金	
18	处置固定资产、无形资产和其他长期资产回收的现金净额	
19	收到其他与投资活动有关的现金	
20	投资活动现金流入小计	0.00
21	购建固定资产、无形资产和其他长期资产支付的现金	
22	投资支付的现金	
23	支付其他与投资活动有关的现金	
24	投资活动现金流出小计	0.00
25	投资活动产生的现金流量净额	0.00
26	三、筹资活动产生的现金流量：	
27	吸收投资收到的现金	
28	取得借款收到的现金	
29	收到其他与筹资活动有关的现金	
30	筹资活动现金流入小计	0.00
31	偿还债务支付的现金	
32	分配股利、利润或偿付利息支付的现金	
33	支付其他与筹资活动有关的现金	
34	筹资活动现金流出小计	0.00
35	筹资活动产生的现金流量净额	0.00
36	四、汇率变动对现金及现金等价物的影响	
37	五、现金及现金等价物净增加额	0.00
38		

图 8-64　公式输入完成后的效果

（6）将数据资料录入现金流量表中，并设置单元格 B14、B25、B35 的对齐方式为左对齐，如图 8-65 所示。

	A	B
1	现金流量表	
2	编制单位：ABC公司　　202*年度	单位：千元
3	项目	金额
4	一、经营活动产生的现金流量	
5	销售商品、提供劳务收到的现金	9,326.80
6	收到的税费返还	
7	收到其他与经营活动有关的现金	20.10
8	经营活动现金流入小计	9,346.90
9	购买商品、接受劳务支付的现金	4,181.40
10	支付给职工以及为职工支付的现金	400.20
11	支付的各项税费	3,083.80
12	支付其他与经营活动有关的现金	15.50
13	经营活动现金流出小计	7,680.90
14	经营活动产生的现金流量净额	1,666.00
15	二、投资活动产生的现金流量：	
16	收回投资收到的现金	38.00
17	取得投资收益收到的现金	63.00
18	处置固定资产、无形资产和其他长期资产回收的现金净额	0.00
19	收到其他与投资活动有关的现金	0.00
20	投资活动现金流入小计	101.00
21	购建固定资产、无形资产和其他长期资产支付的现金	516.00
22	投资支付的现金	122.00
23	支付其他与投资活动有关的现金	0.00
24	投资活动现金流出小计	638.00
25	投资活动产生的现金流量净额	-537.00
26	三、筹资活动产生的现金流量：	
27	吸收投资收到的现金	0.00
28	取得借款收到的现金	232.00
29	收到其他与筹资活动有关的现金	0.00
30	筹资活动现金流入小计	232.00
31	偿还债务支付的现金	80.00
32	分配股利、利润或偿付利息支付的现金	1,131.00
33	支付其他与筹资活动有关的现金	0.00
34	筹资活动现金流出小计	1,211.00
35	筹资活动产生的现金流量净额	-979.00
36	四、汇率变动对现金及现金等价物的影响	0.00
37	五、现金及现金等价物净增加额	150.00
38		

图 8-65　数据输入完成后的效果

（7）对现金流量表进行格式化。选中工作表中的数据区域，单击“开始”|“样式”|“套用表格格式”下拉按钮，选择“红色，表样式浅色 10”，设置“创建表”对话框（见图 8-66）中“表数据的来源”为“$A$1:$B$37”后单击“确定”按钮即可，效果如图 8-67 所示。

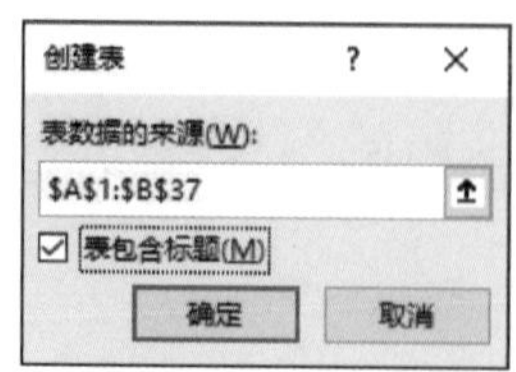

图 8-66　“创建表”对话框

	A	B
1	现金流量表	列1
2	编制单位：ABC公司　　202*年度	单位：千元
3	项目	金额
4	一、经营活动产生的现金流量	
5	销售商品、提供劳务收到的现金	9,326.80
6	收到的税费返还	
7	收到其他与经营活动有关的现金	20.10
8	经营活动现金流入小计	9,346.90
9	购买商品、接受劳务支付的现金	4,181.40
10	支付给职工以及为职工支付的现金	400.20
11	支付的各项税费	3,083.80
12	支付其他与经营活动有关的现金	15.50
13	经营活动现金流出小计	7,680.90
14	经营活动产生的现金流量净额	1,666.00
15	二、投资活动产生的现金流量：	
16	收回投资收到的现金	38.00
17	取得投资收益收到的现金	63.00
18	处置固定资产、无形资产和其他长期资产回收的现金净额	0.00
19	收到其他与投资活动有关的现金	0.00
20	投资活动现金流入小计	101.00
21	购建固定资产、无形资产和其他长期资产支付的现金	516.00
22	投资支付的现金	122.00
23	支付其他与投资活动有关的现金	0.00
24	投资活动现金流出小计	638.00
25	投资活动产生的现金流量净额	-537.00
26	三、筹资活动产生的现金流量：	
27	吸收投资收到的现金	0.00
28	取得借款收到的现金	232.00
29	收到其他与筹资活动有关的现金	0.00
30	筹资活动现金流入小计	232.00
31	偿还债务支付的现金	80.00
32	分配股利、利润或偿付利息支付的现金	1,131.00
33	支付其他与筹资活动有关的现金	0.00
34	筹资活动现金流出小计	1,211.00
35	筹资活动产生的现金流量净额	-979.00
36	四、汇率变动对现金及现金等价物的影响	0.00
37	五、现金及现金等价物净增加额	150.00
38		

图 8-67　格式化后的效果

在弹出的“表设计”|“表格样式选项”组中已默认勾选“标题行”“镶边行”，再勾选“镶边列”和“最后一列”复选框，这样表格的竖线边框就显示了，B 列的文本也被加粗显示了，完成后的效果如图 8-68 所示。

（8）在现金流量表标签处，单击鼠标右键，选择“保护工作表”，在“保护工作表”对话框中的“取消工作表保护时使用的密码”中输入密码，确认并重新输入密码后，工作表被保护。

至此，现金流量表建立完成，也完成了财务报表的建立。单击快速访问工具栏中的“保存”按钮，弹出“另存为”对话框，将此工作簿命名为“财务报表”，并单击“保存”按钮，工作簿即可保存到指定位置，如图 8-69 所示。

	A	B
1	现金流量表	列1
2	编制单位：ABC公司　　202*年度	单位：千元
3	项目	金额
4	一、经营活动产生的现金流量	
5	销售商品、提供劳务收到的现金	9, 326. 80
6	收到的税费返还	
7	收到其他与经营活动有关的现金	20. 10
8	经营活动现金流入小计	9, 346. 90
9	购买商品、接受劳务支付的现金	4, 181. 40
10	支付给职工以及为职工支付的现金	400. 20
11	支付的各项税费	3, 083. 80
12	支付其他与经营活动有关的现金	15. 50
13	经营活动现金流出小计	7, 680. 90
14	经营活动产生的现金流量净额	1, 666. 00
15	二、投资活动产生的现金流量：	
16	收回投资收到的现金	38. 00
17	取得投资收益收到的现金	63. 00
18	处置固定资产、无形资产和其他长期资产回收的现金净额	0. 00
19	收到其他与投资活动有关的现金	0. 00
20	投资活动现金流入小计	101. 00
21	购建固定资产、无形资产和其他长期资产支付的现金	516. 00
22	投资支付的现金	122. 00
23	支付其他与投资活动有关的现金	0. 00
24	投资活动现金流出小计	638. 00
25	投资活动产生的现金流量净额	-537. 00
26	三、筹资活动产生的现金流量：	
27	吸收投资收到的现金	0. 00
28	取得借款收到的现金	232. 00
29	收到其他与筹资活动有关的现金	0. 00
30	筹资活动现金流入小计	232. 00
31	偿还债务支付的现金	80. 00
32	分配股利、利润或偿付利息支付的现金	1, 131. 00
33	支付其他与筹资活动有关的现金	0. 00
34	筹资活动现金流出小计	1, 211. 00
35	筹资活动产生的现金流量净额	-979. 00
36	四、汇率变动对现金及现金等价物的影响	0. 00
37	五、现金及现金等价物净增加额	150. 00
38		

图 8-68　表格样式选项设置完成后的效果

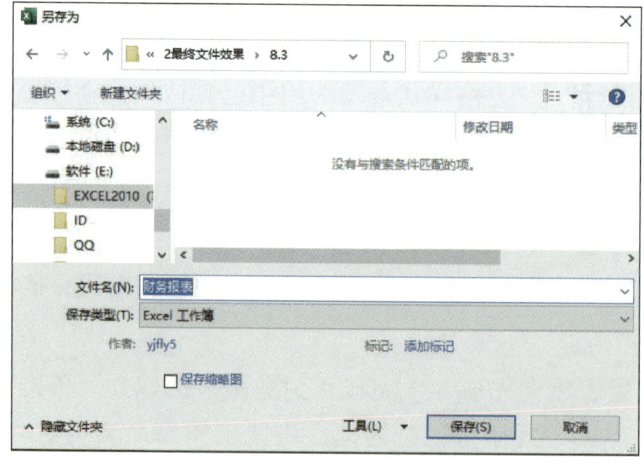

图 8-69　“另存为”对话框

教学资源

本项目所需素材可通过技工教育网（http://jg.class.com.cn）下载，位于软件资源包“Excel 2021 基础与应用 / 项目八”中。

1. 取消现金流量表中的“冻结窗格”设置，滚动查看工作表中所有行。
2. 对利润表设置与现金流量表相同的表格格式。